Hermann Dümling

Bau, Leben und Pflege des menschlichen Körpers

Hermann Dümling

Bau, Leben und Pflege des menschlichen Körpers

ISBN/EAN: 9783845724232

Erscheinungsjahr: 2012

Erscheinungsort: Bremen, Deutschland

www.unikum-verlag.de | office@unikum-verlag.de

Hermann Dümling

Bau, Leben und Pflege des menschlichen Körpers

Bau, Leben und Pflege des Menschlichen Körpers.

Für Schule und Haus.

Von

Dr. H. Dümling,

Professor am Concordia-College zu Fort Wayne, Indiana.

Mit vielen Holzschnitten.

St. Louis, Mo.
Druck und Verlag der Louis Lange Publishing Company.
1884.

Vorwort.

Schüchtern und eines Erfolges wenig sicher tritt der Verfasser mit diesem Buche vor die Oeffentlichkeit. Zwar hat ihn die beste Absicht beseelt, dem Publikum mit dieser Schrift eine gewiß erwünschte, ja nötige Belehrung zu bieten über den Bau des menschlichen Körpers, über seine Lebenserscheinungen und über seine Pflege in gesunden und — so weit es dem Laien ersprießlich — auch in kranken und fährlichen Stunden — aber ob ihm dies gelungen ist, ob er es namentlich verstanden hat, die Art der Rezept- und Doktorbücher zu meiden, mit denen das Land überschwemmt ist, die zum verderblichen Selbstkurieren verleiten, durch ihre Darstellung Hypochonder machen und durch deren Lektüre der Leser sich Leiden andichtet, an denen er gar nicht krankt: das wagt er nur zu hoffen und muß er dem Entscheid des Publikums, das zu seinem Buche greift, überlassen. Dem Verfasser, der seit vielen Jahren an einer höheren Lehranstalt Physiologie unterrichtet hat, fehlte es — so glaubt er — nicht an Gelegenheit, das allgemein Wissenswerte und praktisch Verwendbare herausgreifen und in passender Form vortragen zu lernen. Zudem sind ihm seit Jahren wissenschaftliche und populäre Werke zur Hand gewesen. Dankbar bekennt er, genützt zu haben, was sich seinem Zwecke bot. Sonderlich bestimmend für seine Ansichten über die

Hygieine der Atmungsorgane waren für ihn die Schriften des trefflichen Dr. P. Niemeyer, des kühnen Bahnbrechers für eine vernünftige Diätetik. Zu besonderem Danke fühlt sich der Verfasser dem Herrn Dr. C. Sihler, praktizierendem Arzt in Cleveland und „Fellow John Hopkins University“, verpflichtet, der sich der Mühe der Durchsicht des Manuskripts unterzog und wertvolle Winke und Ratschläge erteilte.

Ein geringer Bruchteil des Buches ist bereits in Form von Artikeln in der Wochenschrift „Die Abendschule“ veröffentlicht worden. — Die Holzschnitte sind, sofern sie nicht von der Verlagshandlung selber angefertigt wurden, von den Eigentümern rechtlich erworben worden. —

Möge denn Gottes Segen das Buch geleiten!

Fort Wayne, im März 1884.

H. Dümling.

Inhalts-Uebersicht.

Einleitung.

Es ist erfreulich, daß Ärzte und Laien in unseren Tagen ihr Augenmerk mehr als je auf eine vernünftige Hygieine, d. h. auf die Erhaltung des menschlichen Körpers im Zustande des Wohlbefindens richten, und daß man von dem alten Wahne, der Arzt sei ein Wundermann und des Apothekers Büchsen seien mit Wundersalben gefüllt, allmählich zurückkommt. Man fängt endlich an, einzusehen, daß es leichter ist, eine Krankheit zu verhindern, als eine bereits vorhandene zu heilen. Der Arzt unserer Tage sollte Familien- oder Hausarzt sein, der seine Besuche auch dann macht, wenn er keine Patienten findet, aber dafür Gelegenheit hat, darüber zu wachen, daß durch eine naturgemäße Lebensweise die Krankheiten verhindert werden. Leider halten es aber viele mit dem Arzte wie mit der Waschfrau: man bringt ihr die Wäsche, um sie reinigen zu lassen, aber mit der festen Absicht, sie wieder zu beschmutzen. Leider ist ja auch die Zahl derjenigen Ärzte keine geringe, die nach der Schablone Rezepte verschreiben und sich um eine naturgemäße Lebensweise ihrer Patienten wenig kümmern. Ärzte der ersten Sorte üben eine schöne Kunst, diese ein schnödes Handwerk. — Im alten Rom gab es bis zum 6. Jahrhundert wohl schon Kenner der Heilkunde, aber es fehlte den Leuten an Beschäftigung.*) Man lebte so nüchtern und arbeitsam, daß erworbene Krankheiten kaum vorkamen und der Tod meist nur durch Altersschwäche eintrat. Als aber das weltbeherrschende Volk sich, auf seinen Lorbeeren ruhend, der Schlemmerei und dem Müssiggang hingab, fanden auch die

*) „Fuisse sine medicis, non tamen sine medicina“, sagt Cato.

Ärzte reichlich Arbeit. Und unsere Zeit ist wahrlich auch nicht frei von allerlei Krankheit. Wir bringen den Keim dazu mit auf die Welt und entwickeln diesen durch eine unnatürliche Lebensweise. Nur wenige sehen wir jetzt alt und grau ins Grab sinken. Die fürchterlichste Geißel der Menschheit, die Schwindsucht — eine Krankheit, die den Naturvölkern völlig fremd ist — rafft täglich Hunderte in der Blüte ihrer Jahre dahin; die Cholera, das gelbe Fieber, das Scharlachfieber, die Diphtheritis, ja selbst die Pest fordern noch immer zahlreiche Opfer und spotten der Anstrengung der Ärzte. Und doch ist es häufig möglich, manchen Krankheiten zu entgehen, wenn man nur durch eine nüchterne, naturgemäße Lebensweise seinen Körper gestählt hält.

Wer möchte auch gerne den an allen Ecken auf die gequälte Menschheit wartenden Jüngern der Heilkunde in die Arme geraten? Wer fürchtete sich nicht vor dem „Doktern"? Schon die Wahl macht Qual! Sollen wir dem Allopathen oder Homöopathen, dem Hydropathen oder Eklektiker unseren Leib anvertrauen? Oder sollen wir diesem oder jenem „Quack" unser Leid klagen? — In einem Lande, in dem zahlreiche „Doktorfabriken" alljährlich Tausende von Ärzten fertig machen und auf die Menschheit loslassen, wo jeder, der seine Vorstudien auf dem Schusterschemel, am Schneidertisch, beim Amboß oder beim Schaumschlagen gemacht hat, sein Doktorschild heraushängen darf, wo die Quacksalberei in üppigster Blüte steht, — in einem solchen Lande ist die Auswahl unter den Ärzten nicht gerade leicht. Da ist einer, der zieht gar eifrig über die „Stümper und Quacksalber" los und gebärdet sich ganz wild, weil wieder so ein „Schneider oder Barbier" sich als Arzt aufgethan hat. Traue ihm nicht! Ein solcher „Doktor" war höchst wahrscheinlich draußen ein Thunichtgut mit dem Trieb zu etwas Höhern, der früher rasierte, sich aber, ehe er nach Amerika zog, einige alte Bücher über Materia medica kaufte und diese studierte. Das Examen wurde ihm leicht — er machte keins. Von einem Heimweh nach dem alten Lande weiß er nichts: hier doktort er — drüben müßte er wieder rasieren. Weiß man aber von einem Arzte, daß er wirklich studiert hat und fort und fort studiert, daß er einen nüchternen Wandel führt, zeigt er in seinem Verhalten am Krankenbette ein ruhiges aber sicheres Benehmen — wohlan, so traue man ihm auch, achte auf seine Vorschriften, lasse sich durch niemanden, auch durch alte erfahrene Tanten nicht irre machen, und wechsele auch nicht den Arzt wie ein Hemd. Es ist durchaus nötig, daß der Arzt Hausarzt werde, daß er die körperlichen Eigentümlichkeiten eines jeden Familiengliedes kennen lerne. Nur so wird der Hausarzt auch zu einem Hausfreund. —

Aber es sind nicht nur die ungebildeten und gewissenlosen Ärzte, die den kranken Körper schädigen können, sondern mehr noch thut dies der landesübliche Gebrauch von Patentmedizin.

Niemand spekuliert mit mehr Erfolg, als wenn er dabei auf die Dummheit und Leichtgläubigkeit der gebildeten und ungebildeten Menge spekuliert. Und auf diese spekulieren alle, die ihre „Universal- und Geheimmittel" ausposaunen und als Mittel gegen die verschiedensten Schäden des menschlichen Lebens, deren Zahl eine Legion ist, anpreisen, oft mit dem wenig schmeichelhaften Zusatz: „Good for man *and* beast!" Ein solches Mittel hilft eben gegen alle Krankheiten des Magens, der Leber, des Unterleibs, gegen Vollblütigkeit, Bleichsucht, gegen Kopf- und andere Schmerzen, gegen Herzklopfen, gegen Dyspepsia, Gicht, gallige, remittierende und intermittierende Fieber, gegen die verschiedensten Hautkrankheiten u. s. w. u. s. w. Mit einem wahrhaften Ekel begegnet man immer und immer wieder fast in jeder Zeitung, die man in die Hand nimmt, nicht nur im Inseratenteil, sondern auch in den Lokalspalten diesen marktschreierischen, aber freilich gut bezahlten Anzeigen. An diese reiht sich dann noch eine erkleckliche Anzahl von Attesten wunderbar Geheilter. Nun fällt es uns nicht ein, behaupten zu wollen, daß alle Patentmedizinmänner aus Schlechtigkeit ein so frevelhaftes Spiel mit der Gesundheit ihrer Mitmenschen spielen, auch nicht, daß alle die beigegebenen Atteste erfunden und gefälscht seien — so viel steht aber fest, daß trotzdem ein unsägliches Unheil durch die Patentmedizinen angerichtet wird. Das Schädliche derselben liegt aber vornehmlich darin, daß man ein Mittel, welches an sich unschädlich, ja, in gewissen Fällen nützlich sein mag, gegen die allerverschiedensten Schäden empfiehlt, daß es also dem Kranken überlassen ist, sein Leiden und auch die ihm zuträgliche Dosis zu bestimmen. Es ist namentlich das große Heer der chronisch (langwierig) Kranken, die nach Patentmitteln greifen, und gerade diesen ist meistens mit Medizin gar nicht gedient. Sie laufen auch gewöhnlich die ganze Skala der Geheimmittel durch. — — —

Nur eine Kenntnis des Baues und der Lebenserscheinungen unseres Körpers und die aus solcher Kenntnis sich ergebende naturgemäße Pflege sind die Mittel, die unseren Körper bei möglichster Frische erhalten, uns in Krankheitsfällen den rechten Weg zeigen und eine rechte Auswahl eines Arztes ermöglichen. Solche Kenntnis soll aber in unserem Buche geboten werden.

* * *

So weit der Kreis der sichtbaren Schöpfung reicht, giebt es in ihr nichts Wunderbareres und Herrlichereres als die Gestalt des Menschen. Auch die Himmel predigen des Höchsten Ehre und die Veste verkündet Seiner Hände Werk. Aber das Meistergebilde aus Gottes Hand ist und bleibt doch der Mensch, der einst zum Bilde Gottes geschaffen ward. Zwar wir können uns keine rechte Vorstellung mehr davon machen, wie herrlich und vollkommen auch die äußere Erscheinung des Menschen im Paradiese gewesen sein mag; aber wir ahnen es, wenn wir den Menschen auch jetzt noch, wo die Sünde ihm ihren Stempel aufgedrückt hat, ansehen. Unter sich die Erdkugel, über sich die Wölbung des Firmaments, in den Augen die ihn umgebende Welt spiegelnd und von seinen Lippen das mächtige Wort, als Träger der Gedanken, hinaus klingend, so steht der Mensch aufrecht da und kündet sich der gesamten übrigen Kreatur als den ihr von Gott selbst gesetzten Herrn und Gebieter. Die Betrachtung der Menschengestalt erinnert uns an das, was St. Paulus den Athenern zurief: „Wir sind göttlichen Geschlechtes.“ Es liegt etwas Königliches in der Erscheinung des Menschen, die jeden Vergleich mit dem Tiere zurückweist. —

Leicht unterscheiden wir am menschlichen Körper die drei Hauptabschnitte: den **Kopf**, den **Rumpf** oder **Stamm** und die diesem eingefügten **Gliedmaßen**.

Der **Kopf**, welcher sich frei auf dem Halse bewegt und in seinem knöchernen Teile, dem Schädel, das Gehirn trägt und Höhlen für die Seh-, Hör-, Riech- und Geschmacksorgane enthält, zeigt uns oben und vorn den haarbedeckten Scheitel, die Stirn, das Gesicht, die Wangen, die Nase, die Lippen und das Kinn. Seitlich hinter den Schläfen ragen die Ohrmuscheln hervor. Zwischen ihnen zeigt sich der Hinterkopf.

Der **Rumpf** oder **Stamm** zerfällt nach vorn in Hals, Brust, Bauch, Becken, nach hinten in Nacken, Rücken und Kreuz. Der Hals trägt an seiner vorderen Fläche den Kehlkopf (Adamsapfel), innen die Luft- und Speiseröhre, sowie große Blutgefäße und Nerven. In der Brust lagern die Lungen und das Herz, im Bauch und Becken die Verdauungsorgane: Magen, Leber, Gedärme.

Die **Gliedmaßen** sind vornehmlich unsere Werkzeuge. Die oberen Gliedmaßen oder Arme bestehen aus Schulter, Oberarm, Vorder- oder Unterarm und Hand. Die unteren Gliedmaßen oder Beine zeigen den Oberschenkel, Unterschenkel und den Fuß.

Wartet des Leibes, doch also, daß er nicht geil werde.

Römer 13, 14.

Ein fröhlich Herz macht das Leben lustig; aber ein betrübter Mut vertrocknet das Gebeine.

Sprüche 17, 22.

Furchtsame Aerzte sind die gefährlichsten und dann die, die dem Willen ihrer Kranken in allem nachgeben. Solche Gesellen müssen viele Kirchhöfe haben. Deshalb ist ein gelehrter und kluger Arzt, der sich nicht leicht dahin und dorthin leiten läßt, ein ungeheures Geschenk Gottes. Denn die Aerzte sind die Diener der Natur.

Luther.

Wie das Vermögen, so wird auch die Gesundheit hauptsächlich durch die täglichen, kleinen, unnützen Ausgaben verwüstet.

Französisches Sprichwort.

Wer fortwährend seine Gesundheit ängstlich in acht nimmt, gleicht dem Geizigen, der Schätze aufhäuft, ohne ihrer jemals froh zu werden.

Yorik Sterne.

Nicht mit bitteren Arzeneien, wohl aber mit bitteren Wahrheiten kuriert die Gesundheitslehre.

Paul Niemeyer.

I. Das Knochengerüst.

Die Knochen bilden das Gerüst unseres Körpers; sie sind die feste Grundlage, um welche sich die Gestalt aufbaut. Wie bei einem Hause, welches aus Holz gebaut wird, der Zimmermann erst aus starken Balken und Sparren ein Geripp aufbaut, welches er mit Brettern umkleidet, so bilden auch die Knochen das Gerüst des Körpers, an welches sich die Muskeln heften. Galen vergleicht das Knochengerüst oder Skelett dem festen Stamm, aus dem, wie Blätter und Blüten des Baumes die schöne Fülle des Leibes sich entwickelt. Denn wenn auch unser empfindliches Auge in dem Skelett nur ein unheimliches Bild des Todes erblickt, den man ja geradezu als den Knochenmann bezeichnet, so giebt dennoch sonderlich der Knochen dem Körper die Haltung und den Umriß, auf denen zuletzt die Symmetrie seiner Gestalt beruht.

Den verschiedenen Zwecken entsprechend wechselt Form und Bau der Knochen. Die einen mehr schalenartig und flach dienen zur Aufnahme edler Organe oder sind Ansatzflächen für größere Muskelbündel; die andern lang und stark sind die großen Lastträger des Körpers; noch andere endlich kurz, massig und von unregelmäßiger Gestalt verrichten verschiedene Funktionen. Alle aber sind ganz dem Zwecke angepaßt, dem sie dienen sollen; alle sind elastisch und doch im höchsten Grade widerstandsfähig.

Man irrt, wenn man, wie das oft geschieht, das Gewicht des Körpers von dem schwächeren oder stärkeren Knochenbau abhängig sein läßt. Ein Mensch von 140 Pfund Körpergewicht hat ein Skelett, das nur 18 Pfund wiegt. Er hat außerdem 80 Pfund Muskelfleisch, 14 Pfund Haut und Fett, 12 Pfund Blut, 20 Pfund Herz, Drüsen und Gehirn. Diese 140 Pfund enthalten gegen 100 Pfund Wasser und also nur 40 Pfund trockene Stoffe. —

Die Knochen sind mit Ausnahme der Gelenkenden von einer derben Haut überzogen, welche unter dem Namen Beinhaut bekannt ist. Ihre Aufgabe besteht vornehmlich in der Blutzufuhr in die inneren Knochenteile. Die Masse, aus welcher die Knochen bestehen, nennt man das Knochengewebe. Dasselbe besteht zu zwei Teilen aus einer harten, erdigen Masse, der Knochenerde, und zu einem Teile aus einer weichen, biegsamen, knorpelartigen Masse, dem Knochenknorpel. Dieser ist es, der bei anhaltendem Kochen in verschlossenen Gefäßen sich in Knochenleim verwandelt. Taucht man einen Knochen, etwa die Rippe eines Schafes, in verdünnte Salzsäure (Muriatic Acid) — etwa ein Weinglas der Säure auf ein Pint Wasser — so wird der Knochen, der seine Gestalt behält, in ein oder zwei Tagen so weich, daß man ihn zu einem Knoten schürzen kann. Die Säure hat nämlich die Knochenerde gelöst und nur der Knochenknorpel ist zurückgeblieben. Umgekehrt verliert ein Knochen durch vorsichtiges Glühen seine knorpelige Masse und es bleibt nur die bröckelige Knochenerde zurück. — Von den 12 Pfund Knochenerde, die ein Skelett von 18 Pfund enthält, sind etwa 10 Pfund phosphorsaurer Kalk; in diesem stecken etwa 2 Pfund Phosphor.

Die Knochen zeigen beim Durchschnitt ein lockeres, zelliges Gewebe, dessen Poren mit einem weichen, gelblichrötlichen Fette, dem Knochenmark, erfüllt sind.

Fig. I. Der knöcherne Kopf. A. Schädel. B. Gesicht. a. Stirnbein. b. Scheitelbein. c. Schläfenbein. d. Unterkieferknochen. e. Oberkieferknochen. f. Wangenbein. g. Äußerer Gehörgang, welcher den Eingang in das Gehörorgan (im Felsenteile des Schläfenbeins) bildet.

Fig II. Der knöcherne Rumpf. a. Atlas, erster Halswirbel. b. Umdreher, zweiter Halswirbel. c. Letzter (7ter) Halswirbel. d. Erster und e. letzter (12ter) Brustwirbel. f. Erster und g. letzter (5ter) Lendenwirbel. h. Brustbein. i. Erste Rippe. k. Elfte und l. zwölfte Rippe. m. Rippenknorpel. n. Schlüsselbein. o. Schulterblatt. p. Gelenkfläche am Schulterblatt für den Oberarmkopf.

Fig III. Das knöcherne Becken. a. Kreuzbein. b. Hüftbein. c. Hüftkamm. d. Schambein. e. Sitzbein. f. Sitzknorren. g. Oberschenkelkopf.

Fig. IV. Der Atlas oder erste Halswirbel.

Fig. V. Ein Bauch- oder Lendenwirbel.

Fig. VI. Die Armknochen. a Schulterblatt. b. Schulterhöhe. c. Kopf, d. Körper und e. Ellenbogen-Gelenkfortsatz des Oberarmknochens. f. Ellenbogenbein. g. Speiche. h. Handwurzelknochen. i. Mittelhandknochen. k. Fingerknochen.

Fig. VII. Die Beinknochen. a. Oberschenkelbein. b. Kopf, c. Hals, d. großer Rollhügel und e. Gelenkknorren des Oberschenkelbeins. f. Kniescheibe. g. Schienbein. h. Wadenbein. i. Äußerer und k. innerer Knöchel.

Fig. VIII. Das Kniegelenk, geöffnet und von hinten gesehen.

Fig. IX. Die Fußknochen. a. Fersenbein. b. Sprungbein. c. Kahnbein. d. Würfelbein. e. Keilbeine. f. Mittelfußknochen. g. Zehenknochen.

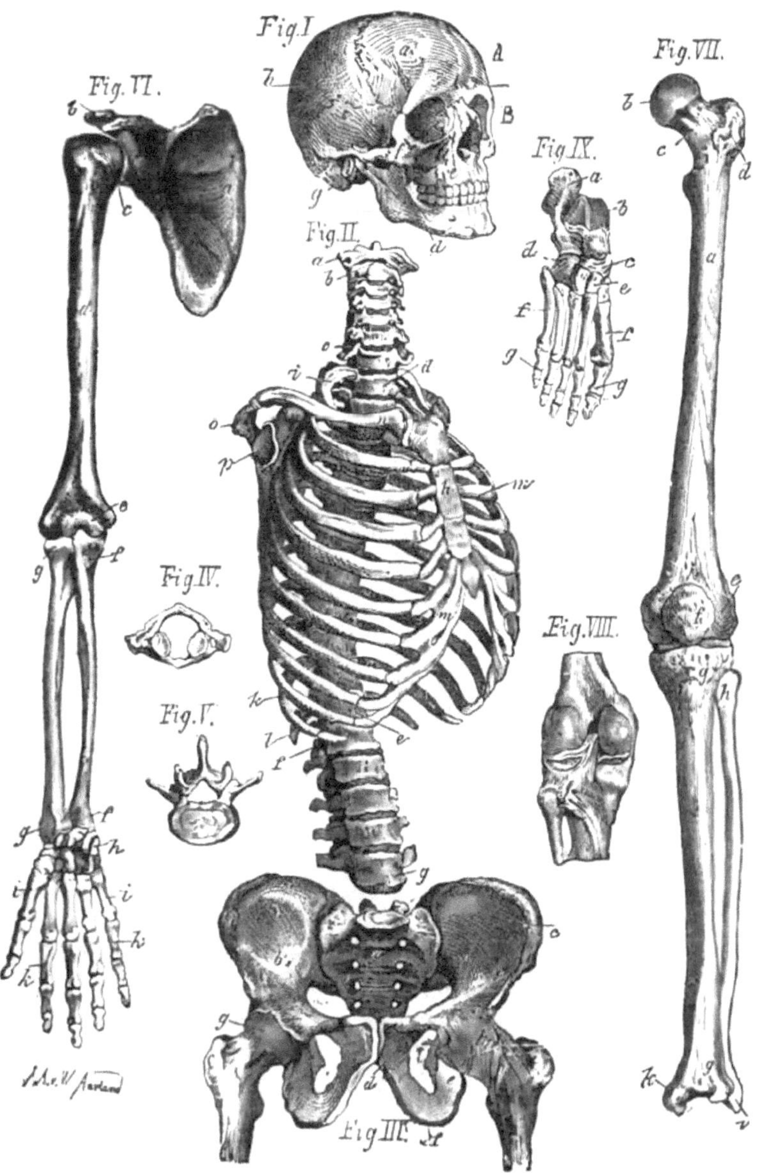
Fig. I
Fig. II
Fig. III
Fig. IV
Fig. V
Fig. VI
Fig. VII
Fig. VIII
Fig. IX

Da, wo zwei oder mehrere Knochen durch feste, aber biegsame Stränge, welche **Knochenbänder** heißen, verbunden sind, entsteht ein **Gelenk**. Wer mit dem Auge des Mechanikers die Konstruktion der Gelenke beim Menschen betrachtet, mag wohl eine neidische Regung verspüren, wenn er die mannigfaltige Beweglichkeit und die Dauerbarkeit des Materials erwägt. Er sieht glatt polierte Flächen geräuschlos sich verschieben; mit weisem Maße werden alle Stellen durch kleine Mengen der sogenannten **Gelenkschmiere** befeuchtet, um jede Reibung zu vermeiden. Die vornehmsten Gelenkformen sind das **Winkelgelenk** und das **Kugelgelenk**. Jenes, das sich an den Fingern findet, gestattet nur die Beugung und Streckung. Auch in der Technik verwendet man verschiedene Arten von Winkelgelenken, aber so scharfsinnig auch ihr Bau und so exakt auch ihr Gang sein mag, sie stehen dennoch weit zurück hinter denen des menschlichen Körpers.

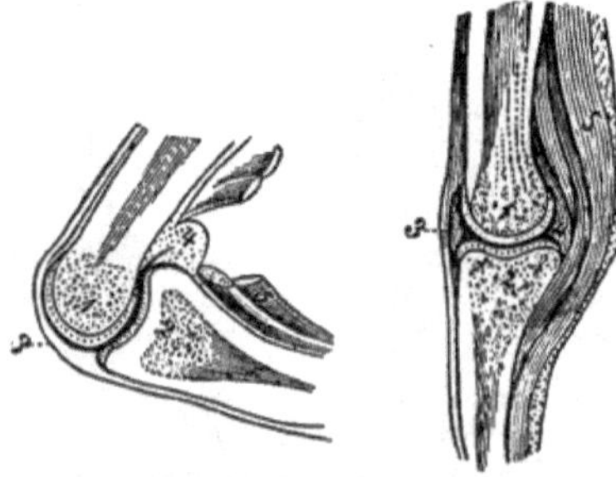

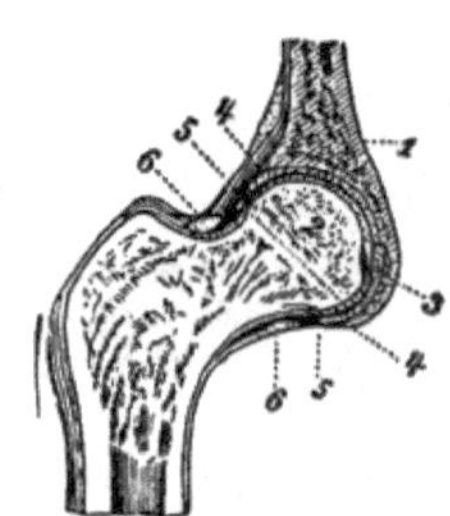

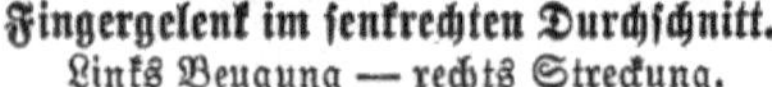

Fingergelenk im senkrechten Durchschnitt.
Links Beugung — rechts Streckung.

1. Rolle mit Knorpelüberzug.
2. Pfanne mit Knorpelüberzug.
3. Vordere Wand der Gelenkkapsel.
4. Hintere Wand der Gelenkkapsel.
5. Sehnen der Beugemuskeln.

Hüftgelenk im Durchschnitt.

1. Hüftknochen und Pfanne.
2. Gelenkkopf.
3. Knorpelüberzug der Pfanne.
4. Ränder der Pfanne.
5. Knorpelrand.
6. Die Kapsel.

Das Kugelgelenk gestattet eine allseitige Beweglichkeit des Gliedes, die durch Übung, wie Gymnasten beweisen, so gesteigert werden kann, daß das Bein wie ein Gewehr im Arm präsentiert werden oder rechtwinklig ausgespreizt werden kann. Merkwürdig ist die Einrichtung, wodurch der **Gelenkkopf** in der **Pfanne** gehalten wird. Der Gelenkkopf sitzt nur mit einem Drittel in der Pfanne, er kann also nicht von den etwa übergreifenden Rändern derselben gehalten werden. Man gebraucht auch in der Technik Kugelgelenke, läßt aber hier die Pfanne stets übergreifen. Wodurch wird nun der Schenkelkopf in der Pfanne festgehalten? Die Antwort lautet: Durch Luftdruck. Wir wissen, daß wenn wir mittels der Zunge die Luft aus einem Fingerhut saugen, derselbe durch den äußeren Luftdruck festgepreßt wird. Gerade so beim Gelenkkopf, unter dem die Luft entfernt ist, und der also gleichfalls durch die äußere Luft festgepreßt wird. Der Beweis hierfür ist leicht zu führen. Man braucht nur durch die dünne Wand des Hüftbeins dem Gelenkkopf gegenüber ein Loch zu bohren, so daß Luft in das Innere der Gelenkhöhle tritt und — — der Gelenkkopf fällt aus der Pfanne heraus. —

Die Namen der Knochen des menschlichen Skeletts studiert man am besten nach der beigegebenen Tafel.

Besonderes Interesse bietet der Schädel, der Träger des Gehirns und der wichtigsten Sinnesorgane, weshalb wir denselben in größerer Darstellung bringen. Er ist aus 21 Knochen gefügt. Eine größere Höhle zu oberst, die Schädelhöhle, dient zur Aufnahme des Gehirns. Die dieselbe umschließenden Knochen sind zackig ineinander geschoben, wodurch die sogenannten Knochennäthe entstehen.

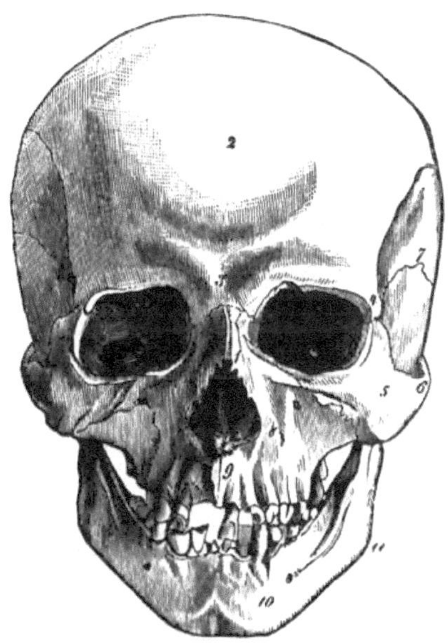

Schädel 1/4 natürlicher Größe.
1. Nasenbein. 2. Stirnbein. 3. Nasenfortsatz desselben. 4. Jochfortsatz des Stirnbeins. 5. Jochbein. 6. Jochbogen. 7. Die Schläfen. 8. Oberkiefer. 9. Nasenstachel. 10. Unterkiefer. 11. Unterkieferwinkel.

Die einzelnen Schädelknochen eines bis zu zwei Jahre alten Kindes sind noch nicht miteinander verwachsen, sondern nur durch weiche, jedoch zähe Häutchen miteinander verbunden. Die Figur auf S. 20 zeigt den Schädel eines neugeborenen Kindes, um die Hälfte verkleinert von oben gesehen. Die schattierten Stellen sind die erwähnten Häutchen oder Fonta-

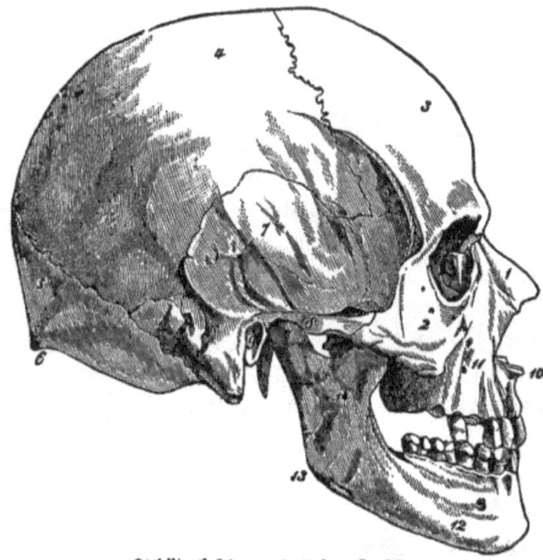

Schädel 1/4 natürlicher Größe.

1. Nasenbein. 2. Jochbein. 3. Stirnbein. 4. Scheitelbein. 5. Hinterhauptsbein. 6. Hinterhauptsstachel. 7. Schläfenbein. 8. Jochbogen. 9. Ohröffnung. 10. Nasenstachel. 11. Oberkiefer. 12. Unterkiefer. 13. Winkel desselben. 14. Aufsteigender Teil (Fortsatz).

nellen, wie man sie gewöhnlich nennt. Die größte Fontanelle befindet sich zwischen Stirn- und Scheitelbein. Wenn man mit dem gestreckten Finger über diese Stelle fährt, wird man bei Kindern eine Vertiefung wahrnehmen, die vielleicht sich auch dem Auge durch das Pulsieren der großen Aderstämme des Gehirns merklich macht. Das Bild macht mit einem Blicke klar, warum jeder schwere Fall die Knochen verschieben und diese gegen die Gehirnmasse drükken kann, wodurch Bewußtlosigkeit, Krämpfe, ja der Tod verursacht werden können. — Unbegreiflich ist es darum, wie Eltern oder Wärterinnen die Kleinen auf die Fontanelle drücken können, um sie einzuschläfern und zu beruhigen. — Thöricht ist aber auch andererseits die Furcht vor jedem Druck auf die Fontanelle, wodurch Mütter abgehalten werden, die Kopfhaut ihres Kindes mit Seiflappen oder Schwamm zu bearbeiten. Der dadurch verursachte Druck schadet durchaus nicht.

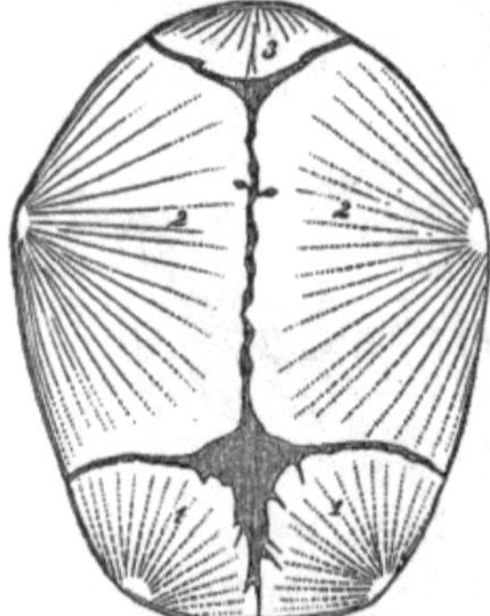

Schädel eines neugeborenen Kindes von oben.

1. Die Stirnbeine.
2. Die Scheitelbeine.
3. Das Hinterhauptsbein.

Es ist bekannt, daß einzelne Indianerstämme dem Schädel der Kinder durch Druck eine seltsame Form geben. Das stärkste in dieser Art leisten die Flachkopfindianer in Oregon (Flathead Indians). Sie haben eine weit nach hinten gepreßte Stirn und platte Köpfe. Die Art und Weise, wie sie dies Musterstück barbarischer Mode zustande bringen — übrigens ein Seitenstück zu dem allzustarken Schnüren zivilisierter Menschen — hat man bei ihnen selbst beobachtet. Das Kind wird gleich nach der Geburt in ein sechs Zoll tief ausgehöhltes Stück eines Baumstammes gelegt, und dann wird dem Kind über den Scheitel ein aus Gras geflochtener Strang gelegt, der allmählich straff gezogen wird. Manche Stämme nehmen nur ein Brett, in welches für das Hinterhaupt ein Loch gemacht ist. Durch ein auf die Stirne festgebundenes kleines Brettchen wird nun der Kopf hinten in das Loch gepreßt. In dieser Lage muß die kleine Rothaut so lange bleiben, bis der Schädel die richtige Form erhalten hat und darin durch das Wachstum so befestigt ist, daß er nach Wegnahme des Apparates nicht wieder in die frühere zurückkehrt. Nach dem Bericht eines zuverlässigen Reisenden dauert diese Prozedur neun Monate. Sie wird langsam eingeleitet, nur allmählich werden die Binden fester gezogen, so daß das Kind sich noch dabei körperlich weiter entwickeln kann und gerade nicht allzuviel zu leiden scheint, obgleich der Anblick ein greulicher sein soll; denn die kleinen schwarzen, blutunterlaufenen Augen treten ihm aus den Höhlen wie einer eingeklemmten Ratte. Eine nicht minder starke Ausreckung des Kopfes nehmen die Natchez-Indianer, früher am Mississippi, vor. Diese Schädelformen gelten alle als ein Zeichen edler Abkunft, sie sind unbedingt erforderlich, wie es scheint, um zu Ansehen und zu Würden zu gelangen. Sklavenkinder dürfen mit diesem Adelsbrief nicht ausgestattet werden und Kinder von edler Abkunft, deren Schädel wegen lebensgefährlicher Erkrankung während der Prozedur nicht standesgemäß zugerichtet werden konnte, sollen, wie man berichtet, als Sklaven verkauft werden.

Die Anzahl der Knochen des menschlichen Skeletts beträgt 206. Davon kommen auf den Kopf 28, auf den Rumpf 54, auf die Gliedmaßen 124, nämlich 64 auf die oberen, und 60 auf die unteren Glieder.

Die Knorpel dienen teils wie die Knochen zum Aufbau des Gerippes, teils sind sie die Gefäße für verschiedene hohle Körperteile wie des Kehlkopfs, der Luftröhre, teils stellen sie platte, elastische Platten wie in den Gelenken und am äußeren Ohre dar.

Das Knochengerüst ist im allgemeinen ziemlich frei von Krankheiten, wird aber sehr häufig bei Unglücksfällen in Mitleidenschaft gezogen.

Rhachitis oder englische Krankheit (Rickets). Diese hierzulande seltene Krankheit kleiner Kinder entsteht, wenn die Knorpelsubstanz der Knochen die Knochenerde unnatürlich überwiegt. Die Knochen bleiben deshalb weicher, biegsam, brüchig; es kommt zu Biegungen der Schenkelknochen, die das Gewicht des Körpers nicht zu tragen vermögen. Als Ursachen sieht man erbliche Anlage, mangelhafte Ernährung und ungesunde, feuchte, schlecht ventilierte Wohnungen an. Die Behandlung besteht in guter Ernährung durch Milch; nach der Entwöhnung nebenbei durch Fleischbrühe, Eier, Fleisch. Dazu viel Aufenthalt im Freien und skrupulöse Reinlichkeit und Hautpflege durch Bäder.

Krumme Beine (Bowlegs) entstehen durch zu frühzeitige Steh- und Gehversuche der Kinder, zu denen diese leider durch unverständige Eltern veranlaßt werden. Glücklicherweise verliert sich diese Deformität in der Regel mit der Zeit.

Rückgratsverkrümmung (Curvature of the Spine). Siehe unter „Atmung".

Verstauchung (Sprain). Eine Verstauchung ist eine Zerrung oder Zerreißung der Gelenkbänder und eine Quetschung der Gelenkenden. Sie kommt am häufigsten an den Fingergelenken, an der Hand, am Kniegelenke durch Stoß oder Fall zustande oder entsteht am Fußgelenke durch Übertreten, Umknicken oder beim Ausgleiten. Es entwickelt sich sehr schnell eine Geschwulst. Bewegungen der verstauchten Gelenke sind wohl sehr schmerzhaft, aber doch möglich. Absolute Ruhe und die Anwendung von Kälte durch Einwickeln in nasse Binden, später das Einreiben mit spirituösen Reizmitteln ist alles was hier zu thun ist. Man hüte sich vor dem üblichen Kneten und Ziehen der Glieder.

Verrenkung (Dislocation). Eine Verrenkung entsteht, wenn durch äußere Gewalt die Gelenkteile sich trennen und nicht wieder vereinigen. Man erkennt eine solche an der Formveränderung des Gelenks und daran, daß ein Versuch, das Gelenk zu bewegen, sehr schmerzhaft ist und kaum gelingt. Hier gilt es, das Gelenk wieder einzurichten. Von dem Versuche, dies zu bewerkstelligen, sehe aber der Laie entschieden ab — hierzu ist ein geschickter Arzt nötig.

Knochenbruch (Fracture). Die Knochen sind fest, aber doch auch spröde; sie zerbrechen daher durch Einwirkung äußerer Gewalt. Man unterscheidet einfache und komplizierte Brüche. Einfach heißt der Bruch, wenn die Haut nicht mit verletzt ist; kompliziert nennen wir ihn, wenn eine Wunde dabei ist, wenn also die äußere Gewalt oder die Knochenenden die Weichteile zerschnitten haben. Die komplizierten Knochenbrüche sind weit gefährlicher als die einfachen, weil nicht selten Schmutz dabei in die Wunde kommt. Einen Knochenbruch erkennt man an der sichtbaren Verbiegung und Verkürzung des Gliedes, an der unnatürlichen Beweglichkeit an der gebrochenen Stelle und an dem fühlbaren harten Geräusch bei Bewegungen. Der Schmerz ist immer sehr heftig. Zuweilen sind die Knochen nur eingeknickt. Des Arztes Aufgabe ist es, die Knochenenden möglichst gut wieder aneinanderzufügen und für absolute Ruhe des Gliedes zu sorgen. Die Knochenenden scheiden dann neue Knochensubstanz (Kallus) aus, die allmählich erhärtet und einen festen Kitt bildet. Gelingt dies nicht in der gehörigen Weise, so heilt der Knochen schief oder mit Verkürzung zusammen oder bleibt wohl gar an der Bruchstelle beweglich, so daß ein sogenanntes falsches Gelenk entsteht. Für uns entsteht hier die Frage: Was kann der Laie bei einem Knochenbruch thun, bis der Arzt kommt? Was muß er thun, ehe er den Verunglückten zum Arzt oder ins Hospital schafft?

Nehmen wir an, jemand wäre von einem Fenster oder einer Leiter heruntergestürzt, oder ein schwerer Balken, ein Stück Eisen oder dergleichen hätte mit seiner ganzen Wucht den Unterschenkel getroffen, und wir sind auf den Hilferuf herbeigeeilt. Was ist geschehen? so wird unsere erste Frage lauten. In den meisten Fällen wird der Verletzte uns selbst angeben können, er habe ein Bein gebrochen. Auch werden wir häufig durch die Kleider hindurch die Beweglichkeit des Beines an falscher Stelle bemerken. Wir haben darum meist gar nicht nötig, die Kleidungsstücke durch ein scharfes Messer oder eine Scheere zu entfernen, sondern schreiten gleich zu einem Notverband. Wir schienen das verletzte Glied, d. h. wir schließen es zwischen zwei starke Gegenstände, damit es sich nicht mehr bewege und dem Verunglückten Schmerzen oder wohl gar Wunden verursache. In der Stadt oder in der Nähe bewohnter Orte findet sich bald das nötige Material: Bretter, Latten, Dachschindeln, Spähne, Cigarrenkisten, Besenstiele, Lineale, Spazierstöcke, Regen- oder Sonnenschirme, Pappe. Auf freiem Felde und im Walde bieten sich Äste, Baumrinde, Stroh, Heu, Gras. Zur Polsterung benutzen wir Wolle, Watte, Flanell, Werg, Flachs, Heu, Moos. Zur Befestigung dienen uns Binden, Schnupftücher, Handtücher, Halstücher, Tischtücher, Stricke, Bindfaden, Hosenträger, zerschnittene Hemden, Röcke. Nachdem man den gebrochenen Teil

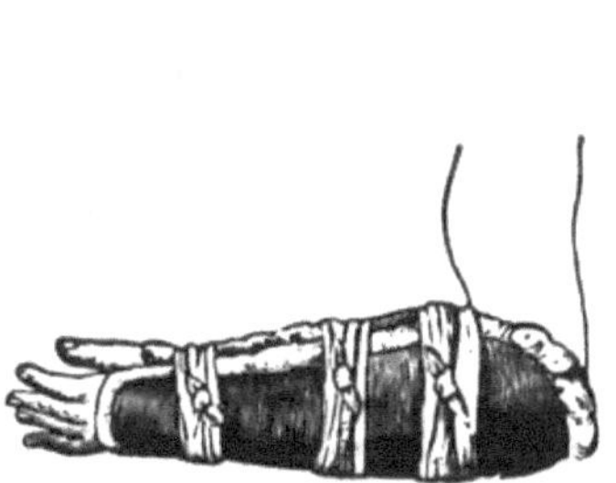

Geschienter Unterarm.

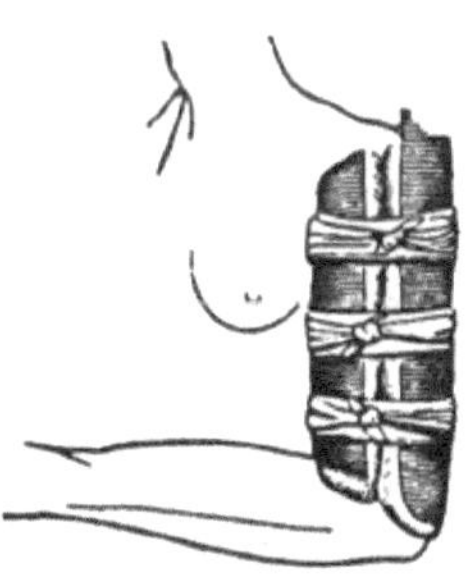
Geschienter Oberarm.

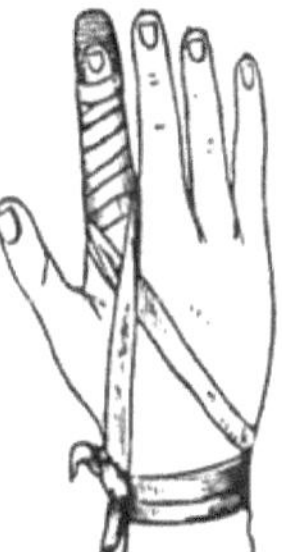
Geschienter Finger.

gepolstert, legt man die Schienen an und befestigt diese durch Binden, wie es unsere Figuren zeigen. Weiteres über den Verband findet man unter „Blutumlauf".

Ist der Bruch ein komplizierter, so muß die Kleidung mittels Scheere oder Messer entfernt und vor allem die Blutung gestillt werden. Hierüber siehe unter „Blutumlauf".

Nie schreite man zum Transport des Verletzten, ehe nicht ein solcher, die Ruhe des Gliedes schützender Verband angelegt ist.

Transport Verletzter. Auch hierüber mögen gleich an dieser Stelle die nötigen Mitteilungen gemacht werden. — Wenn ein Unglücksfall — wie das die

Regel ist — nicht im Hause, sondern draußen sich ereignet hat, so ist es immer nötig, den Verunglückten so schnell und schonend wie möglich zum Arzt oder zum nächsten Hospital zu transportieren. Zu diesem Transport bedient man sich am besten einer Tragbahre, wie sie in allen Krankenhäusern bereit gehalten werden. Aber solche Tragbahren sind nicht immer zur Hand. Dann gilt es, irgend welche Gegenstände zu suchen und zusammenzufügen, auf welchen der Verletzte ruhen kann. Einem findigen Kopf wird es leicht werden, eine solche Notbahre zu zimmern. In bewohnten Häusern findet man Bettstellen, Sofas, Bretter, Thüren, Bänke, Leitern, die man leicht mit Bettkissen, Decken, Stroh und dergleichen polstern kann. Tauglich sind auch Matratzen, Strohsäcke, Blankets, an deren Ecken man Schlaufen näht oder durch deren Längsseiten man Stangen steckt. Auch Stühle mit voller, runder Lehne (Easy chairs) sind häufig verwendbar. Hängematten, an einer oder zwei Stangen befestigt, die von zwei Mann auf den Schultern getragen werden, sind vorzügliche Tragbahren. Mittels Gurten, Riemen, oder auch Strohseilen, im Walde mittels Zweigen, kann man zwei Stangen verbinden. General Jackson ließ im Kriege gegen die Indianer seine Verwundeten auf den Häuten der geschlachteten Ochsen transportieren, welche zwischen Gewehren ausgespannt wurden.

Das Aufladen und Forttragen eines Verletzten auf einer Tragbahre fordert drei Personen. Zwei tragen die Bahre, der dritte löst ab und sorgt für den Patienten.

Um den Verletzten aufzuladen, stellt man die Bahre in eine Linie mit seinem Körper, das Fußende derselben hinter seinen Kopf. Dann stellen sich die beiden Träger jeder auf eine Seite, reichen sich die Hände unter dem Rücken und unter den Oberschenkeln des Patienten, heben ihn auf, tragen ihn rückwärts über die Bahre und legen ihn darauf nieder. Beim Tragen dürfen die Träger nicht Schritt halten; sie müssen mit ungleichen Füßen auftreten, wodurch einem Schwanken möglichst vorgebeugt wird. Geht es bergauf, so muß der Kopf des Verletzten vorangehen; geht es bergab aber das Fußende, außer wenn der Fuß selber verletzt ist. Der Patient wird ebenso von der Bahre herabgenommen, wie er daraufgelegt wurde.

Doch wir wollen auch den Fall ins Auge fassen, wo es an einer Tragbahre fehlt. Ist nur ein Helfer da und kann der Verletzte noch etwas gehen, so muß er einen Arm um den Hals des Helfers legen. Dieser umgreift die Hüfte des Verletzten und erfaßt mit der andern Hand die über seiner Schulter hängende Hand des Patienten. Wenn er dann seine Hüfte hinter die Hüfte des andern drängt, so kann er ihn sehr wirksam unterstützen. Kann aber der Verletzte gar nicht mehr gehen, so nehme man ihn auf den Rücken („huckepack“) oder trage ihn wie ein Kind auf den Armen.

Wenn aber zwei Helfer da sind, so kann man den Verletzten auf mannigfache Weise transportieren. Die Träger können zwei Hände unter des Verletzten Oberschenkel und zwei hinter seiner Lendengegend verschränken. Der Patient umfaßt mit seinen Armen die Nacken der Träger. Oder sie können alle vier Hände zu einer Sänfte verschränken. Viel leichter wird der Transport, wenn man aus Gurten, Stricken oder Strohseilen einen Tragkranz herstellt, den man mit den Händen faßt.

II. Die Muskeln.

Die Muskeln sind die Organe der Bewegung. Sie bilden jene rote Masse des Leibes, die allgemein als das Fleisch bezeichnet wird, und lassen schon mit bloßem Auge eine Reihe von Bündeln erkennen, die das Mikroskop in äußerst feine quergestrichelte Fäden auflöst. Meist laufen sie neben einander her, zuweilen kreuzen sie sich und schlingen sich wohl auch zu einem Kreise zusammen. Alle sind sie von einer sehnigen Hülle umkleidet und sind durch perlmutterglänzende Bänder oder Flechsen mit dem Knochengerüst oder den Knorpeln verbunden. Sie sind von zahlreichen Adern und Nerven durchzogen und von einer Flüssigkeit durchdrängt, die man Fleischsaft nennt.

Die Muskeln geben, durch die Knochen gestützt, unserm Körper seine Form und Rundung. Ihre Hauptaufgabe aber ist, alle Bewegungen zu vermitteln, die mit und in unserem Körper vorgehen. Nur zum Teil hängen diese Bewegungen von unserem Willen ab. Der gebietend ausgestreckte Arm, das stolz emporgerichtete Haupt, der kräftig ausgreifende Fuß, dies und hundert andere sind willkürliche Bewegungen, und die hierbei thätigen Muskeln heißen darum auch willkürliche. Es giebt deren über 500. Die Substanz derselben ist saftig und dunkelrot; ihre Fäserchen erscheinen unter dem Mikroskop quergestreift. Unabhängig von unserem Willen ist dagegen die ununterbrochene Thätigkeit der inneren Leibesregion; das Tag und Nacht pochende Herz, die arbeitenden Windungen des Magens und der Gedärme, die Atembewegungen sind unwillkürliche, und die hier wirkenden Muskeln heißen darum auch unwillkürliche. Das Gewebe dieser Muskeln mit wenigen Ausnahmen ist blaßrötlich, weniger saftig, und ihre Fäserchen haben eine glatte, nicht quergestreifte Oberfläche.

Alle Muskeln wirken dadurch, daß sie sich, durch die Nerven vom Gehirn aus dazu angeregt, zusammenziehen und dabei verkürzen. Dadurch werden die Teile, mit welchen sie verbunden sind, hier- oder dorthin gezogen und bewegt. Die Betrachtung desjenigen Muskels, der am Oberarm und Unterarm befestigt ist, desjenigen also, der im Volksmund als der Muskel bezeichnet wird, mag uns diese Zusammenziehbarkeit oder Kontraktilität klarmachen. Muskel, wie der abgebildete, nennt man Beuger. Ein ebensolcher zieht den Unterschenkel zum Oberschenkel. Ihre Gegner (Antagonisten), welche die gerade entgegengesetzte Bewegung veranlassen, heißen Strekker. Man kann sich von der Thätigkeit dieser beiden Muskelarten leicht überzeugen, wenn man den Arm dicht über dem Ellbogengelenk faßt und nun abwechselnd den Unterarm beugt und streckt. Man wird dann sehr deutlich die Verdickung des Beugers und Streckers fühlen. Anzieher nennt man solche Muskeln, welche Teile nach dem Leibe zu beugen, ihre Antagonisten heißen Abzieher. Die Roller drehen Glieder, wie es z. B. der Kopfdreher thut. Die Schließmuskeln liegen in Gestalt eines Ringes um die Öffnungen am Körper (Augen, Mund).

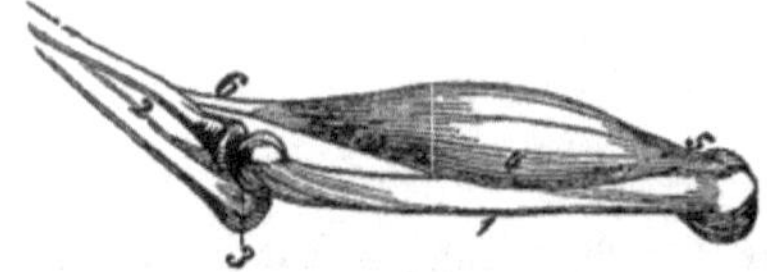

1. Oberarmknochen. 2. Vorderarmknochen. 3. Gelenk. 4. Muskelbauch. 5. Ursprung. 6. Ansatz.

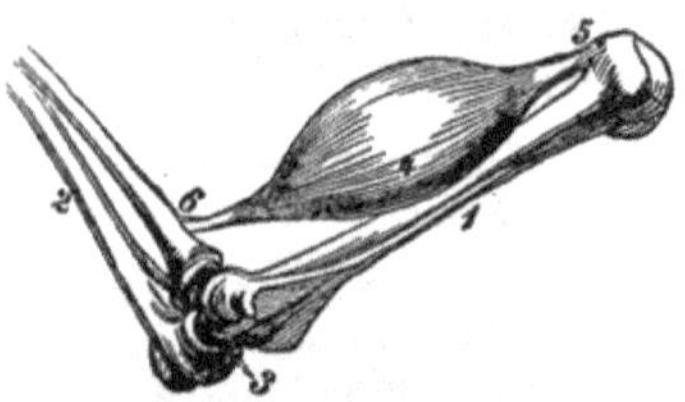

Der Muskel in der Kontraktion.
Bezeichnung wie oben.

Die Muskeln erschlaffen bei mangelndem Gebrauch, können aber

Fig. I. Die Muskeln an der vorderen Fläche des Kopfes und Rumpfes. a. Schädel. b. Gesicht. c. Hals. d. Oberleib oder Brust. e. Unterleib oder Bauch. f. Becken. g. Oberschenkel. — 1. Stirnmuskel. 2. Schläfemuskel. 3. Ring- oder Schließmuskel des Auges. 4. Ring- oder Schließmuskel des Mundes. 5. Kaumuskel. 6. Nasenmuskeln. 7. Jochmuskeln. 8. Kopfnicker. 9. Schlüsselbein. 10. Großer Brustmuskel. 11. Kleiner Brustmuskel. 12. Schiefer Bauchmuskel. 13. Gerader Bauchmuskel. 14. Zwischenrippenmuskeln. 15. Leistenring. 16. Schenkelkanal. 17. Schneidermuskel. 18. Schenkelanzieher.

Fig. II. Armmuskeln an der vorderen inneren Fläche. 1. Deltamuskel. 2. Zweiköpfiger Armmuskel, ein Vorderarmbeuger. 3. Hand- und Fingerbeuger. 4. Handdreher. 5. Sehnen der Fingerbeuger. 6. Muskeln des Daumenballens.

Fig. III. Beinmuskeln an der hinteren Fläche. 1. Großer Gesäßmuskel. 2. und 3. Unterschenkelbeuger. 4. Wadenmuskel. 5. Achillessehne. 6. Ferse. 7. Innerer und 8. äußerer Knöchel.

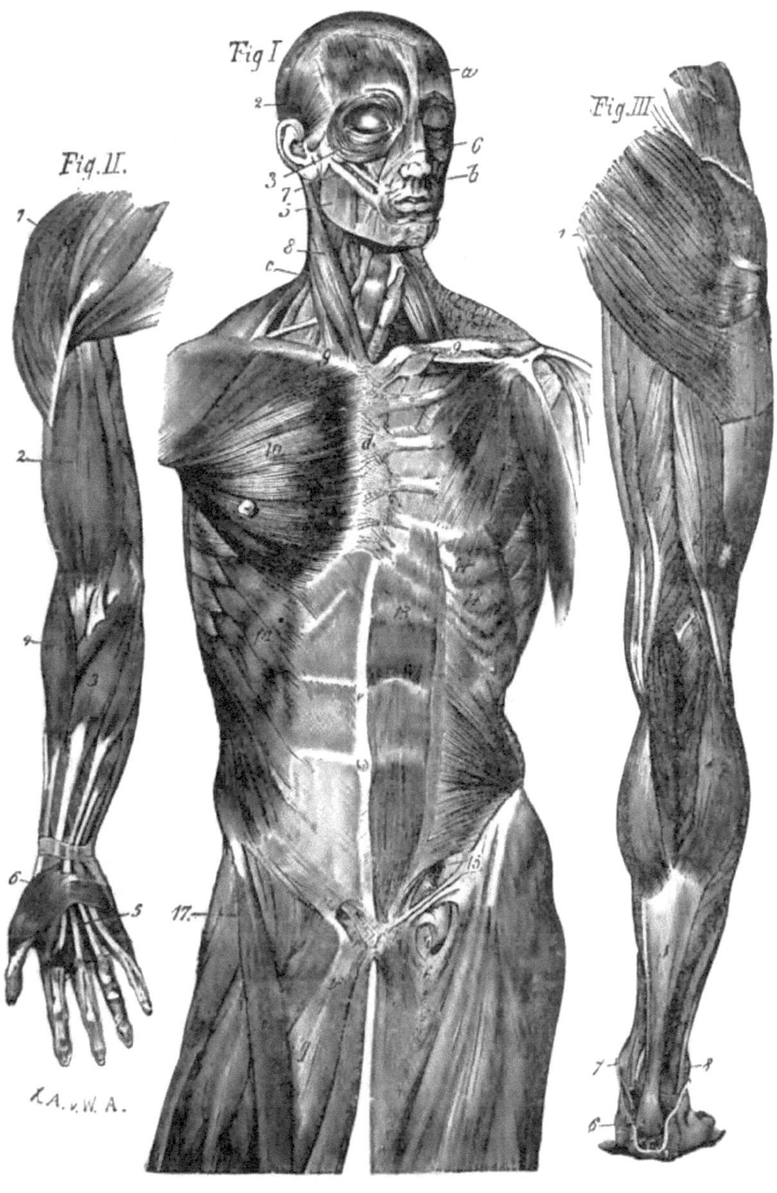
Fig I
Fig. II.
Fig. III
L. A. v. W. A.

durch Übung auf jenen Grad des Außerordentlichen gebracht werden, von dem die Athleten alter und neuer Zeit Zeugnis geben. Milo trug einen lebenden Stier auf den Schultern davon, aß ihn aber auch in ein paar Mahlzeiten auf; Kaiser Maximus zog einen schwer beladenen Wagen mit einer Hand und schlug einem Pferde mit einem einzigen Streiche alle Zähne ein; der Riese des Pausanias zog sechs rennende Pferde zurück; August der Starke zerbrach Hufeisen und hielt einst auf einer Hand einen Trompeter zum Fenster hinaus; indische Jongleurs fädelten mit der Zunge Perlen ein, die sie im Munde hielten; andere balanzierten auf der Stirn ein Bäumchen und schossen von diesem mittels eines bloß vom Munde gerichteten Blasrohrs die künstlichen Vögel herab, während sie zugleich an den Spitzen der Finger und Zehen Ringe klirrend bewegten. —

Wunderbar mannigfaltig zeigt sich das Spiel der Muskeln an der Hand — man denke nur an das Klavierspiel des Virtuosen. Man erinnere sich auch des Minenspiels der Gesichtsmuskeln. Das Auge wird weit geöffnet bei Aufregung (Freude, Staunen, Entsetzen, Zorn), niedergeschlagen durch Nachlassen eben dieses Muskels bei entgegengesetzten Zuständen (Scham, Bescheidenheit, Feigheit, aber auch bei stiller innerlicher Freude und bei Behagen). Der runde Schließmuskel des Auges verlängert die Augenlidspalte beim Blinzeln zum Ausdruck der Schlauheit und des Spottes. Halten die Augenmuskeln den Augapfel unverändert in seiner Lage, so blickt das Auge offen und bieder; Verlegenheit, verstecktes Belauern lassen die Augäpfel hin und her bewegen, Frömmigkeit richtet sie nach oben, und der Hochmütige blickt von oben herab. Das Runzeln der Stirne drückt Zorn aus, und dieser Ausdruck wird noch gesteigert durch Heben der Nasenflügel. Erhobene Augenbrauen, wobei die Stirne Querrunzeln erhält, finden sich ebenso bei Sorge als bei Erstaunen und Übermüdung. Der Mund verlängert sich, indem seine Winkel den Ohren sich nähern, beim harmlosen Lachen; die Mundwinkel gehen nach oben beim Lächeln, welchem das Verhalten der Augen den wohlwollenden und spöttischen Ausdruck giebt. Die Mundwinkel ziehen sich herab zum Ausdrucke des Stolzes und der Verachtung, während die fest geschlossene Mundspalte sowohl Ärger als Entschlossenheit kundgiebt.

Die Beweglichkeit mancher Muskeln ist uns verloren gegangen. Nur wenige von uns vermögen noch die Kopfhaut oder die Ohren zu bewegen, obwohl wir die hierzu nötigen Muskeln besitzen. Neger können nicht selten das Ohr etwas vorstrecken und wieder anlegen, wie sie denn auch dasselbe förmlich als Tasche benutzen. Man sieht sie wohl hinter einem Ohr die Cigarre, hinter dem andern Zündhölzchen aufbewahren, während in den Öffnungen beider kleine Münze funkelt.

Die oberflächlich liegenden Muskeln sind mancher Schädigung ausgesetzt; sie können gequetscht, gezerrt oder auch zertrennt werden.

Quetschung oder Kontusion (Bruises). Eine Quetschung ist in der Regel ein wenn auch schmerzliches, so doch harmloses Ding. Wir alle haben uns eine solche, wenigstens in unserer Jugend, wenn es über Tische und Bänke ging, schon zugezogen. Die Mütter pflegen durch kühlendes Blasen den Schmerz an der verletzten Stelle, an der sich zumeist binnen kurzer Zeit eine bläuliche Beule entwickelt, zu lindern. Vielleicht erinnert sich mancher auch noch der nach und nach in allen Regenbogenfarben schillernden Hautstellen, die der jedenfalls heilsame Stock des gestrengen Herrn Vaters oder Schulmeisters zurückließ. Eine alltägliche Erfahrung mag uns die Entstehung der Beule veranschaulichen. Wenn wir mit dem Finger einen stärkeren Druck auf die äußere Haut eines reifen Pfirsich ausüben, so verletzen wir dadurch die Haut nicht, zertrümmern aber das darunter befindliche weiche Zellgewebe. Auf ähnliche Weise wird durch einen Stoß oder Schlag das lockere Bindegewebe unter der Haut zertrümmert, kleine Blutgefäße werden zerrissen, und das aus ihnen austretende Blut treibt die Haut auf und schimmert bläulich hindurch. Was nun die Hilfeleistung in solchen Fällen betrifft, so empfiehlt es sich, gleich, wenn die Beule sich zu entwickeln beginnt, mit einem harten, kühlenden Körper, einer Messerklinge etwa, gegen die verletzte Stelle zu drücken. Offenbar wird hierdurch das ausgetretene Blut verteilt und eine Zunahme der Geschwulst verhindert werden. Naßkalte Umschläge sind anzuwenden, solange der Schmerz andauert. Später, zumeist etwa nach 24 bis 36 Stunden, empfehlen sich spirituöse Einreibungen mit Kampfergeist, Arnikatinktur, Whiskey und dergleichen.

Muskelzerrung (Tension). Eine schon etwas tiefer gehende Verletzung ist die Muskelzerrung, die wohl auch aus eigener Erfahrung bekannt ist. Sie tritt ein beim Heben schwerer Lasten oder auch bei plötzlicher ungewohnter Bewegung. Wenn man z. B. plötzlich nach oben greift, so kann es wohl vorkommen, daß bei der Streckung der Muskeln einzelne Muskelfasern zerreißen. Eine Applikation kalten Wassers, wohl auch das Einreiben mit den oben genannten Reizmitteln ist hier am Platze — im übrigen heißt es: abwarten! —

Wunden. Siehe unter „Blutumlauf“.

Gymnastik (Exercise). Schon von altersher ist die Gymnastik oder die Bewegungskur als das beste Gegenmittel gegen das entnervende Sitzen in der Binnenluft mit gutem Recht empfohlen worden.

Von Sokrates berichtet Plato, daß er die Schreibarbeit häufig unterbrach, um zu „tanzen“, das heißt nicht etwa Walzer oder Schottisch, sondern das zu treiben, was man heutzutage Zimmergymnastik nennt. Auch von manchem neueren Genius weiß man Ähnliches zu berichten. Immanuel Kant nahm täglich einen zweistündigen Spaziergang vor, mochte gutes oder schlechtes Wetter sein. Macaulay ging gleichfalls viel spazieren, studierte oft im Gehen und bewegte sich auch in der Arbeitsstube denkend oder sprechend wie ein Tier im Käfig auf und ab. Von Buckle heißt es: das Arbeiten greife ihn nicht an; er arbeite immer beim offenen (!) Fenster, habe nie Kopfschmerz und denke sich seine Kapitel immer auf langen Spaziergängen aus. Von Lord Byron ist bekannt, daß er den halben Tag draußen herumschweifte und, zurückgekehrt, nur die Feder anzusetzen brauchte, um eine Fülle von Strophen hinzuwerfen. Charles Dickens liebte es, angestrengt spazieren zu reiten oder zu gehen. Spazierritte oder Fußtouren von 15 Meilen hin und ebensoviel zurück waren ihm Scherz. Ähnliches gilt von Bancroft. Ein tüchtiger Fußgänger war auch der Dichter Seume, von dem das klassische Wort stammt: „Es würde alles besser gehen, wenn man mehr ginge!“ Er machte eine neunmonatliche Fußreise durch die Schweiz nach Paris, hierauf eine zweite über Petersburg nach Moskau, durch Finnland bis nach Schweden, eine dritte nach Italien. Vergeblich sehen wir uns unter den deutschen gelehrten Stubenhockern nach noch andern Fußgängern um. Fast scheint's, als ob diese besser gedeihen und sich besser konservieren, wenn sie vorgebückt und eingeknickt — denn kurzsichtig sind sie ja fast alle — im dicken Tabaksqualm hocken, und daß sie es fast für eine beklagenswerte Zeitvergeudung halten, wenn die Not sie zu einem kurzen Gang drängt.

Wir möchten durch das Vorstehende den Begriff „Stubenhocker“ nicht zu eng gefaßt haben. Wir umschließen mit diesem Ausdruck nicht nur den Lehrstand, sondern auch den vorwiegend an das Schreibpult gefesselten Beamten und Kaufmann; aus dem Handwerksstande zählen wir hierher vor allem den Schneider und Schuhmacher, die in gebückter, Lungen und Verdauungsorgane schädigender Haltung ihre Tage verbringen. In der That gestattet nur wenigen der Beruf eine allseitige Ausbildung ihres Körpers und den Genuß frischer, nervenstärkender Luft. Diese wenigen sind glückliche Menschen! Wir rechnen zu ihnen die Farmer, die Schreiner, die Maurer, auch die Fleischer und — die Briefträger. Sie können mit unserem Fritz Reuter sprechen: „Fri! Fri! un denn Landluft un Landbrot un von morgens bet's abends en depen Drunk frische Luft, un Gottes Herrlichkeit rings herüm, blot taum Taulangen; un ümmer wat tau dauhn, hüt dit un morgen dat: äwer allens in de beste Regelmäßigkeit, dat dat ümmer stimmt mit de Natur; dat makt de Backen rot un den Sinn frisch, dat is en Bad för Seel' un Liw; un wenn de ollen Knaken un Sehnen ok mal mäud warden un up den Grund sacken willen, de Seel swemmt ümmer lustig baben!“ *)

Selbst Fritz Reuters Namensvetter, der alte Fritz, meinte: „Wenn ich das Physische des Menschen betrachte, so kommt's mir vor, als hätte uns die Natur mehr zu Postillons (könnte ebensogut heißen: Briefträgern) als zu sitzenden Gelehrten geschaffen.“ —

Welchen Nutzen gewährt uns die Köperbewegung? — Diese Frage wollen wir uns zunächst beantworten.

Erstens fördert sie die Blutbewegung, die bei einer sitzenden Lebensweise

*) Olle Kamellen. „Ut mine Festungstid.“

leicht ins Stocken gerät. Flott fließt das Blut durch die Adern, wenn wir tüchtig ausschreitend einen längeren Spaziergang unternehmen.

Zweitens fördert Bewegung das Atmen. Während wir daheim in sitzender Haltung nur mit einem Drittel unserer Lungen atmen, nimmt jetzt die ganze Lunge kräftigen Anteil. Tief atmen wir reine Luft und werfen den hindernden Schleim aus. Man muß freilich nicht im Leichengefolgeschritt gehen, sondern kräftig ausgreifen.

Drittens übt Bewegung den mächtigsten Einfluß auf die Verdauung. Das ganze Heer von Unterleibsbeschwerden, über welche Stubenhocker klagen, schwindet bei regelmäßig fortgesetzter Bewegungskur.

Viertens wird die Hautthätigkeit durch jede körperliche Anstrengung angeregt. Wir geraten in wohlthätigen Schweiß und fühlen dadurch erleichtert.

Fünftens, mit allen vorigen Gründen zusammenhängend, reinigen wir unser Blut, also unsere Säfte, von all' den Schlacken, welche sich durch Vielesserei und Trinkerei in demselben angesammelt haben.

Sechstens erzielt der Bewegungslustige eine geistige Frische, die der Stubenhocker gar nicht kennt.

Aber auch die Kehrseite wollen wir zeichnen, indem wir fragen: Welchen Schaden zieht die unterlassene Körperbewegung nach sich?

Entweder, wenn, wie so häufig, der Bewegungsmangel schon in der Jugend seinen erschlaffenden Einfluß übt, gelangt der Körper gar nicht zu seiner vollen normalen Entwicklung. Es kommt zu keinem kräftigen ungestörten Aufblühen. Allgemeine Blutarmut und fehlerhafte Säftemischung erzeugt zahlreiche Kränklichkeiten oder auch ernsthafte Krankheiten, besonders der Brustorgane.

Oder, der Bewegungsmangel gesellt sich erst zu gewissen Lebensverhältnissen des erwachsenen Alters. Die Vollkraft des Blütenlebens überwindet zwar oft einige Zeit hindurch die Nachteile, aber dies dauert in der Regel nur bis zum mittleren Lebensalter. Wenn nicht früher, so doch jetzt, treten diese oder jene bisher unbekannten Erscheinungen hervor: das Heer der chronischen Unterleibsleiden, Hämorrhoidalbeschwerden, Blutkongestionen, Vorboten der Gicht, asthmatische Beschwerden, Hypochondrie, Melancholie u. s. w. Wohl dem, der bei den ersten Vorboten bedenkt: Verhüten ist leichter als Heilen. Der Körper ist ein unserer vorsorglichen Pflege anvertrautes Gut. —

Ist demnach ein allseitiger Gebrauch unserer Muskeln eine conditio sine qua non — eine unabweisliche Bedingung für unser Wohlergehen, bringt aber unser Beruf einen solchen nicht mit sich: so müssen wir absichtlich unserem trägen, ruheliebenden Fleisch Arbeit, und zwar zweckentsprechende Arbeit verschaffen. Es ist durchaus nicht gleichgültig, wie wir dies thun. Bei gesunden Kindern genügt es, ihrem angeborenen, nicht genug zu schätzenden „Gassenjungentrieb" freien Lauf zu lassen; kränkliche und darum bewegungsscheue Kinder, solche, deren Muskulatur schlaff und deren Haltung zusammengesunken ist, bedürfen der besonderen Pflege der Eltern. Ihr Wohl hängt nicht so sehr von Arzt und Apotheker als von der Vernunft der Eltern ab. Wo die Mittel vorhanden sind, da errichte man seinen Kindern einen einfachen Turnapparat, etwa ein Reck, an welchem sich eine große Mannigfaltigkeit von Übungen vornehmen läßt. Wir bilden darum ein

Das Reck.

solches hier ab. Die eichenen Pfosten nehme man 5 bei 5 Zoll stark. Die Höhe derselben über dem Boden betrage 8 Fuß. Man muß sie tief und fest einrammen. Die Reckstange aus Hickoryholz sei $1^1/_2$ Zoll stark, gut abgerundet, an dem einen Ende aber viereckig, damit sie im Pfosten fest ruht. Die Pfosten bekommen in verschiedener Höhe, der eine viereckige, der andere kreisrunde Löcher zum Einschieben der Stange, die man noch durch einen eisernen am viereckigen Ende durchschiebbaren Nagel befestigen muß.

Bringt man am oberen Ende der Pfosten noch eiserne Haken für eine Schwinge an, so erweist man auch den jüngeren Kindern eine Wohlthat und schlägt zwei Fliegen mit einer Klappe. — Auch der Barren, dessen Konstruktion aus der beigegebenen Abbildung ersichtlich ist, bietet Gelegenheit zu vielen und mannigfaltigen Übungen. Die Höhe der vier Träger entspreche der Schulterhöhe, der Abstand der wagerechten Stangen von einander gut der mittleren Schulterbreite der Übenden. — Über die an solchen und anderen Geräten vorzunehmenden Übungen belehrt in sehr ausgedehnter Weise ein reich illustriertes Büchlein von Ludwig Puritz*), das wir hiermit allen Turnfreunden besonders empfehlen.

Der Barren.

Erwachsene, deren Glieder durch Vernachlässigung der Körperbewegung schon steif geworden sind, wollen mit solchen Geräten nichts zu thun haben. Ihnen verschreiben wir aus unserer hygieinischen Apotheke vorerst das Spazierengehen in beschleunigtem Tempo, täglich eine Stunde, bis Besserung erfolgt, und dann „machen wir dieselbe Medizin noch einmal auf“, wie man hierzulande zu sagen pflegt. Wer einen solchen Spaziergang mit einem guten Freunde unternehmen kann, dessen Unterhaltung auch zugleich dem Geiste Erholung bringt, der ist zu beneiden. Aber das Spazierengehen allein thut's noch nicht, denn diese Körperbewegung ist immerhin eine ziemlich einseitige. Es werden dabei namentlich vier, für den ganzen Lebensprozeß einflußreiche Muskelpartieen in ihrer Entwickelung vernachlässigt und der Verkümmerung überlassen: 1) die Schultermuskeln, 2) die Brustmuskeln — beide wegen Unthätigkeit der Arme, 3) die Bauchmuskeln, 4) die Rückenmuskeln — beide wegen Mangel der Rumpfbewegungen. Namentlich diesen Muskelpartieen muß man also anderweitig gerecht werden — und zwar durch die sogenannte Zimmergymnastik, auf die auch die Kinder während der Wintermonate angewiesen sind. Wer sich über dieselbe genau informieren will, dem empfehlen wir ein wahrhaft klassisches Büchlein

*) Ludwig Puritz, Merkbüchlein für Vorturner. Hannover, Hahnsche Buchhandlung.

von Dr. Schreber.*) Ein vortreffliches Buch, das nicht nur dem gesunden, sondern auch dem chronisch kranken, namentlich aber dem kränkelnden Menschen vortreffliche Ratschläge giebt. Blutandrang nach Kopf und Brust, beginnende Lungenschwindsucht, Asthma, Verdauungsschwäche, Hämorrhoiden, beginnende Muskellähmung — alle diese Leiden finden eine besondere Berücksichtigung. — Ein ganz vorzügliches Zimmergerät ist das mit ganz geringen Kosten anzufertigende Thürreck. Man kaufe den Stiel einer Heugabel und kürze diesen auf die Entfernung zwischen zwei Thürpfosten; sodann fertige man vier Träger aus hartem Holz, die in verschiedener Höhe durch Schrauben mit den Pfosten verbunden werden. An diesem Gerät lassen sich sehr verschiedene Übungen anstellen, so namentlich der Aufzug. — Nimmt man die Stange heraus, so lassen sich mit dieser, wenn man sie an den beiden Enden faßt und sie in die verschiedensten Lagen zum Körper bringt, sehr nutzbringende Bewegungen vornehmen.

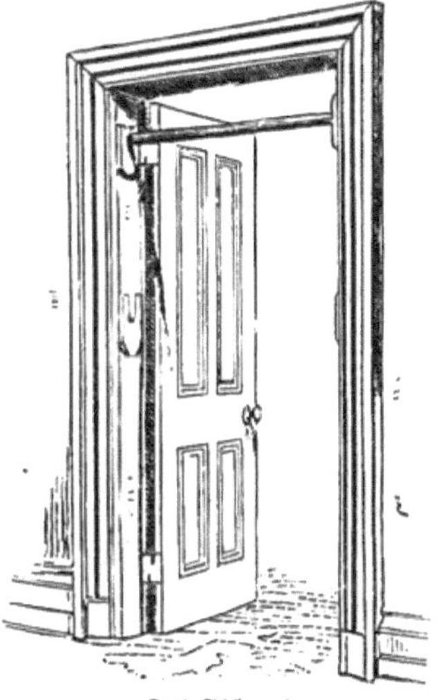
Das Thürreck.

Wer dauernd an den Schreibtisch gebannt ist, der unterbreche doch wenigstens alle halbe Stunden einmal seine Arbeit, stehe auf, recke und strecke sich aus, durchstürme einige Male das Zimmer, fechte mit den Armen durch die Luft, stoße mit ihnen kräftig nach vorne und hinten, nach oben und unten, und seitwärts, als wolle er jemand einen wuchtigen Faustschlag versetzen. Er beuge den Rumpf nach vorn und hinten, nach links und rechts, er knicke und strecke die Beine, und weite die Brust durch Tiefatmen. Man darf dies freilich nur in geschlossener Gesellschaft thun — man würde sonst für „übergeschnappt" gelten, während man doch sehr vernünftig handelt.

Man kann diese Exercitien noch vervollkommnen, wenn man zugleich Hanteln gebraucht. Es sind dies in Kugeln auslaufende Eisen, die, mit den Händen gefaßt, den Körperbewegungen mehr Energie geben. Man wähle sie nicht zu schwer — 5 Pfund für jede Hantel ist das Maximalgewicht — und überarbeite sich mit ihnen nicht. Jede Überanstrengung, die ein allzu beschleunigtes Atmen und ein starkes Klopfen des Herzens verursacht, muß überhaupt vermieden werden. Auch für diese Hantelübungen sei endlich ein Büchlein von Kloß**) empfohlen.

*) Dr. Schreber, Ärztliche Zimmergymnastik oder System der ohne Gerät und Beistand überall ausführbaren heilgymnastischen Freiübungen. Leipzig, Friedrich Fleischer.

**) Dr. M. Kloß, Hantelbüchlein für Zimmerturner. Leipzig, J. J. Weber.

III. Die Haut.

Die Haut umschließt den menschlichen Körper wie ein Gewand und überzieht auch die inneren Höhlen unseres Körpers. Jene, die äußere Haut, geht an den natürlichen Öffnungen, z. B. an den Lippen ohne Unterbrechung in die innere Haut oder Schleimhaut über. Beide sind, so verschieden auch ihr Aussehen ist, von nahezu gleichem Bau.

In drei Schichten deckt die Haut unsern Körper, als Oberhaut, Lederhaut und Fetthaut. Die Oberhaut oder Epidermis, die als schützender Überzug dient, ist ohne alle Empfindung. Kinder pflegen ja dieselbe spielend mit der Nadel zu durchbohren. Sie ist es, die beim Verbrennen sich zu Blasen aufwirft und deren untere Schleimschicht den Farbstoff der Haut enthält. Bei uns Weißen ist derselbe gelblichweiß. Auch das Negerbaby kommt weiß auf die Welt; erst am sechsten Tage entwickelt sich bei ihm der Farbstoff. Unter der Oberhaut liegt die Lederhaut, so genannt, weil dieselbe, von gewissen Tieren genommen, durch das Gerben so widerstandsfähig wird, daß wir aus derselben unser Schuhwerk und andere Dinge anfertigen können. Auch die Menschenhaut läßt sich gerben, und es gehörte zur Zeit der großen französischen Revolution zum guten Ton, Handschuhe aus Menschenhaut zu tragen. Menschenhäute hatten damals einen niedrigen Marktpreis, da die Guillotine unaufhörlich arbeitete, um den wahnsinnigen Blutdurst menschlicher Scheusale zu befriedigen. Wurde doch auch die Haut Ziskas nach seiner eigenen testamentarischen Bestimmung über eine Heerpauke gespannt, um so die verwaisten Hussiten noch immer den Schlacht- und Siegesruf des alten blinden Feldherrn vernehmen zu lassen. Die Lederhaut enthält die Schweißdrüsen, kleine Knäuelchen, die ihren Inhalt durch einen Kanal und die korkzieherartig gewundene Schweißpore nach außen befördern. Jede Schweißpore, in die Länge gezogen, mißt 1/4 Zoll, und da die Zahl aller Schweißporen etwa 2 Millionen beträgt, so beträgt ihre Gesamtlänge 28 Meilen! Im Schweiße scheiden sich nicht nur unreine Bestandteile unseres Blutes ab, sondern der Schweiß kühlt auch durch seine Verdunstung unsern Körper; aus beiden Ursachen muß also bei einer Schweißunterdrückung sich ein fieberhafter Zustand einstellen. — Die Lederhaut ist auch der Sitz der Talgdrüsen, birnen- oder traubenförmige Schläuche, welche ein dickes, schmieriges Fett, den Hauttalg, absondern und hierdurch die Haut geschmeidig erhalten und das Eindringen von Flüssigkeit hindern.

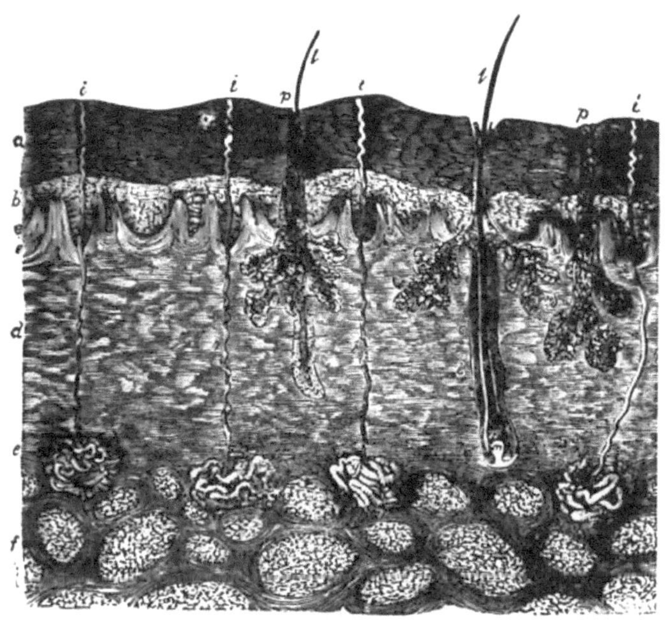

Die äußere Haut (senkrecht durchschnitten und bedeutend vergrößert).
a. Hornschicht und b. Schleimschicht der Oberhaut. c. Farbenschicht in der Schleimschicht. d. Lederhaut. e. Hautwärzchen. f. Fetthaut. g. Schweißdrüse. h. Schweißkanal. i. Schweißporen. k. Haarbalg. l. Haar. m. Haarkeim. n. Haarzwiebel. o. Haarwurzel. p. Talgdrüse.

Auch die Haare nehmen in dieser Haut ihren Ursprung. Selber empfindungslos, können sie doch, wie dies namentlich die Schnurrhaare der Katzen thun, die Tastempfindung übermitteln. Sie dienen zum Schutze gegen Kälte und Nässe und tragen zur Verschönerung bei. Sie wachsen, wenn sie nicht abgeschnitten werden, nicht unausgesetzt fort, sondern erreichen ein Maximum. Am Grunde der Haare befindet sich ein rotes, blutgefäßreiches und mit Nerven versehenes Hügelchen, es heißt der Haarkeim. Aus diesem Hügelchen entwickelt sich das Haar, man nennt es mit den einschließenden Teilen die Haarwurzel.

Das Grauwerden der Haare hat seinen Grund darin, daß eine größere oder geringere Anzahl von Haaren weiß geworden ist, die durch ihre Mischung mit dem noch dunkelfarbigen Haar die graue Farbe erzeugen. Diese Umänderung des Haares kann unter Einfluß starker Gemütsbewegungen oder innerer Erkrankung binnen kurzer Zeit stattfinden, wie zahlreiche Beispiele bis in die jüngste Zeit darthun. Man erzählt von Thomas Morus, Marie Antoinette und Ludwig von Bayern, daß sie in einer Nacht graue Haare bekamen.

Die Haare sind fast über den ganzen Körper verbreitet; ganz haarlos ist nur die Haut an den Augenlidern, an der Hohlhand, den Fußsohlen und am Rücken des Nagelgliedes der Finger und Zehen.

Die Lederhaut trägt auch kleine, kegelförmige Hügelchen, die sogenannten Hautwärzchen. Dies sind die Organe des Tastsinnes. Sie sind da am zahlreichsten, wo die Haut am empfindlichsten ist, z. B. an den Fingerspitzen.

Die Nägel sind verdickte Oberhautplatten. Sie bilden sich aus der Lederhaut und wachsen, wenn nicht beschnitten, bis zu einer bestimmten Länge und krümmen sich dann um die Finger- und Zehenspitzen herum. Sie geben den Fingern Festigkeit und ermöglichen ein Festhalten auch kleinerer Gegenstände.

Hautpflege. Da die Haut die wichtige Aufgabe hat, aus dem Blute den Schweiß abzusondern, wodurch das Blut gereinigt und unser Körper gekühlt wird, so ist eine geeignete Hautpflege für die Gesunderhaltung des Körpers von der größten Wichtigkeit. Man bedenke, daß 100 Pfund getragene Leibwäsche um 4 bis 5 Pfund durch die Ausdünstung der Haut schwerer wird, so daß Pettenkofer von einem, der die Leibwäsche häufig wechselt, mit Recht sagt, daß er statt seiner doch wenigstens seine Wäsche ins Bad steckt. Aber der häufige Wechsel der Leibwäsche, so nötig er auch ist, kann doch das Bad, durch welches das reinigende Wasser alle Körperteile erreicht, nicht ersetzen. Es heißt sehr wahr: „Was die Luft für die Lunge, das ist das Wasser für die Haut!"

Das erste, was wir einem Neugeborenen zukommen lassen, ist ein warmes Bad — und wir thun wohl daran. Unsere Altvordern, die Germanen, thaten schon ein Gleiches. Sie tauchten das Kind alsbald nach der Geburt in kaltes Flußwasser, und die lappländische Mutter gräbt gar den Ankömmling von oben bis unten in Schnee ein, und erst, wenn sie bemerkt, daß diesem davon der Atem still steht, taucht sie ihn in heißes Wasser. „Wahrlich", bemerkt Lichtenberg hierzu, „ein Stahl, der so gelöscht wird, muß hart werden." Ein solches Verfahren möchten wir zwar unsern Müttern nicht anraten, aber gewiß hat Sonderegger recht, wenn er sagt, daß die am ersten Lebenstage aufgenommene Gewohnheit des Badens fortzusetzen sei, bis das Kindlein das — sechzigste Lebensjahr erreicht habe! — Dann habe es auch Aussicht, noch das achtzigste zu erreichen. Schon bei den Römern waren die Badeanstalten so großartig, daß wir noch heute die Ruinen staunend betrachten. „Den Römern", sagt Niemeyer, „galt Baden und Aufenthalt in den luftigen Hallen für den Genuß, den heutige Verirrung in Kaffee-, Bier- und Weinhäusern zu suchen beliebt." Ueber diesen Restaurationen stand nicht etwa geschrieben: „Hier giebt's gutes Bier oder guten Kaffee", sondern: „In balneis salus", das heißt: „Baden ist gesund." Es ist eine geschichtliche Thatsache, daß die Mannen des römischen Feldherrn Marius am Tage vor der großen Vernichtungsschlacht bei Aquä Sextiä einen Teil der ihnen gegenüber liegenden Germanen badend überraschten. Auch noch im Mittelalter gehörte regelmäßige Hautpflege zu den von Amts wegen geforderten Dingen. Damals nannte man die heutigen Barbierstuben Baderstuben, in die, jeden Sonnabend wenigstens, alle Gesellen und Lehrlinge getrieben wurden. Bedauerlich ist es, daß in unsern Städten die Stadtverwaltung so selten öffentliche Bäder herrichtet, die jedermann unentgeltlich zur Verfügung stehen sollten. Es ist allerdings hier der Verbrauch von Wasser ungleich größer als in Deutschland, aber der Arme kann die Wasserleitung nicht benutzen und ist darum auch hier nachlässig in der Hautpflege. Liebig hat gewiß nicht unrecht, wenn er sagt, daß man den Kulturzustand eines Volkes getrost nach dem Quantum Seife beurteilen kann, welches dasselbe verbraucht.

Daß das Wasser eine wahrhaft verjüngende Wirkung auf die Haut und hierdurch auf das gesamte Wohlbefinden ausübt, weiß jeder, der je ein Bad nahm. Es erquickt in der That Leib und Seele und hält sie auch möglichst lange zusammen. Es ist ziemlich bedeutungslos, dem Bade irgend welche Medikamente beizumischen; je reiner und weicher das Wasser, je wohlthätiger ist im allgemeinen die den Hautschmutz lösende Wirkung desselben. Ein namhafter Arzt erwiderte einem Patienten, dem er ein warmes Bad verordnete und der nun fragte: „Was soll ich hineinthun? — „Dich selber!" —

Das naturgemäßeste Bad ist das Flußbad, sonderlich wenn man zu der Wohlthat des Bades noch die unübertreffliche Gymnastik des Schwimmens fügen kann. Recht thöricht ist es, wenn die Badekandidaten, nachdem sie sich entkleidet haben, herumstehen oder herumschlendern, um sich abzukühlen. Erst wenn eine Gänsehaut sie viel eher mahnen sollte, sich wieder zu bekleiden, steigen sie mit dem seiner widerstandsfähigen Eigenwärme zum größten Teil beraubten Körper in das kalte Element und haben sich so die beste Gelegenheit verschafft, sich das zu holen, was sie so ängstlich fürchten, nämlich eine Erkältung. Nichts ist verkehrter als mit kaltem Körper kalt baden — nichts erfrischender als den warmen Körper der kalten Flut zu übergeben! Ist man in ruhigem Schritt zum Fluß gekommen, so entkleide man sich und stürze sich unbesorgt ins Wasser. Noch ehe sich ein fröstelndes Gefühl einstellt, verlasse man den Fluß, reibe sich trocken, bekleide sich und mache einen Spaziergang im rüstigen Tempo. Man badet am besten am späten Nachmittage; jedenfalls nie gleich nach dem Essen, da bei gefülltem

Magen durch den Kältereiz zuweilen Erbrechen erfolgt, das Erbrochene aber in die Luftröhre kommen und den Erstickungstod herbeiführen kann.

Wenn der Winter am Genuß des Flußbades hindert oder wenn es sonst aus andern Gründen nicht möglich ist, so findet man im Vollbad in der Wanne einen Ersatz. Die Temperatur des Wassers reguliere man mittels eines Thermometers für das erste Lebensjahr auf 90°*) und bade täglich. Am Schlusse desselben mag man alle anderen Tage mit 86°, am Ende des zweiten Jahres mit 83° allwöchentlich einmal baden und eine kurze, kalte Übergießung folgen lassen. Die beste Zeit fürs Bad ist 1 bis 1½ Stunde nach dem Frühstück. Für spätere Lebensalter lasse man die Temperatur mehr und mehr bis auf 65° sinken. Wenn man nicht mehr täglich badet, so reinige man die Kinder durch kalte Abwaschungen des Körpers. — Wem auch das Wannenbad nicht zu Gebote steht, der muß sich von Zeit zu Zeit in einer Barbierstube ein Bad verschaffen, sonst aber die nachstehende Prozedur der Abwaschung vornehmen, die wir nicht dringend genug jedermann, am meisten aber allen Personen mit sitzender Lebensweise empfehlen können. Sie hat den großen Vorteil, daß sie keinerlei Ausgaben verursacht.

Die Abwaschung paßt für jedermann vom dritten Lebensjahre an, doch gewöhne man sich, wenn man empfindlich ist, an dieselbe in wärmerer Jahreszeit und nehme sie im Winter in einem geheizten Zimmer vor. — Die nötigen Geräte sind: ein Waschzuber, ein großer Pferdeschwamm, ein derbes Leintuch oder Frottiertuch, ein Stück dicken Teppich (Carpet) und ein Waschbecken mit Wasser von 60°. Das Verfahren ist folgendes: Nachdem man Bettdecke und Nachthemd abgeworfen, stellt man sich in den Zuber, taucht den Schwamm ins Wasser, drückt ihn mit einem festen Griffe schnell etwas aus und dann an die behaarte Kopfhaut ringsum flüchtig an. Hierauf taucht man den Schwamm abermals ins Wasser, hebt ihn vollgesaugt bis zum leicht vorgebeugten Nacken und drückt ihn fest aus, so daß fast der ganze Körper vom belebenden Wasser überrieselt wird. Dann wäscht man jeden Körperteil rasch mit dem immer wieder benetzten Schwamm ab, tritt aus dem Zuber auf den Teppich und reibt den Körper mit dem Leintuch trocken, wobei man der Feuchtigkeit in den Spalten und Winkeln des Körpers besondere Aufmerksamkeit schenkt. Der ganze Prozeß fordert kaum fünf Minuten. Man trinkt nun ein halbes bis ganzes Glas Wasser, kleidet sich an, macht sich mit den Hanteln einige Bewegung und ist bereit für das Frühstück. Probatum est! —

Empfindliche Personen, kleine Kinder oder über 60 Jahre alte Personen beginnen zweckmäßig mit 80° oder 75°, fallen aber rasch auf 60°.

Überhaupt wollen wir gleich hier gegen alle Parforce- oder Gewaltkuren unsere entschiedene Einsprache geltend machen. Auch im Gebrauch des Wassers muß Maß gehalten werden, und wer von dem Gebrauch des Wassers alles Heil erwartet, ist gerade so thöricht wie derjenige, der alle Hoffnung auf die Tinkturen und Pillen der Apotheke setzt.

*) Alle Gradangaben in diesem Buche beziehen sich auf das in Amerika gebräuchliche Thermometer nach Fahrenheit (F.).

Haarpflege. Die Zahl der Geheimmittel gegen die Kahlköpfigkeit ist eine große; sie wird aber vielleicht von der Zahl der Leichtgläubigen übertroffen, die danach wie nach einem Wundermittel greifen. Wie die Zerstörung der Wurzel einer Pflanze diese für immer vernichtet, so daß kein Düngen ihr wieder Leben zu geben vermag, so vermag auch kein Geheimmittel — und würde es noch so sehr in den Zeitungen angepriesen — wenn die Haarwurzel zerstört ist, ein neues Haar zu erzeugen. — Es ist hauptsächlich der Einfluß des Blutzudranges nach der Kopfhaut und des hierdurch hervorgerufenen Schweißes bei gleichzeitigem Mangel an sorgfältiger Hautpflege und Reinigung, was die Haare ausfallen läßt. Namentlich wird dies durch das Tragen einer erhitzenden Kopfbedeckung, wie sie der Helm des Kriegers, die lederne Kopfbedeckung der Polizisten, die Pelzmützen sind, hervorgerufen. Es scheint daher geboten, den Kopf vor solchen Erzeugern übermäßiger Wärme möglichst zu bewahren. Außerdem empfiehlt sich entsprechendes Kürzen der Haare, Waschen des Kopfes am Morgen und Abend mit nachfolgendem, sehr sorgfältigem Trockenreiben und fleißigem Kämmen des Kopfes mit einem engen, fest auf die Haut gesetzten Staubkamme. — Die zweite Ursache ist in kleinen mikroskopischen Fadenpilzen zu suchen, welche sich in Haar und Haarwurzeln ansiedeln und dann das Haar an seiner unteren Fläche spröde und zum Ausfallen geneigt machen. Ist dies auf einem größeren Teile des Scheitels der Fall, so fühlt sich die Platte nicht glatt, sondern rauh wie eine feine, weiche, sehr kurze Bürste an, oder wie ein grober, kurz geschorener Sammet. Hier sind dieselben Vorbeugungsmittel am Platze, müssen aber unterstützt werden durch nachfolgendes Einreiben einer dreiprozentigen Karbolsäurelösung (Carbolic Acid Solution) in Wasser oder Öl, oder einer karbolsäurehaltigen Pomade. Auch Salicylsäure (Salicylic Acid) leistet hier gute Dienste und muß wie die vorigen Mittel auf die Haut eingerieben werden. Gewöhnlich macht diese Art der Kahlköpfigkeit nicht große Strecken, sondern einzelne umschriebene runde Stellen von der Größe eines 5-Centstückes bis zur Größe eines halben Dollars kahlköpfig, was dann dem Haupte ein seltsam getigertes Ansehen giebt. Diese Art der Kahlköpfigkeit kommt übrigens nicht erst in den höheren Lebensjahren vor, sondern wurde schon an Knaben und Mädchen im Alter von 7 bis 12 Jahren mehrfach beobachtet. — Hieran reiht sich eine dritte Kahlköpfigkeit mit umschriebenen Stellen, die ihren Grund in kleinen, leicht von Eiter unterlaufenen „Borken“ hat. In solchen Fällen empfehlen sich Abwaschungen mit Theerseife, kühle oder kalte, nur kurze Zeit andauernde und öfters wiederholte Umschläge aus reinem Wasser und zur Beseitigung des lästigen Juckens von Zeit zu Zeit Befeuchtung der betreffenden Hautstellen mit einer Mischung von Wasser und Spiritus zu gleichen Teilen. · Unter die dem Haarwuchs nachteiligen Einflüsse gehört aber besonders das Tragen langer Haare, wie es namentlich beim weiblichen Geschlecht Gebrauch ist. Kurzschneiden des Haares in allen irgendwie bedenklichen Fällen und tägliches Säubern des Kopfes mit Wasser sind und bleiben die ersten Hilfsmittel, um die Kopfhaut gesund zu erhalten, und ist diese gesund, so ist es auch das Haar.

Auch die Abschieferung der Kopfhaut, die sogenannten Haarschuppen, entstehen durch Austrocknung derselben. Fleißiges Reinigen der Kopfhaut durch Wasser und Kämmen und nachheriges Einreiben mit Glycerin leisten hier gute Dienste.

Auch das frühzeitige Grauwerden der Haare wird durch eine Pflege mit Wasser und Kamm hinausgeschoben. Die künstlichen Haarfärbemittel vermeide man; viele sind schädlich, weil sie bleihaltig sind und deshalb unter anderen Leiden oft die peinigendsten Kopfschmerzen verursachen.

Schweißiger Fuß (Sweaty Foot). Manche Personen disponieren zu besonders reicher Schweißabsonderung an den Füßen und werden durch den unangenehmen Geruch des sich zersetzenden Schweißes sich und anderen lästig. Auch wird zuweilen die Haut wund. Skrupulöse Reinlichkeit durch häufige Waschungen und häufiger Wechsel der Strümpfe beseitigen den Geruch. Wird der Fuß wund, so lege man Bleipflaster auf die wunden Stellen.

Verbrennung. Man unterscheidet drei Grade von Verbrennungen. Es ist nämlich entweder die Haut nur gerötet, oder es wird die Oberhaut in Form einer oder mehrerer, mit einer gelblichen Flüssigkeit gefüllten Blase emporgehoben, oder endlich es wird die ganze Haut, ja mitunter auch noch die unter derselben befindlichen Gewebe in einen lederartigen, empfindungslosen, verkohlten Schorf verwandelt. Unter allen Umständen ist es die nächste Aufgabe, die verbrannten Hautstellen vor dem Einfluß der Luft zu schützen. Umschläge von kaltem Wasser vermehren gewöhnlich die Schmerzen. Viel wohlthuender ist es, der Haut einen Überzug von Fett (Butter), Öl, flüssigem Leim (Mucilage) oder einer trocknen Substanz (Mehl, Stärke) zu geben und dieselbe in Watte, von der man zuvor den glänzenden Überzug abgezogen hat, einzuhüllen. Ist eine Apotheke in der Nähe, so schicke man nach einem Gemisch von Leinöl und Kalkwasser (Linseed Oil and Lime Water), mit dem man die verbrannten Stellen beträufelt; darüber lege man Watte oder kleine Läppchen von feiner Leinwand. — Aber man suche vor allem Verbrennungen zu verhüten. Man dulde nicht, daß die Kinder mit Zündhölzer spielen und stelle nicht kochend heiße Milch oder Suppe so hin, daß die Kleinen dieselben über sich schütten können. Man dulde nicht, daß die Magd das Feuer mit Petroleum (Kerosene) anfacht.*) — Sind nun aber einmal die Kleider in Brand geraten, so wäre es am besten, wenn die Unglückliche sich gleich zu Boden würfe und sich herumrollte, um die Flammen auf diese Weise zu ersticken. Aber hierzu fehlt in der Regel die Geistesgegenwart. Laut schreiend stürzt die Brennende fort und facht den Brand durch den Luftzug nur noch mehr an. Was ist da zu thun? Man laufe nicht fort, um Wasser oder gar die Nachbarn zu holen, sondern hülle die Unglückliche in eine Decke, in den Rock, oder werfe sie nieder und rolle sie, bis die Flammen erstickt sind. Dann erst hole man Wasser, viel Wasser, begieße und durchnässe sie gründlich von oben bis unten, damit die verkohlten Kleider sich nicht noch tiefer ins Fleisch brennen. Danach trage man die Verbrannte behutsam in ein warmes Zimmer, lege sie auf den Boden oder auf einen Tisch und schicke sofort zum Arzt. Klagt die Verbrannte über Durst, so gebe man warmen Thee, Kaffee oder Grog. Die Kleidung zerschneide man mit einer guten Scheere; was nicht abfällt, läßt man an der Haut sitzen; man darf unter keinen Umständen die Kleidung abreißen. — Bei Verbrü-

*) Man kann leicht entzündliche Gegenstände durch Eintauchen in eine Lösung von schwefelsaurem Ammoniak (Sulphate of Ammonia), Trocknen und Bügeln so schwer entzündlich machen, daß sie nur langsam verkohlen.

hungen kühlt man durch reichliches Übergießen mit kaltem Wasser. — Bei Ätzungen durch Kalk oder Seifenlauge gebrauche man auch reichlich Wasser, oder, wenn vorhanden, Essig und Wasser, und öle oder fette die Stelle nachher. Bei Ätzungen durch Säuren (Schwefelsäure, Salpetersäure u. a.) wende man außer reichlichem Wasser Soda, Kalk, Schmierseife an. —

Erfrierung. Am leichtesten erfrieren diejenigen Teile unseres Körpers, die der Kälte sonderlich ausgesetzt sind, namentlich also die Hände, die Füße, die Nase und die Ohren. Oft geschieht dies so plötzlich und schmerzlos, daß der Betreffende gar nichts davon merkt und erst ein ihm Begegnender ihn auf die weiße Farbe der betreffenden Glieder aufmerksam machen muß. Man reibe den erfrorenen Teil energisch aber doch auch vorsichtig mit Schnee oder eiskaltem Wasser, bis der Teil wieder weich wird und seine natürliche Farbe anzunehmen anfängt. Dann decke man die Stelle mit Öl oder Fett. Entsteht eine Blase oder wunde Stelle, so verfahre man mit derselben wie unter „Verbrennung" angegeben. — Eine völlige Erfrierung ist in unseren nördlichen Gegenden durchaus nicht selten. Menschen, die durch lange Märsche erschöpft oder durch geistige Getränke betäubt sind, sich niedersetzen und einschlafen — wovor ernstlich zu warnen ist — werden am ehesten hiervon betroffen. Fällt reichlicher Schnee, so wirkt dieser als ein schlechter Wärmeleiter schützend, und darum sind Eingeschneite meist leichter wieder ins Leben zurückzurufen. — Erfrorene sind bleich und kalt, und an Nase, Mund, an Händen und Füßen zeigt sich ein bläulicher Schimmer. Die Glieder sind steif, die äußersten Enden hart gefroren und spröde. Daher sei man beim Transport sehr vorsichtig, daß man dieselben nicht zerbreche. Man bringe den Verunglückten in einen kalten Raum und entkleide ihn mit aller Vorsicht. Ist Schnee vorhanden, so reibe man damit den ganzen Körper tüchtig ab. Wo nicht, so reibe man mit kalten nassen Tüchern, mit kaltem Sand. Die Atmung suche man künstlich zu erregen (siehe darüber unter „Atmung"). Stellt sich die Atmung ein und beginnen die Glieder biegsam zu werden, so trägt man den Patienten in ein mäßig gewärmtes Zimmer, deckt ihn leicht mit kalten Decken zu, und schreitet ganz allmählich zum Gebrauch warmer Tücher. Jetzt ist es auch an der Zeit, Reizmittel anzuwenden: innerlich kalten Wein, verdünnten Whiskey, kalten Kaffee, Suppe; äußerlich Riechmittel wie Salmiakgeist (Aqua ammonia), Äther, zerschnittene Zwiebeln. — Selbstverständlich ist in solchen Fällen sofort der Arzt herbeizurufen. — Ist man gezwungen, bei strenger Kälte über Land zu gehen, so ist hauptsächlich für warme Bekleidung der Füße Sorge zu tragen. Reist man zu Wagen, so steige man ab und zu ab und suche sich durch kräftiges Einherschreiten neben dem Wagen einer Erstarrung zu erwehren. Bei eintretender Ermüdung hüte man sich ausruhen zu wollen. Dieses Ausruhen bringt die größten Gefahren, indem man dabei leicht in einen schlafähnlichen Zustand verfällt, der die drohende Gefahr nicht mehr erkennen läßt und aus dem man sich nicht mehr aufzuraffen vermag. Hat man einen solchen Marsch in strenger Kälte hinter sich, so suche man nicht gleich gutgeheizte Räume auf, sondern reibe sich erst tüchtig mit Schnee ab. — Frostbeulen (Chilblains) entstehen durch nasse Kälte oder durch zu enge und für Feuchtigkeit durchlässige Fußbekleidung. Auch hier ist Vorbeugen leichter als Heilen, das nur bei neuentstandenen Beulen durch Eisüberschläge und durch Abreiben mit Schnee möglich ist. —

Blutschwär, Schwär, Furunkel (Boil, Furuncle) ist eine in einem Haarbalge oder in einer Talgdrüse entstandene Entzündung. Die Haut erscheint anfangs derb, gerötet; allmählich entwickelt sich eine umschriebene harte Geschwulst. Bald kommt es zur Eiterung. Die Behandlung besteht in Applikation von warmen Breiumschlägen (siehe unter „Krankenpflege"), welche die Eiterung befördern, und in baldigem Eröffnen des Schwärs. Das Einschneiden der Geschwulst durch den Arzt muß recht früh geschehen; es lindert und beschleunigt die Heilung. Auch die Narbe sieht nach einem Einschnitt besser aus, als wenn man das Öffnen oder Reifwerden der Natur überläßt. — Dehnt sich ein derartiges Blutschwär sehr aus, so nennt man es Brandschwär oder Karbunkel; ein solcher verlangt rechtzeitige Behandlung durch einen Arzt.

Absceß (Abscess) ist eine in einem geschlossenen Raum sich entwickelnde Eitersammlung. Seine wesentlichsten Merkmale sind: Schwellung, Röte, Schmerz und erhöhte Temperatur. Warme Breiumschläge befördern auch hier die Eiterbildung. Bei leichtem Druck mit den Fingern findet man bald eine weiche Stelle; dann ist der Absceß reif und sollte durch einen Einschnitt geöffnet werden.

Mitesser (Pimples, Fleshworms). Die Mitesser sind kleine bläulich-schwarze Punkte, die sich auf Stirn, Nase, Brust und Rücken ansiedeln. Übt man zur Seite eines solchen Pünktchens einen kleinen Druck aus, so tritt aus ihm ein geschlängeltes, weißes, kleines Körperchen hervor, welches einem lebenden Würmchen mit schwarzem Kopfe ähnlich sieht. Es sind dies aber nicht lebende Wesen, wie der Name Mitesser mutmaßen läßt, sondern diese übermäßig verdickten Talgdrüsen dienen nur zuweilen der Haarsackmilbe (Acarus folliculorum. Siehe Abbildung auf Seite 43.) zum Aufenthalt. Die dunkle Färbung an der Spitze zeigt an, daß die Talgdrüsen durch angesammelten Staub, Rauch oder Schmutz verunreinigt und verstopft sind. Dadurch können auch Entzündungen entstehen, die durch Knötchenbildung (Pusteln und Finnen) das Gesicht erheblich verunstalten. — Nun kann man, wie bekannt, den Mitesser schon durch einen Druck mit den Fingern oder einen Uhrschlüssel entfernen; aber der Bursche ist zudringlich; wie oft auch hinausgeworfen, er kehrt immer wieder! Um ihm dies für immer zu versalzen, bedarf es einer sorgfältigen Hautpflege. Man empfiehlt daneben Abreibungen mit sehr feinem Sand, in den man einen feuchten Schwamm taucht, den man sachte über die mit Finnen bedeckten Hautstellen hin- und herführt. Dies Verfahren hat täglich unmittelbar vor dem Schlafengehen stattzufinden.

Warzen (Warts) und **Hühneraugen** (Corns). Jene sind Vergrößerungen einzelner Hautstellen. Sie sind entweder angeboren oder entstehen ohne bekannte Ursache, manchmal vereinzelt und langsam, manchmal sehr rasch und in großer Anzahl. Sie heilen zuweilen von selber, indem sie abfallen. Man entfernt sie am leichtesten durch Ätzen mit Salicyl-, Chrom- oder Salpetersäure (Vorsicht!). Auch starke Essigsäure (Acidum aceticum glacialis) reicht oft aus. Man betupft damit die Warzen wiederholt. — Der Arzt kann die Warze durch eine einfache Operation abtragen und nachträglich mit Höllenstein ätzen. —

Das Hühnerauge, der Leichdorn oder das Krähenauge ist eine durch Druck erzeugte Hautschwiele, die in ihrer Mitte einen zapfenförmigen Kern besitzt. Durch

Schneiden und Auflegen eines erweichenden Pflasters — Bleipflasters — aber auch durch Betupfen mit den für Warzen angegebenen Mitteln lassen sich die Quälgeister verbannen. Man hält übrigens in allen Apotheken ganz gute Mittel vorrätig. Unter allen Umständen ist das Tragen bequemer Fußbekleidung unerläßlich. —

Eingewachsene Nägel (Ingrowing Nails). Diese entstehen, wenn zu enges Schuhwerk die Nägelecken in das Fleisch treibt. Man erweiche den Fuß tüchtig in warmem Seifenwasser und entferne die hornigen Substanzen zwischen Nagel und Fleisch mit einem stumpfen Instrument. Wer das nötige Geschick hat, mag sich den Nagel an der Längsseite möglichst weit nach hinten beschneiden; er muß sich aber dabei nicht verletzen. Man schägt auch vor, den Nagel durch Schaben mit Glas an der betreffenden Stelle so zu verdünnen, daß er sich leicht biegt.

Nagelwurm (Felon). Man versteht hierunter eine Entzündung der das Nagelglied umgebenden Weichteile, die gewöhnlich rasch zur Eiterung führt. Man erspare sich Schmerzen und Verunstaltung des Gliedes durch einen rechtzeitigen, fast schmerzlosen, aber herzhaften Einschnitt durch einen Arzt. Das übliche Herumstechen mit einer Stecknadel ist vom Übel.

Krätze (Itch). Die Krätze ist ein durch die sich in die Haut einbohrende Krätzmilbe hervorgerufener Ausschlag, der Jucken und Beißen veranlaßt. Die Krätzmilbe sucht vorzugsweise die Außenseite der Hand, besonders zwischen den Fingern, die Unterfläche des Handgelenks, die Achselhöhle, die Knie- und Ellenbogenbeuge heim. Die Krätze ist ansteckend; die Ansteckung, d. h. die Übertragung der Krätzmilbe von einem Menschen auf den andern geschieht in der Regel durch Zusammenschlafen mit Krätzkranken oder durch Benutzung von Kleidungsstücken. Die Behandlung der Krätze besteht in der Zerstörung der Krätzmilben durch Salben, die man sich vom Arzt verschreiben läßt. — Die Furcht vor dem Zurücktreten der Krätze ist nach dem Vorgesagten lächerlich. —

Krätzmilbe (Bauchfläche); Ei derselben.

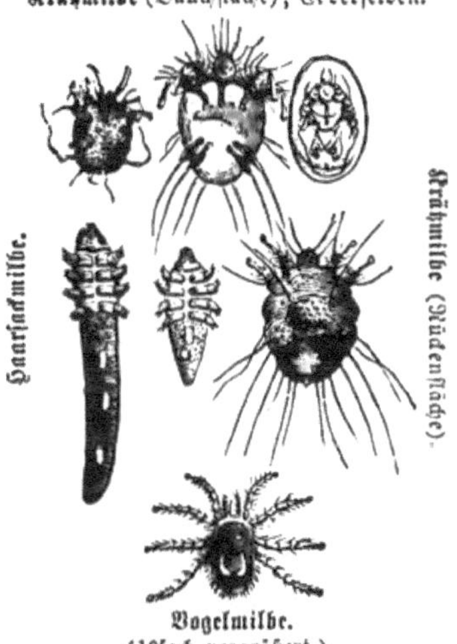

Haarsackmilbe.

Krätzmilbe (Rückenfläche).

Vogelmilbe.
(10fach vergrößert.)

Hautausschläge, Flechten, auch die **Rose** oder der **Rotlauf** (Erysipelis) bedürfen der Behandlung durch den Arzt.

Masern (Measels). Die Masern sind ein von Fieber begleiteter, kleinfleckiger, blaßroter Ausschlag, welcher von ziemlich heftigem Katarrh der Nase, der Augen und Atmungsorgane begleitet ist. Dieselben bedürfen, auch in milden Fällen, wegen etwaiger Neben- und Nachkrankheiten der Behandlung durch den Arzt, dessen Anordnungen namentlich in Rücksicht auf Diät und Lüftung man stets befolgen muß. Die **Krankheit** ist ansteckend. Wenn irgend möglich, sondere man das **kranke Kind** ab.

Scharlach (Scarlet Fever). Der Scharlach ist ein fieberhafter, großfleckiger, scharlachroter Ausschlag, welcher in der Regel von der Rachenbräune begleitet ist. Er ist in hohem Maße ansteckend und kann durch Gesunde, durch Kleider, Exkremente verschleppt werden. Derselbe bedarf unter allen Umständen der Behandlung durch den Arzt, sonderlich wegen der äußerst gefährlichen Neben- und Nachkrankheiten. Schulbehörden fordern mit Recht, daß Kinder der erkrankten Familie von allen andern Kindern getrennt, also auch vom Schulbesuch zurückgehalten werden. Leider wird diese durchaus nötige Maßregel noch immer nicht streng genug durchgeführt. —

Pocken. Die unechten Menschenpocken, Wasser-, Wind- oder Spitzpocken (Chicken-pox, Water-pox) sind ein wenig fieberhafter und ungefährlicher Blatternausschlag; es sind flache, wenig begrenzte Stippen, die schon am zweiten Tage sich in wasserhaltige Bläschen verwandeln, welche in kurzer Zeit zu einem kleinen Schorfe vertrocknen. Die echten Menschenpocken (Small-pox) sind eine epidemisch auftretende Krankheit, die sich durch Ansteckung fortpflanzt. Nach einem Fieberstadium zeigen sich zerstreute, lebhaft rote, runde, etwa linsengroße Flecke mit einem dunklen Punkt in der Mitte, der sich bald zu einem roten Knötchen hebt. Dieses verwandelt sich allmählich in ein rundes Bläschen, das anfangs eine Vertiefung zeigt, später aber, wenn sich das Bläschen zur Pustel (Eiterblase) umgewandelt hat, verschwindet. Selbstverständlich fordert diese schwere Erkrankung eine sorgfältige Behandlung durch den Arzt und eine strikte Absonderung des Kranken. —

Bekanntlich ist im Jahre 1796 durch den englischen Arzt Jenner die Impfung als Schutzmittel gegen die Blattern empfohlen worden. Der Wert des Impfens ist in letzter Zeit auch von ärztlicher Seite angezweifelt worden, wie denn auch die Thatsache, daß Geimpfte von den Blattern ergriffen wurden, jedenfalls zeigt, daß das Impfen keinen absoluten Schutz gegen diese gefährliche Erkrankung bietet. Ebenso fest steht aber auch die Thatsache, daß durch das Impfen bei richtiger Auswahl des Impfstoffes dem Impfling kein Schaden zugefügt werden kann. Somit fällt das Impfen in die Reihe der vielleicht zweifelhaften, aber gewiß unschädlichen Vorbeugungsmittel. Und warum sollte also auch der Zweifler davon keinen Gebrauch machen? Wir raten also jedermann zum Impfen, betonen aber, daß das Impfen durch einen gewissenhaften Arzt vorgenommen werden muß. Man benutzt zum Impfen entweder den Kuhpocken entnommene, sogenannte animalische Lymphe, oder die aus dem Impfbläschen des menschlichen Impflings entnommene humanisierte Lymphe. Die Kuhlymphe, der wir den Vorzug geben, ist in Amerika in vorzüglicher Reinheit zu bekommen. Durch den Gebrauch solcher Lymphe ist die Gefahr, daß gewisse abscheuliche Krankheiten dem Impfling übertragen werden, ausgeschlossen. Die irrige Ansicht, daß auch andere Krankheiten, namentlich Hautkrankheiten übertragen werden, kommt wohl daher, daß bei Personen, deren Säfte unrein sind, die Impfentzündung den Anlaß zu weiteren Entzündungen giebt. — Ob bei drohender Pockenepidemie eine Wiederimpfung (Revaccination) nötig ist, muß der Arzt entscheiden. —

Sehr wichtig bei allen diesen und anderen ansteckenden Krankheiten ist eine Desinfektion, d. i. eine Zerstörung der Ansteckungsgifte. Man lese hierüber unter „Hauskrankenpflege“.

IV. Der Blutumlauf.

„Des Leibes Leben ist im Blut", sagt die heilige Schrift. Und in der That, wenn man aus geöffneten Adern den roten Strom ungehemmt hervorquillen sieht, so merkt man bald, wie mit dem Blute auch das Leben verrinnt: das Bewußtsein schwindet, der Atem stockt, die Muskeln erstarren und der tiefen Erschöpfung folgt endlich der Tod. Wird aber der Blutstrom rechtzeitig gehemmt oder führt man dem Blutarmen einen frischen Strom des Lebenssaftes zu, so kehren auch Leben und Bewußtsein zurück. Welch innige Wechselwirkung zwischen Leben und Tod sonst auch herrscht, das zeigt der aufgeregte Blutstrom, der sich dem Leidenschaftlichen wie ein dunkles, drohendes Rot über das Angesicht legt, das zeigt die fahle Blässe, die den Erschreckten deckt, das zeigt auch das glühende Rot der Scham.

Das Blut ist der Vermittler des Stoffumsatzes. Es saugt ein und sondert ab. Es nimmt die Nahrungsstoffe aus dem Speisebrei, den Sauerstoff aus der Luft, aber es nimmt auch das Verbrauchte aus den Organen; es scheidet aus, was zum Gebrauche und zur Erhaltung des Organismus nötig ist, als auch was als unbrauchbar entfernt werden soll. Es folgt hieraus, daß das Blut sich in einer beständigen Strömung befinden muß; denn ununterbrochen sind neue Bausteine zu-, sind alte, abgenutzte fortzuführen. Man nennt diese Bewegung des Blutstromes den Blutumlauf, den Kreislauf des Blutes oder die Circulation, und die Kanäle, durch welche diese vermittelt wird, das Gefäßsystem.

Der Mittelpukt des Blutröhrenwerks ist das Herz, eine wunderbare, nie ermüdende Pumpe, die unverdrossen, Tag und Nacht, von unserer Geburt an bis zu unserer Todesstunde, ihre Arbeit fortsetzt. Man kann es kaum glauben, daß die Bedeutung des Herzens noch vor drei Jahrhunderten völlig mißverstanden wurde. Sollte man es für möglich halten, daß die Gelehrten einst die Ansicht hegten, die Schlagadern führten Luft, welche ihnen von der Luftröhre zugeführt werde?

— Aber es sind erst zwei und ein halbes Jahrhundert her, daß der englische Arzt Harvey die wahre Bedeutung des Herzens lehrte und deshalb — verspottet wurde und seine ganze bedeutende Praxis verlor. Heutzutage weiß fast jedes Kind, daß Harvey recht lehrte. — Das Volk zeigt durch seine Redeweise, daß es das Herz so recht in den Mittelpunkt des Lebens stellt. Läßt man doch jemanden ein gutes oder schlechtes, ein warmes oder ein kaltes, auch wohl „gar kein" Herz haben. Es ist der Inbegriff der höchsten Wertschätzung, wenn man einen Mann das Herz „auf dem rechten Fleck" haben läßt. Beteuerungen und Geständnisse werden nachdrücklicher gestaltet durch den Zusatz „Hand auf's Herz" oder durch eine entsprechende Gebärde. —

Das Herz erfüllt vermöge seiner wunderbaren Klappenventile eine doppelte Arbeit: es pumpt hellrotes, gereinigtes Blut belebend durch unsern Körper, nimmt aber auch das auf seinem Wege dunkelrot werdende Blut wieder auf, um es zur Reinigung den Lungen zuzuführen. Jene Adern nun, welche das hellrote Blut vom Herzen durch den Körper führen, an denen man, wenn man sie mit dem Finger berührt, die Pumparbeit des Herzens fühlen kann, heißen Pulsadern, Schlagadern oder Arterien. Dieselben liegen meistenteils tief im Muskelfleisch und nur hier und da treten sie an die Oberfläche, so namentlich oberhalb des Handgelenks in der Nähe des Daumenballens, wo man das Klopfen mit der Fingerspitze fühlen kann. Es ist dies der Puls, das vielbefragte Orakel der Ärzte. Diese Adern sind elastisch, so daß sie die Blutwelle mit Nachgiebigkeit aufnehmen, danach aber kräftig weiterschieben. Legt man das eine Knie leicht über das andere, so wird man sehr bald deutliche Pendelbewegungen im Fuße wahrnehmen, die durch das Pochen einer Arterie, welche die Kniekehle passiert, veranlaßt sind. Wird eine solche Schlagader verletzt, so spritzt das helle Blut absatzweise mit ziemlich großer Gewalt heraus. Aus solchen Adern stammen denn auch die Blutspuren, mit denen man den Schauplatz einer begangenen Mordthat an den Wänden hoch hinauf besudelt findet. Die Spritzkraft ist auch in den geschlossenen Arterien bis kurz vor dem Tode noch so erheblich, daß die der letzten Herzbewegung angehörige Blutwelle noch bis an das Ende der Bahn befördert wird. Hieraus erklärt es sich, warum die Arterien in der Leiche allemal leer sind, was eben die Alten darauf brachte, Luft und nicht Blut in ihnen anzunehmen.

Jene Adern, welche das dunkle Blut zum Herzen zurückführen, heißen wir Blutadern oder Venen. In ihnen ist kein Pulsschlag wahrzunehmen; in gleichmäßigem Strome wälzt sich das dunkle Blut dem Herzen zu. Wir sehen solche Adern recht deutlich am Handrücken. Auch zeigt sich wohl auf der Stirn die sogenannte Zornesader. Die Venen besitzen keine Elastizität, klaffen darum auch nicht, wenn sie leer sind, und enthalten auch nach dem Tode noch Blut. Da der venöse Blutstrom im allgemeinen gegen die Schwere fließt, so sind hier und da Klappen angebracht, welche ein Rückfließen des emporgehobenen Quantums verhindern. Es sind die Muskeln, welche das Blut in diesen Bahnen weiterschieben, weshalb bei jeder Körperanstrengung die Venen, sonderlich an den Händen, Armen und Füßen sich als strotzende Stränge bemerkbar machen.

Ehe indessen das Blut aus den Schlagadern in die Blutadern übergeht, passiert es ein System von äußerst feinen Adern, die wir Haargefäße oder Kapillare nennen. Die Pulsadern verästeln sich nämlich in immer feinere Zweige und werden endlich so zart, daß das unbewaffnete Auge sie kaum noch wahrnimmt. Diese Kapillarnetze bilden gewissermaßen Haltestationen, an denen das Blut seiner Ameisenarbeit nachgeht, neue Stoffe absetzt, verbrauchte aufnimmt und fortführt. — Nirgends tränkt das Blut das Muskelfleisch, sondern es bleibt immer in geschlossenen Röhren, wenn diese auch überaus dünne sind. Auch der Tropfen Blut, der infolge eines Nadelstiches durch die Haut tritt, kommt aus einem Haargefäß, welches durch die Nadel geöffnet wurde. — Die Venen entspringen also aus den Kapillaren, und die Arterien verlaufen in dieselben. —

Das Herz ist ein hohler Muskel von bekannter Gestalt, dessen Umfang allemal demjenigen der Faust seines Trägers entspricht. Es liegt in der Brusthöhle, mit der Spitze etwas nach vorn und links bis zwischen die fünfte und sechste Rippe hinabreichend. Es ist eingeschlossen in einen dünnhäutigen Beutel, den Herzbeutel. Öffnet man das Herz, so findet man in seinem Innern vier Räume, die Herzhöhlen. Es teilt nämlich eine fleischige Wand das Herz in eine linke und rechte Herzhälfte, die völlig von einander geschieden sind. Eine zweite Wand spannt sich quer und trennt also jede dieser Hälften abermals in zwei Abteilungen, so daß vier Räume entstehen, nämlich links: unten die linke Herzkammer, darüber die linke Vorkammer oder der linke Vorhof; rechts: unten die rechte Herzkammer, darüber die rechte Vorkammer oder der rechte Vorhof. Die

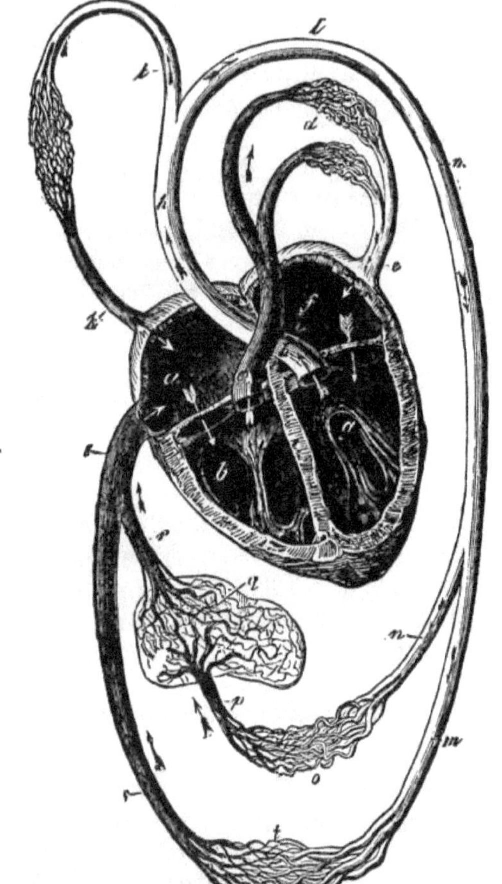

Schematische Darstellung des Blutkreislaufs.

Das Herz ist von vorn geöffnet, so daß man seine 4 Höhlen und die mit diesen zusammenhängenden Blutgefäßstämme sieht. Die Pfeile geben die Richtung des Blutlaufs an. Die schwarzen Röhren enthalten dunkles, die weißen aber hellrotes Blut.

a. *Rechte Vorkammer* und b. *rechte Herzkammer*, verbunden durch die rechte Vorhofs-Kammermündung. c. *Lungenpulsader* mit einem rechten und einem linken Aste (für die rechte und linke Lunge). d. *Haargefäße des kleinen Kreislaufs* (innerhalb der Lungen). e. *Lungenblutadern* (von denen 4 Stück, aus jeder Lunge 2, in die linke Vorkammer einmünden und hell-

beiden Vorkammern haben sehr dünne Wände und einen Anhang, den man Herzohr nennt.

Die Thätigkeit des Herzens besteht darin, daß es sich taktmäßig (rhythmisch) zusammenzieht und wieder erschlafft. Man unterscheidet demnach eine Zusammenziehung (Systole) und eine Erschlaffung (Diastole) des Herzens. Bei der Zusammenziehung wird das Herz kürzer und gewölbter; es drängt sich daher stärker gegen die Brustwand und treibt diese etwas hervor. Dieser Herzschlag, Herzstoß oder Herzpuls macht sich der aufgelegten Hand deutlich fühlbar und ist meistens auch sichtbar. Legt man bei einem Gesunden in der Herzgegend das Ohr an die Brustwand oder belauscht man an sich selbst in der Stille der Nacht, auf dem linken Ohr liegend, die eigene Herzthätigkeit, so vernimmt man zwei Herztöne, nämlich ein deutliches Tick-Tack, dessen Tick mit der Systole, dessen Tack mit der Diastole zusammenfällt.

Verfolgen wir nun die wunderbare mechanische Arbeit des Herzens und stellen wir uns dasselbe im Zustande der Erschlaffung vor, doch im Begriff, sich zusammenzuziehen. Beginnen wir mit der Betrachtung der linken Herzhälfte. Die beigegebene schematische Darstellung des Blutkreislaufs wird das Verständnis erleichtern. Wir finden die linke Kammer (g) mit hellrotem, arteriellem Blut gefüllt. Das Herz preßt bei seiner Zusammenziehung das Blut in die große Körperpulsader, in die Aorta (h), welche, von links nach rechts in die Höhe steigend, nach oben für Hals, Kopf und Arm Pulsadern abgiebt, während das Hauptrohr sich nach links umbeugt und als absteigende Aorta (l, m) an der linken Seite der Brustwirbel herabgeht, den Unterleib versorgt, sich im Becken spaltet und in den Beinen hinabsteigt. Von der Aorta zweigen sich alle die Arterien ab, die unseren Körper nach allen Teilen hin durchziehen. Sie laufen in Haargefäße aus, die in unserer Figur sche-

---

rotes Blut aus der Lunge herbringen). f. Linke Vorkammer und g. linke Herzkammer, verbunden durch die linke Vorhofs-Kammermündung. h. Große Körperpulsader (Aorta), der Hauptpulsaderstamm des großen Kreislaufs. i. Pulsadern und k. Blutader (obere Hohlader) der oberen Körperhälfte. l. Bogen und m. absteigendes Stück der Aorta. n. Bauch-Eingeweidepulsadern. o. Haargefäße des Verdauungsapparates. p. Pfortader. q. Haargefäße der Pfortader innerhalb der Leber. r. Leberblutadern. s. Untere Hohlader. t. Haargefäße des großen Kreislaufs.

matisch dargestellt sind (t). Diese treten endlich wieder in größere Röhren, Blutadern oder Venen, zusammen, die das dunkel gewordene Blut in zwei Venen, der oberen Hohlader (k) und der unteren Hohlader (s), der rechten Vorkammer zuführen. Erschlafft das Herz, so strömt das venöse Blut in die rechte Vorkammer (a), von wo es in die linke Herzkammer (b) hinabläuft. Aber wie eine Druckpumpe — denn eine solche ist offenbar das Herz — der gut schließenden und sich zur rechten Zeit richtig öffnenden Klappen oder Ventile gebraucht, so bedarf auch das Herz dieser Verschlußmittel.*) Ist die ganze Mechanik des Herzens schon wunderbar, so gilt dies insonderheit von der Einrichtung und dem Spiel der Ventile. Wäre das Herz ohne dieselben, so würde bei der Zusammenziehung des Herzens das hellrote Blut der linken Kammer in die linke Vorkammer gepreßt werden, aber eigentümlich geformte, weiße, segelähnliche Zipfel, die sogenannte Zipfelklappe, welche wie durch kleine Taue am Herzboden befestigt ist, verhindert dies. Durch das einströmende Blut werden die Zipfel von unten her wie Segel vom Winde aufgebläht, und bei der Zusammenziehung des Herzens werden die Ränder so aneinander gedrängt, daß dem Blut der Weg zu den Vorkammern völlig verschlossen ist. — Aber auch die Aorta bedarf eines Ventils, das den Eintritt des Blutes bei der Zusammenziehung gestattet, den Rücktritt desselben bei der Erschlaffung aber hindert. Es sind dies die halbmondförmigen Klappen, drei Taschenventile aus dünner Sehnenhaut. Sie gleichen drei gegen die Wand der Aorta geleimten Schwalbennestern. Der aus der Kammer hervorgetriebene Blutstrom drückt die Ventile an die Arterienwand und rauscht so ungehindert an ihnen vorbei. Aber das rückpral-

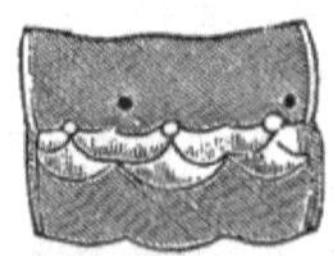

Die drei halbmondförmigen Klappen der aufgeschnittenen Aorta.

Die Klappen geschlossen, von oben gesehen.

*) Nichts ist geeigneter, die mechanische Arbeit des Herzens anschaulich zu machen, als eine Klystierspritze mit Gummiball und Gummschlauch. Der Ball stellt das Herz, der aufsaugende Schlauch die venöse, der spritzende Schlauch die arterielle Blutbahn dar. Die Klystierspritze repräsentiert freilich nur eine Herzhälfte.

lende Blut fängt sich in den Taschen, bläht sie auf und schließt das Arterienrohr gegen die Kammer ab, indem es die Ränder der drei Klappen genau aneinander legt.*)

Diese eben geschilderte Blutbahn bezeichnet man als den großen Kreislauf. Dieser große Kreislauf des Blutes (g, h, l, m, s, i, k, a) beginnt also in der linken Herzkammer, zieht sich durch alle Teile des Körpers hindurch und endigt in der rechten Vorkammer.

Wenden wir uns nun der Thätigkeit der rechten Herzhälfte zu. Stellen wir uns wieder das Herz im Zustande der Erschlaffung vor, aber doch im Begriff, sich zusammenzuziehen. Wir finden dir rechte Herzkammer (b) mit dunkelrotem, venösem Blut gefüllt. Das Herz preßt bei seiner Zusammenziehung das Blut in die Lungenpulsader (c). Auch diese hat gleich der Aorta drei halbmondförmige Klappen, die der Blutstrom öffnet und die einen Rücktritt desselben bei Erschlaffung verhindern. Auch in dieser Herzkammer verhindert eine Zipfelklappe, die sogenannte dreizipfelige Klappe den Rücktritt des Blutes in die rechte Vorkammer. Die Lungenpulsader — die einzige Pulsader, die dunkles Blut führt — bringt den Blutstrom in das Haargefäßnetz der Lungen (d), wo dasselbe aus den Lungenbläschen den Sauerstoff der Luft aufnimmt und die Kohlensäure abgiebt (siehe darüber unter „Atmung"). Hierdurch wird das dunklere und schlechtere Blut verbessert. Die Folge dieser Reinigung ist der Farbenwechsel aus dunkelrot in hellrot. Das so zur Ernährung wieder tauglich gewordene Blut sammelt sich nun allmählich in den Lungenvenen — die einzigen Blutadern, die helles Blut führen — und wird von diesen der linken Vorkammer überwiesen, von wo es durch die zweizipfelige Klappe in die linke Kammer fällt, um dann den großen Kreislauf zu beginnen.

Diese oben geschilderte Blutbahn bezeichnet man als den kleinen Kreislauf. Dieser kleine Kreislauf des Blutes (b, c, d, e, f) beginnt also in der rechten Herzkammer und zieht sich durch die Lungen hindurch bis zur linken Vorkammer.

*) Für unsere mit der Mathematik vertrauten Leser bemerken wir, daß gerade drei Klappen einen totalen Verschluß bewirken müssen. Der Umfang eines Kreises ist gleich dem sechsfachen Radius; es werden sich also beim Eintritt des Blutes die drei Taschen, deren Ränder sechs Radien darstellen, genau der Arterienwand anfügen, und ebenso werden beim Rückprall die Ränder genau aneinander passen. Durch keine andere Zahl von Klappen ließe sich dasselbe erreichen.

Im großen Kreislaufe und zwar im Bauche zwischen der Aorta (m) und der unteren Hohlader (s) existiert noch eine Blutbahn, die man als die Unterleibsblutbahn oder als den Pfortaderblutlauf bezeichnet. Dieser hat die Aufgabe, Blut in die Verdauungsorgane zu führen und dasselbe innerhalb der Leber zu reinigen, indem sich die Galle absondert, die aus der Leber in den Darm fließt und hier der Verdauung dient. Diese Blutbahn sondert sich von der Aorta ab und fließt durch die Eingeweide=Pulsader (n) in die Pulsäderchen des Magens, der Milz, der Bauchspeicheldrüse und des ganzen Darmkanals. Sie bildet in diesen Organen ein Haargefäßnetz (o) und sammelt sich dann zu einer Vene, der sogenannten Pfortader (p). Diese ergießt sich nun aber nicht wie die andern Venen direkt in die rechte Vorkammer, sondern sie löst sich innerhalb der Leber nochmals zu einem Kapillarnetz

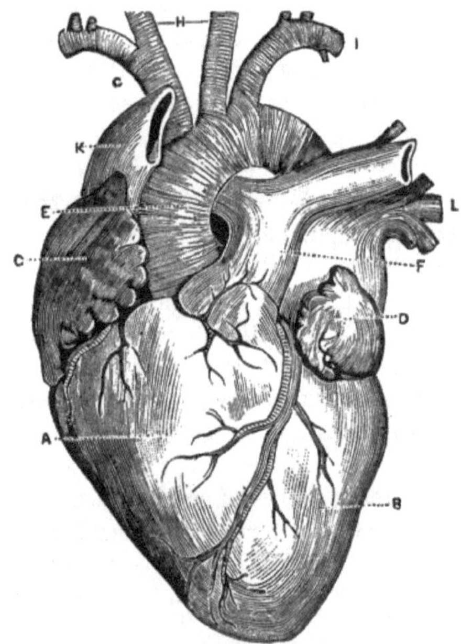

Herz mit dem Ursprung der großen Gefäße.

A. Rechte Herzhälfte. B. Linke Herzhälfte. C,D. Die Vorhöfe. E. Aorta. F. Lungenschlagader. G. Arteria anonyma. H. Die Kopfschlagadern. I,I. Die Armschlagadern, hier A. subclavia genannt. K. Obere Hohlvene. L. Lungenvenen.

(q) auf, welches sich in dem Organ wie in einem großen Schwamm ausbreitet, sich dann abermals zu einer Vene, der Leberblutader (r), sammelt, die in die untere Hohlader mündet. Dieser Pfortaderblutlauf bildet also eine Zweigbahn des großen Kreislaufes.

Wir geben außer der schematischen Darstellung noch zwei naturgetreue Abbildungen. An der Hand dieser Abbildungen wie auch durch Zerteilen eines Kalb- oder Schweinherzens wird man sich bald mit dem Bau des Herzens vertraut machen können.

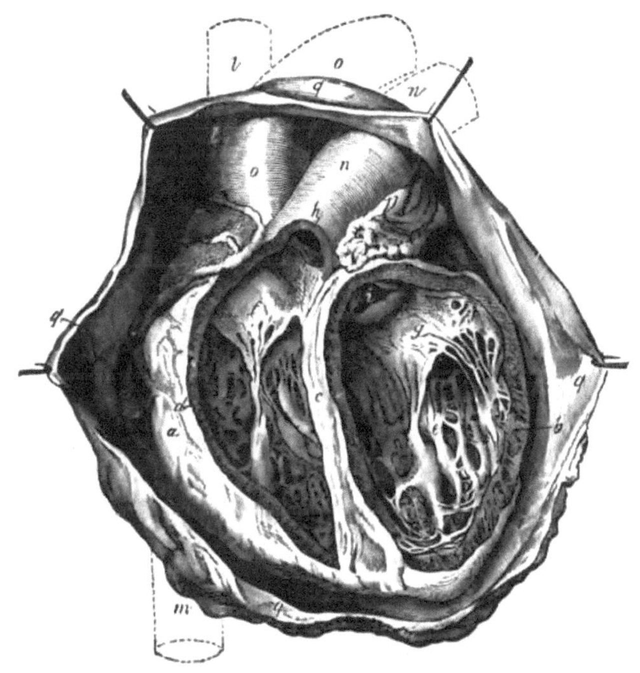

Das Herz nach Wegnahme der Vorderwand.

a. Rechte Herzkammerwand. b. Linke Herzkammerwand. c. Scheidewand zwischen rechter und linker Herzkammer. d. Höhle der rechten Herzkammer. e. Höhle der linken Herzkammer. f. Dreizipflige Klappe. g. Zweizipflige oder mützenförmige Klappe. h. Eingang in die Lungenpulsader und i. Eingang in die große Körperpulsader; beide mit drei halbmondförmigen Klappen. k. Rechter Vorhof (rechtes Herzohr). l. Obere Hohlader. m. Untere Hohlader. n. Lungenpulsader. o. Große Körperpulsader. p. Linker Vorhof (linkes Herzohr). q. Herzbeutel.

Die Dauer des ganzen Kreislaufes, das heißt die Zeit, welche verfließt, bis das aus einer Herzkammer herausgepreßte Blut wiederum in dieselbe Kammer zurücktritt, läßt sich schon deshalb nicht genau bestimmen, weil sie von der Länge des Gefäßsystems und von der wechselnden Geschwindigkeit des Blutumlaufs abhängig ist. Um dieselbe zu bestimmen, spritzt man in eine Vene eine unschädliche Flüssigkeit ein; öffnet man nun gleichzeitig eine benachbarte Vene, so enthält das aus derselben fließende Blut anfangs nichts von der betreffenden Flüssigkeit; sobald jene Flüssigkeit aber nachweisbar wird, hat sie also den ganzen Blutkreislauf mitgemacht und hat nahezu die Stelle wieder erreicht, wo sie in das Blut gespritzt wurde. Auf diese Weise erfuhr man, daß die Dauer des großen Kreislaufes beim Pferde 31 1/2 Sekunden, beim Menschen 23 Sekunden, beim Hunde 16 bis 17 Sekunden, beim Kaninchen 7 1/2 Sekunden beträgt.

Die Blutmenge eines gesunden Mannes schätzt man auf den zwölften Teil des Körpers. Ein Mann von 140 Pfund Gewicht würde demnach in seinem Körper 11 bis 12 Pfund Blut haben. Das wären etwa 5 Quart. Eine Frau hat etwas weniger. Rechnet man 5 Unzen als das Quantum, welches bei jeder Systole aus der linken Kammer getrieben wird, so wären nahezu 40 Herzschläge nötig, um die gesamte Blutmasse durch den Körper zu treiben. Doch sind diese Berechnungen sehr unsicher.

Die Zahl der Pulsschläge wechselt vielfach auch bei derselben Person. Die kleinste Bewegung, Veränderung im Atmen, Gemütseindrücke verändern die Pulsfrequenz. Sie beschleunigt sich beim Stehen und durch Wärme und verlangsamt sich beim Sitzen, Liegen und durch die Kälte. Am Morgen ist die Pulsfrequenz größer als am Abend. Bei Frauen schlägt der Puls schneller als bei Männern; bis gegen das 20. Lebensjahr nimmt er mit zunehmendem Alter ab und sinkt von 134 Pulsschlägen während der Minute im ersten Lebensjahr bis auf 70, um dann später im Greisenalter wieder etwas häufiger zu werden.

Die Arbeit, die das rastlos thätige Herz verrichtet, ist eine große. Diese wunderbare kleine Maschine schlägt während eines Tages wohl 100,000 Mal, in einem Jahre 40,000,000 Mal, in fünfzig Jahren 2,000,000,000 Mal ohne jeden Stillstand! Wollte jemand täglich 10 Stunden lang in jeder Minute 100 zählen, er würde doch mehr als 90 Jahre gebrauchen, um diese Summe zu erreichen. Man schätzt die Arbeit des Herzens gleich dem Drittel der Arbeit, die wir mit unseren übrigen Muskeln verrichten. Würde es seine Kraft dazu anwenden, sich selbst in die Höhe zu heben, es würde in einer Stunde 20,000 Fuß steigen können, während eine Lokomotive nur den achten Teil dieser Höhe erklimmen würde.

Die Lebenszähigkeit des Herzens ist keine geringe. Es schlägt nach dem plötzlichen Tode eines Tieres oder auch eines Menschen noch längere Zeit fort. Man hat beobachtet, daß das Herz eines Hingerichteten noch 23 Minuten nach dessen Tode sich zusammenzog. Wenn ein Störfisch durch Köpfen getötet ist, so sieht man an der Schnittfläche das Herz sich noch lange abwechselnd zusammenziehen und ausdehnen.

Das Blut ist eine rote, etwas zähe, schwach klebrige Flüssigkeit von fadem Geruch und salzigsüßlichem Geschmack; seine Temperatur beträgt beim gesunden Menschen etwa 98° Fahrenheit. Am heißesten Sommertage wie am kältesten Wintertage zeigt das Blut nahezu dieselbe Temperatur. Im ersten Falle reguliert der auf der Hautoberfläche verdunstende Schweiß, im andern Falle die sich durch die Kälte schließenden Poren die Temperatur. Wird das Blut aus der Ader gelassen, so gerinnt es nach wenigen Minuten; es scheidet sich in eine klare, gelbliche Flüssigkeit, das Blutwasser, und in eine feste, dichte, faserige,

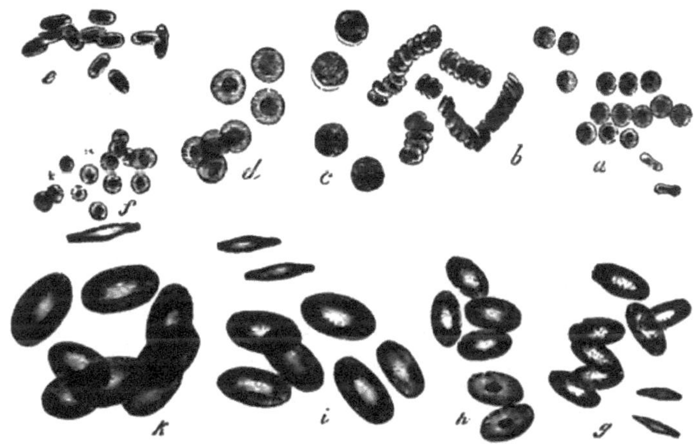

Blutkörperchen (gegen 500 mal vergrößert).

a. Farbige Blutkörperchen des Menschen. b. Dieselben geldrollenartig aneinander liegend. c. Ruhende (tote) farblose Blutkörperchen (oder Lymphkörperchen) des Menschen. d. Farbige Blutkörperchen des Elefanten, e. des Kamels, f. der Ziege, g. der Taube, h. einer Schlange, i. eines Fisches, k. eines Frosches.

rote Masse, den Blutkuchen. Bringt man aber einen Tropfen frischen Bluts unter das Mikroskop, so zeigt es sich, daß das Blut aus einer farblosen Flüssigkeit besteht, in der unzählige, rundliche Scheiben schwimmen. Die Flüssigkeit nennt man den Blutliquor oder das Blutplasma, die Körper die Blutkörperchen. Von diesen hält ein Blutstropfen mehrere Millionen; sie sind so klein, daß 3,500 derselben nebeneinander gelegt erst einen Zoll messen und daß erst 18,000 aufeinandergelegte Scheiben einen Haufen von einem Zoll Höhe bilden würden. Die Körperchen erscheinen kreisrund, plattgedrückt und in der Mitte vertieft. — Außer diesen roten Blutkörperchen enthält indessen das Blut auch noch eine andere Art von Blutkörperchen, die sich in Farbe und Form von jenen unterscheiden. Sie heißen die farblosen, weißen Blutkörperchen oder Lymphkörperchen des Blutes. Sie sind größer als die roten Blutkörperchen, sind farblos und kernhaltig. Diese farblosen Blutkörperchen wandeln sich wahrscheinlich nach und nach im Blutstrom zu farbigen um. Auf je 1000 rote Blutscheibchen finden sich nur 1 bis 3 derartige weiße Zellen.

Noch tiefer als das Mikroskop dringt die Chemie in die Natur des Blutes ein. Da das Blut den Stoffumsatz im Körper bewirkt, so kann man schon von vornherein schließen, daß es aus denselben Stoffen bestehen muß, aus denen unser Körper zusammengesetzt ist. Dies ist denn auch in der That der Fall. Den Hauptbestandteil des Blutes bildet das Wasser, denn in je 100 Teilen Blut sind etwa 79 Teile Wasser. Dazu kommen eiweißartige Stoffe, nämlich wirkliches Eiweiß und Faserstoff, der beim Gerinnen des Blutes mit den Blutkörperchen den Blutkuchen bildet. Ferner enthält das Blut noch Salze, Fette und Zucker. Der Farbstoff der roten Blutscheiben heißt Hämoglobin. Er enthält Eisen. An Gasen finden sich im Blute: Sauerstoff, Stickstoff und Kohlensäure.

Die Lymphgefäße oder Saugadern.

Neben den blutführenden Adern läuft ein zweites säfteführendes System einher, welches nicht minder allgemein verzweigt ist, aber ein so unscheinbares, geräusch- und farbloses Dasein führt, daß es am gesunden Menschen völlig in den Hintergrund tritt und darum dem Laien auch ziemlich unbekannt ist. Selbst der Arzt ist mit seinen Funktionen noch lange nicht vertraut genug. Nur dann macht sich dieses System bemerklich, wenn es an einzelnen Stellen zu einer krankhaften Anschwellung kommt, die man als geschwollene Drüsen zu bezeichnen pflegt.

Die Lymphgefäße führen eine Flüssigkeit von trüber, weißlicher Beschaffenheit, die Lymphe, das ist die vom Blute ausgetretene überflüssige Ernährungsflüssigkeit. Nur die in der Unterleibshöhle seßhaften Stränge nehmen noch einen Teil des während der Verdauung bereiteten Speisesaftes (Chylus) in sich auf, den sie ins Blut schaffen, nachdem sie sich zu einem größeren Stamme, dem Milchbrustgange vereinigt haben. Dieser mündet nämlich in eine große Blutader, so daß der Inhalt in das rechte Herz gelangt und von da in die Lungenpulsader und in die Lungen-Haargefäße geführt wird. (Siehe Abbildung unter „Nervensystem".) Erst in den Lungen mischen sich Speisesaft und Lymphe innig mit dem Blute und treten in den großen Blutkreislauf ein.

Die Lymphgefäße hängen hier und da mit runden, erbsen-, bohnen- bis mandelgroßen Knötchen zusammen, die man Lymphdrüsen nennt. Sie haben ein schwammiges Gewebe. In ihnen bilden sich farblose Blutkörperchen, die sich der durchfließenden Lymphe beimischen. Die meisten liegen in der Bauchhöhle. Auch in der Brusthöhle, am Halse, in der Achselgegend findet sich eine größere Anzahl. Werden ihnen aus irgend einer Ursache fremdartige Stoffe zugeführt, so schwellen sie an, entzünden sich, eitern und brechen wohl gar auf.

Unter die blutbereitenden Drüsen ist wahrscheinlich auch die Milz zu rechnen. In derselben mischen sich junge, farblose und farbige Blutscheiben mit dem die engen Räume der Milz durchlaufenden Blute. Sie liegt links vom Magen unmittelbar unter dem Zwerchfell, mit dem sie, wie mit dem Magen, durch ein Band verbunden ist. Sie hat die Gestalt einer Kaffeebohne und etwa die Größe einer Kinderfaust. Ihre Farbe ist blaurot. Sie ist größer während der Verdauung und schwillt bei gewissen Krankheiten (Wechselfieber, Nervenfieber) auf das Doppelte und Dreifache ihrer Größe an.

Wunden und Blutungen. Von Wunden reden wir, wenn wenigstens die äußere Haut getrennt ist. Betrifft die Verletzung allein die Oberhaut, so sprechen wir von einer Hautschürfung. Dieselbe wird dadurch hervorgerufen, daß ein fremder, uns oberflächlich streifender rauher oder scharfer Gegenstand ein Stück der Oberhaut fortnimmt, kurz, daß man, wie man im gewöhnlichen Leben zu sagen pflegt, geschunden wird. Es entstehen dadurch rötliche, nässende Flecke, welche durch Bloßlegen der Hautnerven einen brennenden Schmerz verursachen, aber nicht bluten. Man decke die bloße Stelle durch ein Heftpflaster, und nur, wenn der Schmerz unerträglich wird, appliziere man kaltes Wasser.

Dringt das verletzende Instrument tiefer ein, dann erst redet man recht eigentlich von einer Wunde; denn in diesem Falle stellt sich auch eine Blutung ein, die bei allen Wunden zuerst die Aufmerksamkeit verdient. Denn „Blut ist ein ganz besonderer Saft". Die Blutung wird eine verschiedene sein, je nachdem eine Pulsader, eine Vene, oder ein Haargefäßnetz von dem eindringenden Werkzeuge verletzt wurde. Im letzteren Falle, sei es nun bloß das Haargefäßnetz, wie bei ganz oberflächlichen Verwundungen, oder sei es eine Blutader, wird das Blut aus der Wunde rieseln, im ersten Falle aber aus der Wunde spritzen. Die Frage wäre also eine zwiefache: 1. Wie behandelt man eine rieselnde Blutung? und 2. Wie behandelt man eine spritzende Blutung? Auf beide Fragen soll dem Leser eine kurze und bündige Antwort werden.

Wie behandelt man eine rieselnde Blutung?

Eine solche steht, wenn sie unbedeutend ist, von selbst still. Das Blut gerinnt ja, wie wir alle wissen, an der Luft, und das Blutgerinnsel verstopft die feinen Äderchen, es bildet einen Pfropf, der einen ferneren Blutaustritt verhindert. Da Kälte das Zusammenziehen der Adern befördert, so empfiehlt es sich, einen in kaltes Wasser getauchten Schwamm oder Lappen auf die Wunde zu drücken. Den letzteren kann man auch durch eine Binde gegen die Wunde pressen. Klaffen die Wundränder, so nähere man sie durch einen Druck mit den Fingern. Bei unserem Volke genießt auch das Spinngewebe als blutstillendes Mittel eines besonderen Rufes. Wenn nun auch zugegeben werden muß, daß das Spinngewebe in ähnlicher Weise wie das maschige Gewebe des Schwammes fördernd und beschleunigend auf die Gerinnung des aussickernden Blutes einwirken kann, so ist es doch nicht gleichgültig, daß mit demselben eine ganz anständige Portion Schmutz und Staub in die Wunde gebracht wird, was unter Umständen sehr bedenklich werden kann. — Blutungen aus Beingeschwüren und Krampfadern sind oft schwer zu stillen, weil oberhalb der blutenden Stelle ein Kleidungsstück, etwa das Strumpfband, einschnürt. Nach Lösung dieses Hemmnisses steht die Blutung auf leichten Druck und Erhebung des Gliedes.

Wie behandelt man eine spritzende Blutung?

Eine solche Blutung verlangt immer eine baldige und wirksame Hilfe, und diese geschieht durch starken Druck. Man hebe zuerst das verwundete Glied in die Höhe, weil dadurch das Ausfließen des Blutes verlangsamt wird, entblöße die Wunde, wenn nötig, durch Aufschneiden der Kleidungstücke und drücke die klaffenden Wundränder mit den Fingern zusammen. Aber Hände und Finger erlahmen bald. Man lege darum auf die Wunde ein zusammengefaltetes Stück Leinwand (Taschentuch) und presse dasselbe durch Umwicklung mit einer Binde fest gegen die Wunde. Durch Nässen mit kaltem Wasser wird der Verband noch fester. Quillt aber trotzdem das Blut hervor, so muß die verletzte Ader an einer passenden Stelle zwischen Herz und Wunde zusammengepreßt werden. Und die

Art und Weise, wie dies geschieht, ist oft sehr einfach. Kommt das Blut aus einer Armwunde, so braucht man nur einen Stock, ein Buch oder irgend einen harten Körper zwischen den Arm und die Brustseite des Verwundeten zu legen und den Arm mittelst eines Tuches an den Oberkörper fest anzubinden, so muß jede Blutung dieser Art sofort aufhören. Der Leser versuche dies an sich selber; er wird sich überzeugen, daß der Pulsschlag am Handgelenk aufhört. Schon eine kräftige Beugung des Ellbogengelenks stillt jede Blutung aus einer Wunde des Unterarms. Wieder läßt sich diese Wirkung am Puls studieren. Praktischer noch als diese einfachen Blutstillungsmittel erweist sich ein nasses Tuch, welches, um den Oberarm geschlungen, mit voller Kraft angezogen und geknotet wird. Reicht der hierdurch erzeugte Druck nicht aus, so schiebe man einen Stock unter die Binde und drehe denselben herum, wodurch man jeden wünschenswerten Druck erzeugen kann. *Ein elastischer Hosenträger*, wie er ja fast immer zur Hand ist, leistet hier auch vorzügliche Dienste. Man wickele ihn, indem man ihn möglichst streckt, in mehrfachen Windungen oberhalb der Wunde um das Glied und knote ihn sicher. *Gummischläuche* sind noch praktischere Mittel zum Zusammenschnüren. In ganz gleicher Weise behandelt man auch spritzende Blutungen einer Wunde an den *Beinen*. Man beachte nur immer, daß die Bandage oberhalb der Wunde, das heißt nach dem Herzen zu, angebracht werden muß.

Befindet sich die Wunde sehr hoch am Arm oder Bein, so läßt sich vielleicht die Bandage nicht anbringen; dann muß die Ader da gepreßt werden, wo sie auf einem Knochen aufliegt. Dieses Verfahren setzt einige Kenntnisse voraus; doch sollte jeder Menschenfreund sich wenigstens mit zwei Punkten vertraut machen, wo man die Pulsadern mit Erfolg zusammenpressen kann. Dies sind: 1. der Stamm der *Armschlagader* in der Achselhöhle an einer Stelle, welche jeder an sich selbst beim Auskleiden leicht herausfindet und an dem fühlbaren Puls erkennt, und 2. der Stamm der *Oberschenkelschlagader* in der Leistengegend, wo man ebenfalls Pulsation fühlt. —

Vergiftete Wunden, hervorgebracht durch Bisse von tollen Hunden, Giftschlangen, durch vergiftete Pfeile, Speere, Bolzen, oder durch Verunreinigung der Wunde mit irgend einem Gift, oder einer fauligen Flüssigkeit, sind darum so gefährlich, weil das Gift von der Wunde aus dem Herzen zugeführt wird. Um dies zu verhindern, muß man *schleunigst* oberhalb der Wunde das Glied fest umschnüren, am besten mit einem elastischen Gurt (Hosenträger, Gummiband), sonst mit einem Strick oder Tuch, welches mit einem Knebel fest zusammengedreht wird. Man suche darauf das Gift zu entfernen, entweder, wenn die Lippen nicht wund sind, durch Aussaugen, oder durch Ausbrennen mit Pulver, Kohle, heißem Messer, heißer Stricknadel, oder durch Ausätzung mit Salpetersäure, Karbolsäure, Ätzkali. Bei Schlangenbiß ätze man mit Salmiakgeist (Aqua ammonia) und gebe innerlich viel Whiskey. — Man ziehe in solchen Fällen immer einen Arzt zu Rate. —

Wer mit kranken oder toten Tieren zu thun hat, namentlich mit solchen, die schon verwesen (Abdecker, Farmer, Köchinnen, Fleischer, Gerber, Seifensieder), gebrauche besondere Vorsicht, wenn er eine wunde Stelle an den Händen hat.

Dringt dennoch etwas von der fauligen Flüssigkeit in die verletzte Haut, so wasche man die Stelle mit Ammoniak. Auch bei Stichen durch giftige Insekten ist Ammoniak am besten.

Das Nasenbluten verlangt erst dann einen Eingriff, wenn das Blut in beunruhigender Menge ausströmt. Ein anhaltendes Zusammendrücken der Nasenflügel oder ein Druck auf die Oberlippe dicht unterhalb der Nase bewirken oft schon einen Stillstand. Applikation von kaltem Wasser oder Eis auf den Nacken und die Waden wirkt auch hier blutstillend. Ist dies Mittel nicht ausreichend, so lasse man den Blutenden eine aufrechte, zurückgelehnte Haltung annehmen, lasse ihn tief Atem schöpfen und denselben möglichst lange in der Brust zurückhalten: diese Atemhaltung wiederhole man, bis die Blutung stillsteht. Ein gleichzeitig angewendetes warmes Fußbad erweist sich auch als vorteilhaft.

Beim Blutbrechen und beim Blutsturz gebe man dem Patienten eine aufrechte zurückgelehnte Haltung, empfehle ihm möglichste Dämpfung des Brech- oder Hustenreizes, führe ihm frische, reine Luft zu und verabreiche innerlich Salz- oder Essigwasser oder Citronensaft. Auf Nacken und Waden lege man kalte Umschläge.

Daß alle diese Hilfsmittel nur vorläufige sind, braucht wohl nicht gesagt zu werden. Dem Arzte muß die Nachbehandlung schwerer Blutungen überlassen bleiben.

Ist die Blutung einer Wunde gestillt, so frägt es sich, wie man eine Heilung der Wunde vorbereiten kann. Die Antwort auf diese Frage wird uns leichter werden, wenn wir nachsehen, auf welche Art und Weise eine Wunde ohne unser Zuthun, also auf natürlichem Wege heilt. Wenn wir uns nur leicht in den Finger schneiden, so daß die glatten, gradlinigen Ränder sich nahezu berühren oder doch nur wenig klaffen, so ist schon nach zwei bis drei Tagen die Wunde fest verklebt, und an der Stelle, wo die Wunde sich befand, finden wir eine zarte rosarote Narbe. Die Wunde ist durch eine herausschwitzende Flüssigkeit, die wir Lymphe nennen, wie durch einen lebendigen Kitt verklebt worden. Man bezeichnet diese einfache Heilung als die Heilung durch erste Vereinigung.

Stehen indessen die Wundränder weit voneinander wie bei tiefen oder bei gerissenen Wunden, so sickert aus der ganzen Wundfläche die klebrige Lymphe hervor. Die Umgebung der Wunde wird rot, heiß und gegen Druck empfindlich. Nach kurzer Zeit wird die ausgesickerte Lymphe gelblich und dicklich, sie wird zu Eiter, der die Wundfläche bedeckt. Unter ihr bilden sich kleine, zarte, lockere Fleischwärzchen, die zuweilen die Wunde überwuchern und dann als „wildes Fleisch" bezeichnet werden. Die Fleischwärzchen werden allmählich härter und bilden die bekannte „Narbe". Diese Heilung nennen wir Heilung durch zweite Vereinigung.

Was folgt hieraus für eine künstliche Behandlung der Wunde? Es folgt, daß man wo möglich die Heilung durch erste Vereinigung vorbereiten, mit andern Worten: daß man versuchen muß, die Wundränder einander nahezubringen. Bei Wunden mit weitklaffenden, zerrissenen, zackigen Rändern, oder bei Wunden, in denen fremde Körper zurückbleiben, wird dies freilich nicht möglich sein, wohl aber bei Wunden mit glatten oder doch nicht gar zu unregelmäßigen Rändern. Wir bedienen uns hierzu des Heftpflasters. Nachdem die Blutung gestillt, die Wunde und ihre Ränder gereinigt und abgetrocknet worden sind, erwärme man mit der einen Hand die Umgebung der Wunde, mache den Heftpflasterstreifen durch Erwärmen und Anhauchen klebriger, klebe das eine Ende desselben an den einen Wundrand in der Mitte fest und nun befestige das andere an dem möglichst genäherten anderen Wundrand. Man gebrauche nicht mehr Streifen, als ausreichend sind, die Ränder in genaue Berührung zu bringen.

Die Ärzte pflegen diese Rändervereinigung durch *Nähen mit Seide* zu bewerkstelligen.

Immer hüte man sich, eine Wunde zu verunreinigen. Man bringe daher keine gebrauchten Schwämme, keine schmutzige Leinwand, kein altes Heftpflaster mit derselben in Berührung, fasse sie auch nicht mit schmutzigen Fingern an.

Ist es nötig, die mit Staub, Erde, Sand oder einem anderen Schmutze verunreinigte Wunde auszuwaschen, so brauche man hierzu einen in *reines* Wasser getauchten Schwamm oder Lappen. Niemals nehme man hierzu Reizmittel, also nicht die sonst ja ganz heilkräftige *Arnikatinktur*, auch nicht Whiskey und dergleichen.

Auf die gereinigte Wunde lege man ein Stück Gazestoff, das dieselbe etwas überragt; hierauf eine Partie Baumwolle, wodurch verhindert wird, daß die Fasern der Baumwolle sich mit der Wunde verkleben. Auf diese Gaze- und Baumwollenschicht kann man, namentlich wenn man einen Druck auf die Wunde ausüben will, um etwa eine Nachblutung zu verhüten, noch ein oder zwei zusammengelegte Tücher auflegen, worauf dann das Ganze mit einem dreieckigen Verbandtuche festgebunden wird. Ein dreieckiges Stück Zeug, dessen Basis etwa 40 Zoll betragen und dessen Höhe 20 Zoll messen mag, ist ein vorzügliches, in mannigfacher Weise verwendbares Verbandstück. In der Voraussetzung, daß unsere Leser in einer müßigen Stunde gern sich im Anlegen von einfachen Verbänden üben möchten, wollen wir hier durch Bild und Wort einige der gewöhnlichsten erläutern. Man lege das dreieckige Tuch von der Spitze gegen die Basis zu in beliebig breiten Lagen mehrmals zusammen. In dieser Form kann man das dreieckige Tuch anlegen als *Stirnbund*, indem man die Mitte auf die Stirne legt, nach rückwärts geht und vorn knotet. Durch Knoten am Hinterkopf sitzt der Verband nicht fest genug. Ähnlich verbindet man eine Wunde am Hinterkopf. Den *Ohrenbund* erhält man durch Anlegen der Mitte des Verbandes unter dem Unterkiefer und Knoten am Scheitel. Den *Augenbund* knüpfe man über der Stirn, nachdem man die Kravatte wieder nach

Stirnbund.

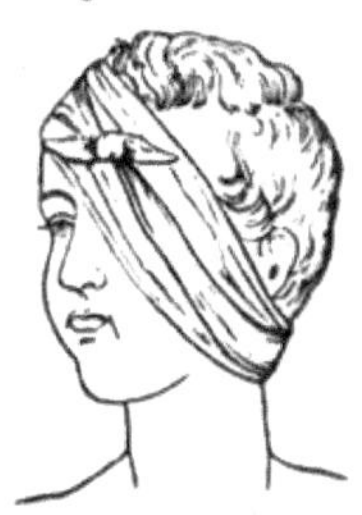

Augenbund.

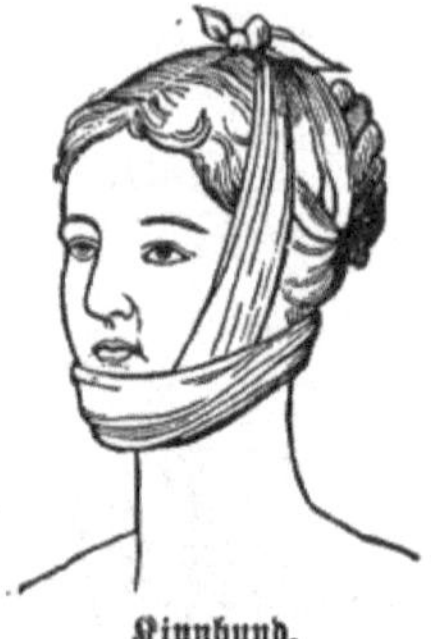
Kinnbund.

vorn geführt hat. Für den Kinnbund gebrauche man zwei Kravatten. Wertvoll ist die Achtertour für Hand und Fuß. Man legt für erstere die Mitte der Kravatte in die Hohlhand, kreuzt die Enden über dem Handrücken und knotet um das Handgelenk. Ganz ähnlich verfährt man am Fuß. Eine einfache Tragbinde für den Vorderarm und die Hand und auch ein Kopftuch läßt sich aus unserem dreieckigen Tuch herstellen. Die Mitte der Basis des nicht zusammenge-

Achtertour.

Tragbinde.

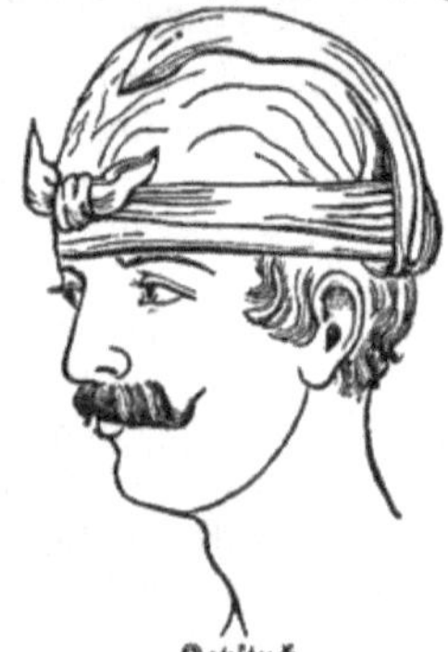
Kopftuch.

Tragtuch.

legten Tuches wird auf die Stirn gelegt, die Spitze hänge frei in den Nacken hinab. Die Enden werden hinten über der Spitze geknotet, die straff gezogene Spitze nach vorn gelegt und hier mit einer Stecknadel befestigt. Ein dreieckiges Tragtuch für den Arm erhält man, wenn man die beiden Enden zusammenlegt, die Spitze wagerecht auszieht, den Arm hineinlegt und die Enden am Nacken knotet. Die Spitze wird über den Ellenbogen geschlagen und mit einer Nadel befestigt. Ein Umhüllungstuch für Hand und Fuß läßt sich dadurch beschaffen, daß man die Hohlhand so auf das Tuch legt, daß die Mitte der Basis unter dem Handgelenk liegt und die Spitze des Tuches die Fingerspitzen überragt. Nun wird die Spitze auf den Handrücken zurückgeschlagen, die beiden Enden von links und rechts über den Handrücken geführt und am Handgelenk geknotet. Ganz ähnlich umhüllt man den Fuß. —

Umhüllungstuch.

Ein ganz vorzügliches Verbandsmittel ist die Binde. Man versteht darunter einen etwa zwei Zoll breiten, mehrere Fuß langen Streifen aus alter, gut ausgewaschener Leinwand. Man rollt die Binde vor dem Gebrauch fest und glatt auf und bandagiert das kranke Glied, indem man die Binde wieder allmählich abrollt. Man muß sich das Anlegen der Binde von einem damit Vertrauten zeigen lassen.

Herzkrankheiten. Ob ein Herz krank oder gesund ist, kann nicht der Laie, sondern nur ein erfahrener und geübter Arzt entscheiden. Schmerzen in der Herzgegend, beschwerliches Herzklopfen und Kurzatmigkeit sind noch keine sicheren Anzeichen eines Herzfehlers. Der Arzt erforscht den Zustand des Herzens durch die sogenannte Perkussion und Auskultation. Die Perkussion oder das Beklopfen mit dem Finger oder einem kleinen Hammer wie auch die Askultation oder das Behorchen mit aufgelegtem Ohr giebt dem Arzt über innere Leiden einen höchst willkommenen und zuverlässigen Aufschluß. — Für den Laien hat nicht die schwierige Behandlung der Herzkrankheiten, sondern haben nur die Maßregeln zur Verhütung der Herzkrankheiten und des Herzklopfens ein Interesse. Bei solchen, die erfahrungsgemäß leicht in Herzaufregung verfallen, gilt es, jede Überanstrengung des Nervensystems durch heftige Gemütsbewegung, wie Zorn, Furcht, und durch übertriebene geistige Arbeiten möglichst zu vermeiden. Der Genuß geistiger Getränke und reizender Gewürze, auch des Kaffees und Thees, muß äußerst beschränkt werden. Tiefatmen in frischer Luft, fleißiges Spazierengehen, regelmäßige Hautpflege, reizlose Diät sind treffliche Mittel, den Blutumlauf zu regulieren. — Ist aber schon ein Herzfehler entstanden — etwa infolge von Gelenkrheumatismus, den man darum auch nicht selber kurieren soll — so lasse man sich Diät und Verhalten genau vom Arzt vorschreiben.

Fieber. Wenn neben beschleunigtem Puls (über 90 bis 100 Schläge in der Minute) und schnellem Atmen (über 20 Mal in der Minute) die Blutwärme sich über 100° erhöht, so spricht man von Fieber des Kranken. Niemals ist das Fieber eine für sich bestehende Krankheit, sondern immer nur eine Krankheitserscheinung. Schon durch das Gefühl, weit sicherer aber durch ein genaues Thermometer (ärztliches Thermometer) läßt sich die Temperaturerhöhung bestimmen. Man unterscheidet verschiedene Fieber: Nervenfieber oder Typhus, gelbes Fieber, Pest, Wechselfieber (Malaria, intermittierendes Fieber, kaltes Fieber), remittierendes Fieber und andere. Es nützt dem Laien gar nichts, wenn er sich abmüht, diese Fieber unterscheiden zu lernen; viel wichtiger für ihn ist es, wenn er sich mit der bei Fieberkranken nötigen und wichtigen Krankenpflege bekannt macht (siehe darüber unter: „Hauskrankenpflege“).

Erkältungskrankheiten (Cold, Catarrh). Es mag wenig Krankheiten geben, die nicht schon auf Erkältung geschoben worden wären, und selbst da, wo eine bestimmte Ursache überhaupt nicht nachweisbar ist, „muß Erkältung dahinter stecken“. Nun giebt es freilich Krankheiten, die durch Erkältung, das ist durch eine auf gesundheitswidrige Weise erfolgte Abkühlung entstanden sind, aber die Zahl der echten Erkältungskrankheiten ist nur gering. Als Artenname für die Krankheiten aus der Gattung der Erkältung sind die geläufigsten: Rheumatismus und Katarrh. Aber auch mit diesen, namentlich mit dem ersten, wird eine heillose Gedankenlosigkeit getrieben nach dem alten Satze:

Das, was man nicht erklären kann,
Sieht man als Rheumatismus an —

eine Oberflächlichkeit, die oft genug die rechtzeitige Erkenntnis und erfolgreiche Behandlung der Grundkrankheit verhindert! —

Wenn Kälte die Haut trifft, so ist die erste Wirkung die, daß die Haut sich zusammenzieht und die darin und darunter liegenden Blutgefäße zusammenpreßt. Die Folge hiervon ist eine Rückströmung des Blutes von der Oberfläche nach dem Innern des Körpers. So entsteht dann auf der Oberfläche plötzlich Ebbe, in der Tiefe Flut. Ist die Ebbe kurzwellig, so ist es auch die Flut und diese brandet alsdann schon diesseits oder an der Knochenwand, es kommt zu einer bloß örtlichen Erkältung in den Muskeln, Nerven, Sehnen. Ist die Ebbe hingegen eine langwellige und über das ganze Strombett verbreitet, so ist auch die Flut eine allgemeine und erst die inneren Organe gebieten ihr Halt, namentlich das Gebiet der Nase, des Schlundes, des Darmes.

Die erste beschriebene Art, die mehr örtliche Erkältungskrankheit, heißt man gewöhnlich Rheumatismus, die zweite, mehr allgemeine: Katarrh.

Die rheumatischen Krankheiten sind außerordentlich vielgestaltig und darum schwer in bestimmte Bilder zu fassen oder vollständig aufzuzählen. Ein alltägliches Beispiel ist der steife Hals, der steife Nacken, das Ziehen im Rücken — Übel, die man bekommt, wenn man nach starker Überheizung an einem schlecht schließenden Fenster sitzt, oder, wenn man nachts unbedeckt liegt. Der rheumatische Hexenschuß (Lumbago) hat schon etwas mehr auf sich. Er besteht in einer Verlahmung der Lendenmuskeln und damit des Kreuzes, mit welchem jede schlanke Bewegung nach vorn (Bücken), namentlich aber die Biegung nach links und rechts unmöglich oder wenigstens so schmerzhaft ist, daß man davon ohnmächtig werden kann. Die ganze Körperhaltung bekommt durch das kerzengerade, jede Biegung ängstlich berechnende Benehmen einen Ausdruck, der zu dem Schaden noch den Spott herbeiruft. Am ärgsten ist die Unbehilflichkeit, wenn man längere Zeit liegend zugebracht hat, wo es dann der äußersten eignen Behutsamkeit und der sorgfältigsten Beihilfe anderer bedarf, um wieder auf die Beine zu kommen. Sehr schmerzhaft wirken die Stöße, welche die Kreuzgegend erleidet, wenn der Patient husten oder nießen muß. Selbst das Lachen ist ihm aus demselben Grunde „zum Weinen". Dieser peinliche Zustand bei sonst ganz gesundem Körper kann eine volle Woche, ja noch länger anhalten. Erklärlich ist daher die Vielgeschäftigkeit, zu der die Ungeduld des Kranken die Umgebung reizt und die sich in den wunderlichsten Experimenten bethätigt. Hat Schröpfen nichts geholfen, so wird eine Salbe nach der andern eingeschmiert, ein Spiritus nach dem andern eingerieben. Man ruft wohl gar die Nachbarsfrau und läßt sich den Rücken streichen oder mit dem Bügeleisen bearbeiten. Nichts von alledem ist nötig: man thue sich nur etwas Gewalt an und wandle ruhig seine Straße. Die ersten zehn Minuten kommen einem wohl sauer an, nach und nach wird das Kreuz aber immer williger, und bei der Rückkehr ist der Zustand ganz erträglich, verliert sich auch bei Fortsetzung der Gehversuche binnen wenigen Tagen gänzlich. Der einzig thatkräftige Rat bei Hexenschuß ist also der: ein Mann zu sein und immer in Gang zu bleiben.

Es ist überhaupt zum Lächeln, wenn man sieht, wie überall, wo es einmal zwickt, zwackt, puckert oder wie die Empfindung sonst beschrieben wird, gleich gewaschen, geschmiert, gepflastert wird.

Zunächst muß man wissen, daß viele sogenannte rheumatische Geschichten aus dem Blute kommen, Folge träger Blutbewegung, mangelhafter Säftemischung, falscher Nahrungsweise, übermäßigen Kaffee- oder Biergenusses, beständige Einatmung verdorbener Luft, unterlassener Körperbewegung sind. Hier wäre also das Rezept Seumes am Platze: „Es würde alles besser gehen, wenn man mehr ginge." Erste Bedingung zur Heilung eines eingewurzelten, herumziehenden, veralteten Rheumatismus ist: naturgemäße Lebensweise, mäßige Diät, fleißige Bewegung, frische, reine Luft. Zweite Bedingung: der Gebrauch einfacher, warmer Bäder mit kalter Brause auf die schmerzhaften Stellen. Das russische Dampf- oder das römisch-irische Bad mag gebraucht werden, wenn das einfache Bad nicht hilft und wenn kein Herzfehler vorliegt.

Stellt sich heraus, daß der Rheumatismus sich an bestimmten Gegenden festgesetzt hat und durch Bäder allein nicht fortzubringen ist, so nehme man eine örtliche Behandlung zu Hilfe, nämlich: Waschungen, Einreibungen. Diese Methode wird in unzähligen Formen und unter den verschiedensten, meist verkauderwelschten Fremdnamen auf eigene Faust betrieben. In der Wohnung des Rheumatikers von Profession duftet es bald nach Kampfer, bald nach Kalmus, bald Rosmarin, bald nach St. Jakobs Öl, und auf dem nackten Körper entdeckt der Arzt einen förmlichen Anbau von Pflasterfeldern. Es ist eine harmlose Liebhaberei und Täuschung, zu glauben, daß die Seltsamkeit des Namens oder die Schärfe, mit welcher der Geruchssinn belästigt wird, die Wirksamkeit erhöhe. Der nüchterne Verstand aber wird sich der Aufklärung nicht verschließen, daß an erster Stelle der Akt des Reibens, an zweiter der Spiritus oder das Fett das Wirksamste ist. Guter Branntwein, recht kalt eingerieben, ist genügend.

Unter den katarrhalischen Erkältungskrankheiten erfreut sich der Schnupfen einer ziemlich ausgedehnten Verbreitung. Man wird seiner bald Herr, wenn man seiner nicht achtet, sondern kurzen Prozeß macht und einen Spaziergang riskiert. Auch ein Bad wirkt Gutes. Giebt man aber nach, schließt man sich daheim ab, läßt den Ofen heizen, so wird der Schnupfen nur noch ärger.

Der geschwollene Hals ist eine der qualvollsten Beschwerden, um so qualvoller, wenn sie kräftige, selten kranke und an Hungern nicht gewöhnte Männer befällt, denn der Magen, obgleich an der Sache ganz schuldlos und bei bester Fassungskraft, muß doch die ganzen Unkosten tragen; denn die leiseste Schlingbewegung ist von einem Schmerzgefühl begleitet, wie wenn hinten im Halse zwei doppelschneidige Messer säßen und bei dieser Gelegenheit die wunde Halshaut zerfleischten. Andere Kranke, bei denen hauptsächlich die Mandeln geschwollen sind, bekommen keine Luft, und wenn sie einmal Ruhe gefunden haben, erwachen sie mit Erstickungsnot. Noch nie ist aber ein Mensch mit geschwollenem Hals verhungert oder erstickt. Es heißt eben auch hier: Ruhig abwarten! Das einzig Vernünftige, was Linderung schafft und die Krise rascher herbeiführt, ist ein feuchtwarmer (nicht heißer) Breiumschlag in Leinwand geschlagen und um den Hals gelegt, aus 3 Teilen Leinsamen mit 1 Teil Kamillenblume, im Notfall auch aus Hafergrütze, und etwa alle Stunden gewechselt. Wasserfreunde mögen eine naßkalte Einwicklung des Halses versuchen. Innerlich nehme man häufig rohe Eisbissen. Den Magen speise man ab mit dünnflüssigen, kalten, auch sauren Sachen, wie rohe Eier, Obst.

Auch der Darm-Katarrh oder einfache Durchfall bedarf nicht immer gleich des medizinischen Eingriffs. Es ist durchaus voreilig, sogleich in die Apotheke nach Choleratropfen zu stürzen, welche bei empfindlichem Magen leicht noch Erbrechen bewirken. Eine Flanellbinde um den Leib und karge, schleimige Diät sind empfehlenswert. Das lästige Durstgefühl stille man mit kleinen Portionen Eiswasser. (Nach Dr. P. Niemeyer.)

Zahnschmerzen und Ohrenreißen, die zuweilen auch durch Erkältung entstehen, siehe unter „Verdauung“ und unter „Ohr“. Hustenkrankheiten siehe unter „Atmung“.

Recht thöricht, ja gefährlich ist es, fast alle Erkrankungen auf „Erkältung“ zu schieben. „Wird sich wohl erkältet haben“, ist eine ganz übliche Redewendung. Und sobald das Wort Erkältung gefallen ist, wird auf den Kranken mit Luftsperre, Betteinpackung, heißem Getränk u. s. w. eingestürmt — Dinge, die meist gar nicht am Platze sind. — Auch hier gilt's, sich abzuhärten, was man nur kann, wenn man fleißig Hautpflege treibt und sich nicht vor jedem Lüftchen scheu verkriecht.

Kleidung. Die Kleidung wird noch immer viel zu sehr nach den Launen der Tyrannin Mode statt nach vernünftigen hygieinischen Grundsätzen ausgewählt. Wie viel ist schon, und ganz mit Recht, gegen enge Schnürleiber, Strumpfbänder und Gürtel, gegen zu warme Kopfbedeckung und zu warme Einhüllung des Halses geschrieben worden, ohne daß der Widerstand der Eitelkeit oder der Verzärtelung sonderlich gebrochen wäre. Aber es mag auch hier noch einmal geschehen. Die Kleidung soll uns die Körperwärme erhalten; sie soll also im Sommer ein Ausstrahlen der Eigenwärme möglichst gestatten, im Winter aber ein solches möglichst hindern. Wir kleiden uns im Sommer mit guten Wärmeleitern (Leinwand, Baumwolle in hellen Farben), im Winter mit schlechten Wärmeleitern (Pelz, Wolle, Seide in dunklen Farben), und ändern verständigerweise die Kleidung auch innerhalb der Jahreszeiten je nach dem Wärmegrad der Luft. Wir hüllen auch gerade die Körperteile, die sonderlich der Wärmehaltung bedürfen, in dichte Stoffe; so schützen wir die Achselhöhlen, den Rücken, den Bauch, die Füße. Hingegen kleiden wir nur leicht Kopf, Brust und Hals. Der Kopf hat ein natürliches Kleid und ist überdies gleich dem Hals sehr blutreich. Die Kleidung sollte überall sackartig, locker und lose aufsitzen; namentlich sollten wir keine engen und steifen Halsbinden, keine den Brustkasten an freie Atmung hindernde Bekleidung tragen, auch keine Schuhe, die zu eng sind und zu hohe Absätze haben. — Weil die Wollenstoffe den Hautschweiß schnell aufsaugen und auch ein zu schnelles Verdunsten verhindern, so verhindern sie eine zu schnelle Abkühlung und Erkältung der Haut. Wir raten daher in unserem wechselvollen Klima zum wollenen Unterzeug, das wir im Sommer dünn, im Winter dick wählen. — Wasserdichte Stoffe (Gummiröcke und -schuhe) lassen die Hautausdünstung nicht hindurch und erzeugen ein Gefühl lästiger feuchter Wärme. Sie sollten nicht zu lange und nur bei Nässe und Kälte, nicht bei Nässe und Wärme getragen und immer im Zimmer schnell abgelegt werden.

Heizung siehe unter „Atmung“.

Skrofeln (Scrofula). Die Skrofelkrankheit äußert sich in langwierigen Hautausschlägen, in Katarrhen, die die Augen und Luftwege befallen, schließlich in Erkrankungen der Gelenke und der Knochen. Vorzüglich sind es aber die Lymphdrüsen, die bei der Skrofelkrankheit mit erkranken. Die Skrofulosis wird wohl auch angeerbt, sie wird aber auch durch schlechte Wohnung, nachlässige Hautpflege, mangelhafte oder unpassende Ernährung erzeugt. Man wird also der Skrofelkrankheit nur dann wirksam entgegenarbeiten, wenn man alle diese Schädlichlichkeiten vermeidet. Wie dies zu geschehen hat, ist unter den einschlägigen Abschnitten ausführlich dargelegt.

Blutarmut, Anämie (Anaemia). Wenn die Blutmenge aus irgend einem Grunde (nach Blutverlust aus Wunden, infolge anhaltender, schwerer Krankheit oder mangelhafter Ernährung) sich verringert hat, so erscheint die Haut schmutziggelb oder blaß und fühlt sich welk und kalt an. Blutarme Personen frösteln leicht, leiden an Kopfschmerzen, Ohrensausen, Schwindel, Flimmern vor den Augen und Herzklopfen. Die Behandlung derselben ist vorwiegend eine diätetische. Die Kost muß vorzugsweise aus Fleisch, Milch und Ei bestehen. Geistige Getränke, Kaffee und Thee, die leicht Herzklopfen verursachen, sind zu meiden. Atemgymnastik, fleißiges Spazierengehen sind dringend anzuraten. — Die Bleichsucht (Chlorosis, Green Sickness), die in der Regel junge Mädchen befällt, beruht nicht auf einer Verringerung der Blutmenge, sondern auf einer Entartung derselben. Sie verlangt gleichfalls die obige Diät, aber auch eine geeignete ärztliche Behandlung.

Kalte Füße. Durch Mangel an Bewegung und Stubenhocken stellt sich nicht selten eine Blutarmut der Füße ein. Um diese lästige Plage zu beseitigen, tauche man die Füße auf kurze Zeit beherzt in kaltes Wasser und reibe dieselben danach mit einem rauhen Handtuch tüchtig ab. Diese Prozedur wiederhole man allabendlich vor dem Zubettgehen.

Herzklopfen. (Palpitations). Stellt sich heftiges Herzklopfen ein, so lagere man den Patienten möglichst bequem, sorge für reine, kühle Luft, reiche frisches, kaltes Wasser, erwärme die Füße durch Eintauchen in heißes Wasser oder durch warme Tücher und reibe den nackten Rücken mit einem rauhen Tuche. Im übrigen suche man den Kranken zu beruhigen.

V. Die Atmung.

Mag man auch immerhin sagen, von der Luft könne man nicht leben, so ist doch auch dieses wahr, daß man ohne Luft nicht existieren kann. Die Entziehung derselben lähmt und tötet jeden Organismus; das Atmen ist die allernotwendigste Verrichtung des Körpers: der erste und letzte Atemzug bezeichnen die Grenzen unseres selbständigen irdischen Daseins. Für viele Personen ist schon das Unterdrücken des Atmens während einer einzigen Minute mit Lebensgefahr verknüpft; auch die geübtesten Taucher, die Badeschwämme oder Perlenmuscheln vom Meeresgrund holen, vermögen nur zwei bis drei Minuten unterm Wasser auszuhalten, und doch strömt ihnen auch dann schon Blut aus Nase und Mund, sobald sie wieder an die Luft gelangen. Personen, die länger als drei Minuten unter Wasser gelegen haben, sind nur selten wieder ins Leben zurückzurufen.

Unsere Atmungsorgane sind die Lungen. Ihr oberflächlicher Bau ist uns allen durch Betrachtung einer Tierlunge, etwa einer Schweins- oder Kalbslunge, im wesentlichen bekannt genug. Betasten wir eine Lunge, so zeigt sie sich als eine pflaumenweiche, schwammige, bei Druck knisternde Masse. Von oben her führt die aus Knorpelringen gebildete Luftröhre (Trachea) den Lebensstrom den Lungen zu. Blasen wir Luft durch die Luftröhre, so blähen sich die Lungen um das Doppelte auf; unterbrechen wir das Blasen, so fallen sie nach und nach wieder zusammen. So besteht denn auch das Lungenatmen der Menschen darin, daß die beiden in der Bauchhöhle ruhenden Lungen durch die Luftröhre sich mit Luft füllen und diese auf demselben Wege wieder von sich geben. Die Atmung besteht also aus zwei Akten, aus dem Akt der Einatmung (Inspiration) und aus dem Akte der Ausatmung (Exspiration). Die Mechanik dieses lebenswichtigen Geschäfts werden wir am besten kennen lernen, wenn wir uns zunächst mit dem Bau des rippenumgürteten Brustkorbes vertraut machen.

Das Innere des menschlichen Rumpfes bildet eine große Höhle, die durch das zwischen Brust und Bauch eingeschaltete Zwerchfell in ein oberes und unteres Stockwerk getrennt ist. Jenes, der Brustkasten (Thorax), beherbergt die Organe der Atmung und des Blutumlaufs, dieses, die Bauchhöhle, die Organe der Verdauung. Der Brustkasten wird umschlossen: hinten von den 12 Brustwirbeln und den hinteren Enden der 24 Rippen, seitlich von den Rippen, und vorn vom Brustbein und den elastischen Rippenknorpeln. Innerhalb dieser Brusthöhle hängt in jeder Hälfte je eine Lunge, zwischen diesen, aber mit der Spitze etwas nach links gewendet, das Herz. Jede Lunge ist von einer zarten, glatten Haut, dem Brustfelle, überzogen, das auch die Innenwand der Brusthöhle überzieht und daher auch Rippenfell genannt wird. Um sich die Lage dieser Haut, der Pleura, klar zu

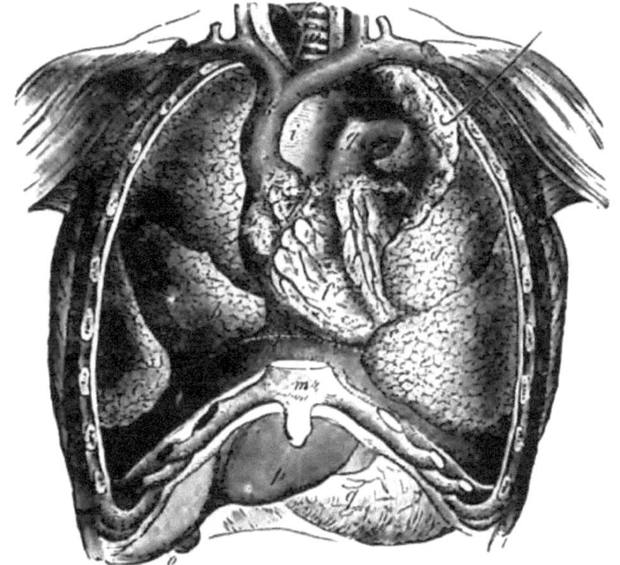

Die Brusthöhle
von vorn geöffnet, mit den Lungen und mit dem Herzen (ohne Herzbeutel).

a. Oberer, b. mittlerer und c. unterer Lappen der rechten Lunge. d. Oberer und e. unterer Lappen der linken Lunge. f. Herz. g. Lungenpulsader. h. Lungenblutadern. i. Große Körperpulsader (Aorta). k. Obere Hohlader. l. Zwerchfell. m. Brustbeinende. n. Luftröhre. o. Rechter und p. linker Leberlappen. q. Magen. r. Quergrimmdarm.

machen, nehme man eine schlaffe Schweinsblase und drücke auf diese mit der Faust derartig, daß man sie einstülpt, so daß die Faust von den beiden einander genäherten Blasenwänden umgeben ist. Ganz ebenso wie hier die Faust in dem Blasensacke, sind die Lungen in den Pleurasack hineingestülpt. Da nun die Innenflächen desselben beständig feucht und glatt sind, so können die Lungen bei der Atembewegung ohne jede Reibung und jedes Geräusch sich ausdehnen und zusammenfallen. — Die rechte Lunge ist breiter und kürzer und durch zwei Einschnitte in drei Lappen, die linke schmälere und tiefer herabhängende aber durch einen Einschnitt in zwei Lappen geteilt.

Das in der Mitte sehnige, an den Rändern muskulöse Zwerchfell hat die Gestalt einer umgestürzten Schüssel. Verkürzen sich die Muskeln des Zwerchfells, so wird sich die Wölbung verflachen, die Brusthöhle also vergrößern; erschlaffen aber die Muskeln, so wird die Wölbung wieder steigen, die Brusthöhle sich also wieder verkleinern. Ersteres geschieht beim Einatmen, letzteres beim Ausatmen. Erst wird also beim Einatmen durch die Streckung des Zwerchfells die Brusthöhle vergrößert, und es muß also Luft in das Lungengewebe wie in einen ausgespannten Blasebalg strömen; dann aber wird sich beim Ausatmen das Zwerchfell wieder wölben, die Brusthöhle verkleinern und die Luft hinausstoßen.

Doch dieses Zwerchfellatmen ist nicht die einzige Atembewegung, die wir machen. Auch der Brustkorb selber nimmt daran wesentlich teil. Die Rippen werden nämlich durch Muskeln gehoben, und da jene mit ihrer Krümmung nach unten und außen gerichtet sind, so muß dadurch auch die Brusthöhle erweitert werden. Um sich von dieser Wirkung der Rippen zu überzeugen, braucht man nur die flache Hand auf die Brust zu legen und tief Atem zu schöpfen. Beim Erschlaffen der Muskeln senken sich die Rippen nach unten und innen, verkleinern den Brustkasten und stoßen die Luft hinaus. Die Nachgiebigkeit der Rippen wird durch die Knorpelstücke, durch welche jene mit dem Brustbein verbunden sind, wesentlich erhöht.

Wenn demnach auch die Lungen selber sich beim Einatmen passiv verhalten und nur die Luft aufnehmen, die ihnen zuströmt, so wirken sie doch durch die Elastizität ihrer Wände beim Ausatmen. Sie gleichen den Gummiballonpfeifen der Kinder, die, aufgeblasen, sich von selbst zusammenziehen und die Pfeifen gerade so in Tönung versetzen, wie die Lungen den Kehlkopf.

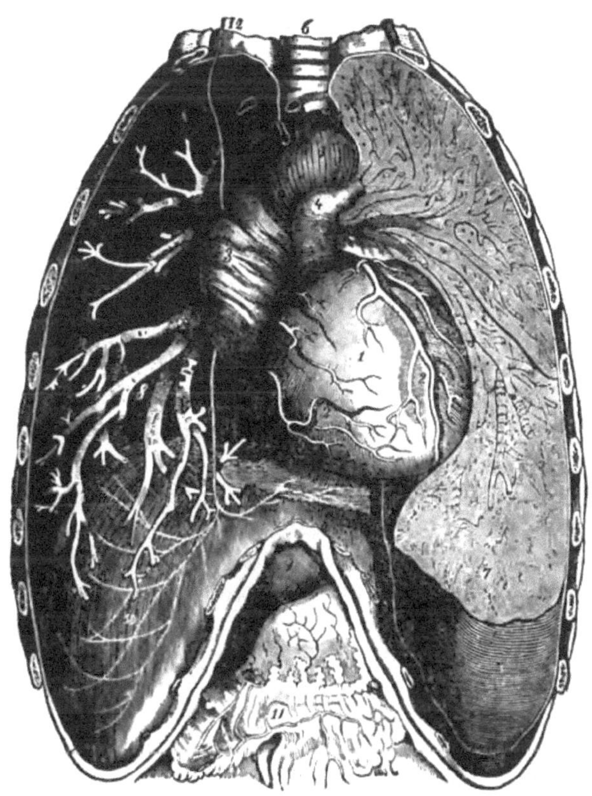

Herz, Lunge, Luftröhren-Äste, Zwerchfell.

1. Linke Herzkammer. 2. Linke und rechte Kranz-Pulsader und -Blutader. 3. Rechter Vorhof, welcher hervorragt, und 4. linker Vorhof, zum Teil bedeckt. 5. Aorta. 6. Luftröhre. 7, 7. Die beiden Lappen der linken Lunge. 8, 8. Die groben Verästelungen der Luftröhre in der rechten Lunge, nachdem die drei Lappen der rechten Lunge und die feinen Verästelungen der Luftwege abgeschnitten worden sind. 9. Leber. 10. Zwerchfell, mit dem Faserverlauf seiner Muskelbündel. 11. Netz (des Bauchfelles), an der unteren oder großen Krümmung des Magens hängend. 12. Der Zwerchfell-Nerv, welcher aus dem Rückenmarke mit dem 3. bis 7. Halsnerven in einzelnen Wurzeln hervorkommt, die sich dann zu einem dünnen Nervenstamme vereinigen. Dieser Nerv regelt die Zusammenziehung des Zwerchfell-Muskels bei den Atembewegungen.

Somit führen wir also nur die Einatmung durch Muskelkraft aus, indem sich das Zwerchfell streckt und die Rippen sich heben; die Ausatmung erfolgt aber ohne unser Zuthun durch die Federkraft der Rippen und die Elastizität der Lunge.

Die Zahl der Atmungen beträgt beim Erwachsenen 16 bis 24 in der Minute, kann aber bis 9 sich verlangsamen oder bis 40 sich erhöhen. Neugeborene atmen etwa 44, Kinder 26, junge Leute 20 Mal. In der Regel kommen vier Pulsschläge auf eine Atmung. Bei jedem ruhigen Atemzug treten etwa 20 bis 30 Kubikzoll Luft ein und aus. Etwa 100 Kubikzoll behalten die Lungen, auch wenn man möglichst ausatmet, immer zurück. In der Regel enthalten dieselben aber etwa 200 Kubikzoll; dazu die eingeatmeten 30 Kubikzoll ergiebt ein Quantum von 230 Kubikzoll Luft, die nach der Einatmung gewöhnlich in den Lungen sind. Durch tiefes Atemholen kann dieses Quantum auf etwa 330 Kubikzoll gesteigert werden. Die Lunge ist also nicht nur Atmungsorgan, sondern auch ein Vorratsraum, ein Reservoir für Luft.

Die Atmung geht in der Regel lautlos vor sich. Wenn bei offenem Munde der weiche Gaumen in lärmende Mitbewegung gerät, entsteht das Schnarchen. Eigentümliche Abänderungen erleidet das Einatmen beim Gähnen, Seufzen, Schluchzen, Keuchen oder Schnüffeln, Saugen und Schlürfen; das Ausatmen beim Husten, Niesen, Hauchen, Schnäuzen, Lachen und Weinen.

Das Gähnen besteht in einer unlustigen, langgezogenen Einatmung, wobei der Mund durch weites Aufreißen nachhelfen muß, und wobei sich oft auch die Gliedmaßen durch Strecken und Dehnen beteiligen. Es stellt sich bei geistiger Abspannung, bei Schläfrigkeit, aber auch vor Eintritt von Ohnmachten und bei Beginn eines Fiebers ein. Daß Gähnen ansteckt, ist eine bekannte Thatsache.

Das Seufzen besteht in einer einmaligen, schwermütigen Einatmung, welcher eine farblose Ausatmung nachschleppt. Trübe Gedanken sind es, durch welche dieses Atemgeräusch hervorgerufen wird.

Das Schluchzen (der Schlucker, Hickup) ist eine krampfhaft unterbrochene Einatmung, bei welcher auch die Stimmritze krampfhaft verengt wird. Tiefes Einatmen ist gewöhnlich imstande, das Schluchzen zu heben. Wo das Schluchzen als Krankheit auftritt, verabreiche man Eispillen.

Das Keuchen oder Schnaufen ist ein schnelles kurzes Einatmen mit schnellem und kurzem Ausatmen. Wer kurzatmig ist oder in großer Eile eine Treppe oder eine Anhöhe hinaufgestiegen ist, kommt außer Atem und muß erst wieder zu Atem kommen oder sich erst „verschnaufen". Es geht ihm wohl gar der Atem aus, er „kann nicht mehr", er bekommt Stiche, die auf das Zwerchfell zu beziehen sind.

Das Schnüffeln besteht in schnell aufeinander folgenden oberflächlichen Einatmungen durch die Nase bei geschlossenem Munde und bezweckt ein möglichst feines Riechen.

Beim Saugen atmen wir die in der Mundhöhle befindliche Luft ein, während wir die Lippen direkt oder durch ein Rohr in Verbindung mit einer Flüssigkeit bringen. Von Schlürfen reden wir, wenn wir neben der Flüssigkeit auch Luft durch die Lippen eintreten lassen; es ist dies die Thätigkeit des Weinprüfers. Auch das Trinken gehört hierher. Beim Trinken nähern wir ein mit Flüssigkeit gefülltes Gefäß unserem Munde, neigen es so weit, daß es auszufließen beginnt, hindern es aber hieran durch unsere Lippen; dann beginnen wir eine Einatmung, verdünnen hierdurch die Luft im Innern der Nasenhöhle und des Mundes, so daß die Flüssigkeit in diese fließt, und müssen nun schnell eine Schluckbewegung machen, damit das Naß nicht in den Kehlkopf (die Sonntagskehle) gerät. —

Der Husten ist eine kurze, tönende, kräftige und stoßweise Ausatmung bei mehr oder weniger verengerter Stimmritze. Wenn eine tiefere Einatmung nicht vorhergeht, entsteht nur das Hüsteln.

Das Niesen ist eine krampfhaft gesteigerte und beschleunigte Ausatmung, gleichsam ein Schuß, welcher durch eine in langsamen Absätzen eingeatmete Luft vorbereitet wurde. Beim Husten und Niesen nehmen auch die Bauchmuskeln kräftigen Anteil.

Das Hauchen ist ein Ausatmen durch die Mundhöhle bei weit geöffneten Lippen.

Das Schnäuzen ist ein kräftiges Ausatmen durch die Nase bei Verschließung des Mundes.

Das Lachen besteht aus einer Reihe von stoßweisen Ausatmungen. Da die Stöße vornehmlich vom Zwerchfell her erfolgen, so spricht man wohl von einer „Erschütterung des Zwerchfells" und diese kann sich bis zum Schmerz steigern, so daß man sich „vor Lachen den Bauch" halten muß, ja sich gar schief oder krank lacht! Doch das Lachen ist eine sehr gesunde Atembewegung.

Das Weinen endlich ist ein tönendes, durch seufzende Einatmungen unterbrochenes, stoßweises Ausatmen mit nachfolgendem tiefem Einatmen. — —

Nach diesem Einblick in die Mechanik des Atmens wenden wir uns zu dem chemischen Teil desselben und stellen die Frage: Was atmen wir ein und aus?

Die Luft, die uns umgiebt, besteht aus zwei Gasen. In 100 Raumteilen der eingeatmeten Luft finden sich etwa 21 Teile Sauerstoff und 79 Teile Stickstoff. Die ausgeatmete Luft hingegen enthält etwa 17 Teile Sauerstoff und 79 Teile Stickstoff, überdies aber noch etwa 4 Teile Kohlensäure. Es sind also, während der Stickstoff unverändert blieb, 4 Teile Sauerstoff verzehrt worden, dafür aber 4 Teile Kohlensäure hinzugetreten; oder: die eingeatmete Luft besteht zu einem Fünftel, die ausgeatmete Luft zu einem Sechstel aus Sauerstoff. Diese Umänderung der Luft läßt sich am besten am Kalkwasser (Lime-water) nachweisen. Dasselbe erhält man leicht, wenn man ungelöschten Kalk mit Regenwasser übergießt, tüchtig umschüttelt, eine Zeitlang stehen läßt und die klare Flüssigkeit abgießt. Bläst man mittels einer Spritze (etwa einer Ohr- oder Klystierspritze) Luft ins Kalkwasser, so bleibt dasselbe klar; bläst man aber durch einen Strohhalm die ausgeatmete Luft mit dem Munde in das Kalkwasser, so trübt sich dasselbe und es setzt sich nach kurzer Zeit ein weißer Niederschlag ab. Derselbe besteht aus der ausgeatmeten Kohlensäure und dem Kalk, es ist kohlensaurer Kalk oder Kreide. — Auch bei jeder Verbrennung entsteht Kohlensäure. Man befestige auf einem schwimmenden Holz- oder Korkstück ein kurzes brennendes Licht und stülpe ein gläsernes großes Einmacheglas darüber. Man wird wahrnehmen, wie das anfangs hell brennende Licht matter und matter wird und endlich erlischt, wird auch bemerken, wie das Glas sich zum Teil mit Wasser füllt. Hebt man nun das Glas heraus und schüttelt man in demselben, nachdem man es schnell verschlossen, etwas Kalkwasser, so trübt sich dieses. Wir lernen hieraus zweierlei: einmal, daß bei der Verbrennung ein Teil der Luft verzehrt wird; zum andern, daß auch bei der Verbrennung Kohlensäure entsteht. Es ist also die Atmung, chemisch angesehen, der Verbrennung gleich zu achten. Wir lernen aber aus diesen Versuchen ferner, daß ein Licht in einem abgeschlossenen Luftraum nur kurze Zeit zu brennen vermag, daß es bald verlischt und erstickt. Gerade so bei der Atmung im abgeschlossenen Raum: der in demselben enthaltene

Sauerstoff wird verzehrt, die ausgeatmete Kohlensäure ist für die Atmung völlig untauglich, es tritt also der Erstickungstod ein. — Unser Körper nimmt also durch die Atmung beständig Sauerstoff ein und giebt Kohlensäure aus. Die Kohlensäure besteht aber, wie die Chemie lehrt, aus Kohlenstoff und Sauerstoff. So dürfen wir also sagen: *der Körper nimmt Sauerstoff ein und giebt Kohlensäure, das ist Kohlenstoff und Sauerstoff, aus.*

Die Luft strömt zunächst in die Luftröhre. Diese fängt etwa in der Mitte des Halses am unteren Rande des Kehlkopfes an, senkt sich vor der Speiseröhre in die Brusthöhle hinab, und teilt sich hier vor dem dritten Brustwirbel, hinter dem Herzen, in einen rechten und linken Luftrohrast. Man nennt diese Verästelung die *Bronchien*. Diese teilen sich in immer feinere Kanälchen, bis sie schließlich in kleinen, bläschenartigen, traubenförmig gruppierten Luft- oder Lungenzellen abschließen, deren Zahl man auf 1800 Millionen geschätzt hat. In ihnen geht der Austausch von Sauerstoff und Kohlenstoff, der *Atmungsprozeß*, vor sich. Nachdem die Bläschen den Sauerstoff von außen bezogen haben, geben sie ihn durch die Poren der sie ausfüllenden dichten, engmaschigen Haargefäßnetze an die roten Blutkörperchen ab und entnehmen diesen die Kohlensäure. Die roten Blutkörperchen führen also dem Gewebe Sauerstoff zu und entnehmen diesem die gebildete Kohlensäure, die sie an die Lungenbläschen abgeben. Das von der rechten Herzkammer her die Haargefäße der Lunge erfüllende *dunkelrote* Blut wird durch diesen Prozeß *hellrot* und strömt darauf durch die vierteilige Lungenblutader der linken Herzhälfte zu, um alsdann den Körper zu durchströmen. —

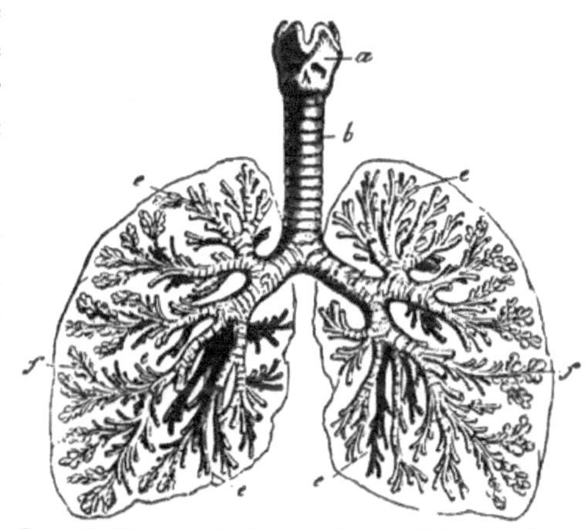

Das Geäste der Luftwege, schematisch dargestellt. a. Kehlkopf. b. Luftröhre. c. Rechter und d. linker Luftröhrenast (Bronchus). e. Verzweigung der Luftröhrenäste innerhalb der Lunge (Bronchien). f. Lungen- oder Luftbläschen.

Noch eine andere Frage drängt sich uns nun auf: Wenn die Menschen und mit ihnen die Tiere Sauerstoff ein- und Kohlensäure ausatmen, muß dann nicht endlich trotz des gewaltigen Luftmeeres, das uns umgiebt, den unzähligen Millionen von atmenden Wesen, Menschen und Tieren, der Lebensodem ausgehen? Wer gebietet dieser Luftverderbnis Einhalt? Wer hält den gefährlichen Feind von unseren Lungen fern? Wer erhält die beständige Gleichmäßigkeit der Luft und unterhält die Lampe des Lebens mit unverminderter Reinheit und Kraft? —

Die Pflanzen thun es, sie sind die Hüter des tierischen Lebens. Die Kohlensäure, die Menschen und Tiere ausatmen, ist ein Gift für unsere Lungen, aber ein Lebenselixier für die Pflanzen! Denn auch diese atmen; aber sie atmen die Kohlensäure ein, behalten die hierin dem Auge verborgene Kohle zurück, die in ihr Fleisch und Blut übergeht, und atmen Sauerstoff aus. Mit andern Worten: Das Tier verzehrt Sauerstoff und haucht Kohlensäure aus, die Pflanze verzehrt Kohlensäure und haucht Sauerstoff aus. So kommt es denn, daß die freie Luft stets und überall, auf den höchsten Gebirgen wie über der Oberfläche des Meeres, und unter dem Äquator wie in den Polarregionen dieselbe Mischung bewahrt. Während die vielen Millionen von Menschen- und Tierlungen den Sauerstoff aufnehmen, sind noch viel mehr Pflanzenlungen, nämlich die Poren der grünen Blätter und Gräser, geschäftig, die Kohlensäure einzuatmen und reinen Sauerstoff zurückgeben. Während wir, im Schatten grüner Bäume gelegen, behaglich die belebende reine Luft trinken, arbeiten zu unsern Häupten unter dem Einfluß des Sonnenlichtes die Atmungswerkzeuge der Bäume und Sträucher an der Erzeugung frischer Lebensluft. — Recht eigentümlich zeigt sich dieser wohlthätige Gegensatz zwischen der pflanzlichen und tierischen Atmung im engen Raum eines Aquariums. Denn würde man Fische allein in einen mit Wasser gefüllten Behälter setzen, so müßten sie bald aus Mangel an Sauerstoff sterben; fügt man aber einige Wasserpflanzen hinzu, so erhält sich das Gleichgewicht, und während letztere grünen und wachsen, erfreuen sich jene lange Zeit eines gesunden Daseins.

Freilich trägt auch die beständige Unruhe der Luft dazu bei, die gleichförmige Mischung zu sichern. Die Kohlensäure, die wir eben aushauchen, ist uns schon ferngerückt; sowie unsere Brust zu einem neuen Atemzuge sich erweitert, und im Freien wird kein Luftteilchen, welches einmal in unsere Lunge drang, je wieder in ihre Zellen strömen.

Viel verderblicher noch als die Kohlensäure erweisen sich in schlecht ventilierten und überfüllten Räumen die ausgeatmeten organischen Verwesungsstoffe, die man ganz passend Atemexkremente genannt hat und von denen weiter unten noch die Rede sein wird.

Krankheiten der Atmungsorgane. Die Atmungsorgane sind einer ganzen Anzahl schwerer Erkrankungen unterworfen. Diese sind in der Regel von Husten, Auswurf, Kurzatmigkeit, Heiserkeit, Drücken oder Stechen in der Brust begleitet. Der Arzt hat in der Auskultation und Perkussion vortreffliche Mittel, diese Krankheiten zu bestimmen (diagnostizieren). Die Lungenentzündung (Pneumonia) und die Brustfellentzündung (Pleurisy) sind in unserem wechselvollen Klima nicht seltene Leiden. Jene beginnt mit heftigem Schüttelfroste, der nach und nach in Hitze übergeht. Dazu gesellen sich allmählich Seitenstechen, Kurzatmigkeit, bräunlicher rostfarbener, auch roter blutiger Auswurf. Der Arzt muß sofort die Behandlung übernehmen. Die Brustfellentzündung, auch Brustwassersucht genannt, bewirkt eine Ausschwitzung zwischen Lunge und Brustwand und verlangt auch die Behandlung durch einen Arzt. Das Atmen ist erschwert, aber der blutige Auswurf fehlt. — Kinder, die nicht durch entsprechende Hautpflege und durch Genuß reiner Luft abgehärtet werden, sind vorwiegend den Hustenkrankheiten unterworfen. Allzugroße Sorgfalt, daß sich die Kinder nicht erkälten, ist ebenso nachteilig, wie Vernachlässigung — beide Extreme wird eine Mutter, die sich mit einer naturgemäßen Pflege des Kindes vertraut macht, zu vermeiden wissen. Eine der gefährlichsten, aber auch seltensten Krankheiten ist die Kehlkopf- oder häutige Bräune, der echte Krupp (Croup), bei dem sich in dem ohnehin sehr engen kindlichen Kehlkopf und Luftröhrenkanal eine Haut absetzt, die der Luft den Eintritt wehrt und Erstickungstod droht. Nebenher geht eine Blutvergiftung. Weit häufiger als die häutige Bräune und ziemlich harmlos ist der Bräunehusten, der falsche oder Pseudokrupp (False Croup). Das Kind, dem man beim Zubettgehen nichts ungewöhnliches angemerkt hat, erschreckt plötzlich seine Umgebung durch ein dem Hundegebell ähnliches Husten. Ein Tassenkopf warmer, schwach gezuckerter Milch reicht gewöhnlich aus, den Husten zu mindern. Am andern Morgen ist in der Regel alles vorbei. — Recht langwierig erweist sich in der Regel der Stick- oder Keuchhusten (Whooping Cough), welcher häufig bei vielen Kindern gleichzeitig auftritt. Er kennzeichnet sich, nachdem ein katarrhalischer Husten voranging, durch das hohl tönende tiefe Einatmen, dem ein mühsames Auswerfen zähen Schleimes, wohl auch der Nahrung, folgt. Von der Behandlung des Keuchhustens kann man mit noch mehr Recht als vom Zahnschmerz mit Jean Paul sagen: Es giebt tausend Mittel dagegen, nur hilft keins. Man muß sich auch hier mit diätischen Mitteln genügen lassen, wenn nicht etwa besondere Zufälle, etwa Blutungen, Gehirnerschütterungen und andere, den Arzt nötig machen. Man verabreiche den Kindern frische Luft, Bäder, leichte aber nahrhafte Kost. —

Zu den furchtbarsten Leiden zählt die Schwindsucht (Consumption).

Sie ist eine viel gefährlichere und mörderischere Krankheit als das gelbe Fieber, die Cholera oder die Pest. Man bedenke, daß in der Altersstufe von 30 Jahren und darunter gut die ganze Hälfte der zivilisierten Gesellschaft durch sie hinweggerafft wird. Wenn eine heulende Windsbraut durch den Wald fährt, so knickt sie manchen Baum und der angerichtete Schaden ist nicht gering. Und doch fürchtet man diesen Schaden nicht so sehr wie denjenigen, den Wurm und Fäulnis anrichten. So knickt auch das gelbe Fieber, oder die Pest, oder die Cholera manches blühende Menschenleben, aber weit, weit verderblicher erweist sich jener Feind, der, wie jener Wurmfraß, fortwährend, aber zu anfang wenig sichtbar, langsam zwar, aber sicher sein Opfer dahinrafft, oft in der Blüte der Jahre. Der Altersschwache sehnt sich nach *der* Ruhe, die hier niemand findet, aber der jugendliche Schwindsüchtige schmiedet bis zum letzten Atemzuge Pläne für die Zukunft; es ist gar zu unnatürlich, daß ein noch so ungebrochener Geist aus einem so ganz gebrochenen Körper scheiden muß.

Die *Erblichkeit* wie auch die *Ansteckungsfähigkeit* der Schwindsucht wird noch immer von manchen Ärzten bestritten. Man will nur zugeben, daß die *Anlage* zur Schwindsucht erblich ist. „Man kann nur zugeben", schreibt Niemeyer, „daß die Kinder schwindsüchtiger Eltern möglicherweise *schwächlich* geboren werden, und aus dieser Schwächlichkeit mag insofern eine *Anlage* zur Schwindsucht folgen, weil der Schwächliche geneigter ist, von den die Schwindsucht erzeugenden Gesundheitswidrigkeiten brustschwach zu werden, als der kräftig Geborene. Man muß aber ein ‚der Anlage zur Schwindsucht verdächtiges' Kind nicht schon mit dem sechsten Jahre an die Schulbank schmieden." Jedenfalls zeigt die Statistik, daß die Schwindsucht weit häufiger *erworben* als *ererbt* wird.

Wir führen eben fast alle mehr oder minder ein *stubenhockerisches Leben in ungesunder Luft*. Man steckt die Kinder in enge, schlecht gelüftete Schulstuben, man achtet nicht darauf, wie sie sitzen, man läßt die Mädchen sich schnüren, läßt sie in vorgebeugter Haltung Tag für Tag an der Nähmaschine arbeiten, man erlaubt ihnen wohl gar das Tanzen in stauberfüllten, überheizten Räumen; den jungen Mann sendet man in stauberfüllte Arbeitsräume oder zwingt ihn an den Schreibtisch — was Wunder, daß bei dieser unnatürlichen Lebensweise sich ganz allmählich die Lungenschwindsucht ausbildet. Das Aussehen verliert seine Frische, der Körper zehrt ab, die Brust fällt ein, ein kurzer, meist trockener Husten stellt sich ein, und der Schwindsuchtskandidat ist fertig. Nun zeigt sich wohl auch Blutauswurf und gelber Auswurf. Aber auch jetzt ist oft noch Hilfe möglich; denn wenn auch die einmal fertige Lungenschwindsucht von Grund aus nicht mehr heilbar ist, so läßt sie sich doch oft zum Stillstand bringen und somit doch in gewissem Sinne heilen. Glücklicherweise ist nämlich ‚die Lunge mit einer solchen Fülle von Atemzellen ausgestattet, daß wenn auch ein Bruchteil davon unthätig ist, der Mensch mit den übrigen doch noch auskommen kann, nur darf er nicht unterlassen, *diese letzteren fleißig und ausdrücklich zu üben*, um sie in gutem Stande zu erhalten. Begiebt sich aber der Lungenkranke unter das Regiment der Muhmenregeln, läßt er sich durch Bett-, Kleider- und Ofenwärme, Entwöhnung von Wasser verzärteln, so büßt er das Vermögen der Selbsterwärmung ein, kommt ins Fiebern mit Nachtschweißen und verfällt aus der Abzehrung in Auszehrung. Darum wirkt eben das Reisen an sogenannte klimatische Kurorte so vorteilhaft auf den Schwindsüchtigen, weil er nun mit Eifer sich der Atemkur widmet, überhaupt streng nach Vorschrift lebt, befreit von der Mißhandlung dreinredender Muhmen mit ihrem „Inachtnehmen". Oft aber werden diese Kurorte aufgesucht, wenn es zu spät ist, wenn der Kranke schon ein Todeskandidat ist. Daher sich auch die Meinung verbreitet hat, die Reise eines Hustenkranken nach dem Süden oder Westen bedeute so viel als seinen letzten Lebensgang. Wie aber, wenn, wie dies doch meistens der Fall ist, dem Kranken zu solcher Reise das Geld fehlt? Nun, zur Not läßt sich eine Atemkur auch daheim ausführen. Und zu einer solchen Atemkur wollen wir allen, auch den Gesunden, die nachfolgenden Regeln geben.

Zunächst wäre die Frage zu erwägen:

Wie soll man atmen?

1. Atme durch die Nase und nicht durch den Mund!

Wie der Mund die Eingangspforte für die Magenkost, so ist die Nase gewissermaßen der Mund für die Lungennahrung. Ihr muscheliges Innere feuchtet und erwärmt die eingesogene Luft, und ihr Haarbesatz hält Unreinigkeiten, namentlich Staub, von weiterem Eindringen ab.

2. Übe dich täglich im Vollatmen!

Der Säugling ist Vollatmer aus Instinkt und zeigt dies namentlich, während er schreit: er schreit nämlich „aus vollem Halse", wirft Kopf und Schultern rückwärts, biegt sich mit dem Rückgrat nach vorn, stemmt sich mit den Füßen gegen die Unterlage, kurz: er atmet so zu sagen mit allen Vieren. Der Erwachsene muß geflissentlich, namentlich wenn sein Beruf ihn zu einer sitzenden Lebensweise zwingt, voll und tief atmen. Beim Sitzen mit vorgebeugtem Oberkörper atmen wir vornehmlich mit dem Zwerchfell, also mit dem untersten Teile der Lunge, wenig nur mit den Rippen, den seitlichen Teilen der Lunge, gar nicht in der Schultergegend, also mit den obersten Teilen oder Spitzen der Lungen. Die zarten Luftröhrästchen, die in die Spitzen auslaufen, sind es daher auch, die zuerst verschleimen und in denen sich zuerst Geschwüre bilden. Durch geflissentliches Tief- oder Vollatmen aber dringt die Luft auch in diese entfernten Röhrchen, um sie zu ventilieren. Die Erhaltung der Gesundheit, besonders die Verhütung von Hustenkrankheit, verlangt daher, daß man ebenso, wie man dem Magen täglich eine Hauptmahlzeit gewährt, auch der Lunge alle vierundzwanzig Stunden wenigstens eine Stunde den Genuß des Vollatmens zukommen läßt. Man erreicht das beim Treppensteigen, noch besser aber im Freien durch Schwimmen, Rudern, Reiten, schnelles anhaltendes Spazierengehen, Schlittschuhlaufen. Doch auch in der Zeit, wo man daheim oder in der Office sitzt, sollte man dann und wann eine Pause machen, um am offenen Fenster einigemale Vollatmen zu üben, und zwar nach folgenden „Rezepten", während erst recht tief eingeatmet und dann der Atem möglichst lange (30 bis 40 bis 60 Sekunden) angehalten wird. Man nehme einen Stock, fasse ihn mit den Händen in Schulterbreite und lege ihn auf den Nacken. Zur Not oder in liegender Haltung genügt's auch, die Hände über dem Hinterhaupt zu halten. Dies ist eine Universalkur: bei konsequenter Durchführung kann man schon nach Wochen eine Zunahme des Brustumfangs in der Achselgrube um 2 bis 3 Zoll feststellen.

Wo Husten vorhanden ist, empfiehlt sich das Einatmen von Wasserdämpfen, wie sie z. B. der engen Tülle des Kessels entströmen. Man kann übrigens mit einigem festen Willen den Hustenreiz oft unterdrücken. Wie wir nicht immer gleich loskratzen, wenn's uns mal irgendwo auf der Haut juckt, so sollten wir auch nicht allemal gleich loshusten, wenn's in der Kehle kitzelt. Im Übrigen ist zur Bekämpfung des Reizes zu empfehlen: Fenchelthee, kalt oder warm, leicht gesüßte Milch, Obst, besonders frische Apfelschnitte oder gekochte Pflaumen, im Winter Schnee und Eiswasser, das man an vielen Orten auch im Sommer haben kann.

Nicht minder wichtig ist nun aber auch die Beantwortung der Frage:

Was soll man atmen?

Daß der Dunstkreis, der für die Städter zum täglichen Brote gehört, nichts weniger als wahre Lebensluft ist, merken wir, wenn wir von längerem Aufenthalte in der unverfälschten Landluft zurückkehren. Die Stadtluft will uns dann gar nicht mehr behagen. Es fehlen eben Bäume, Gräser und Blumen, welche immer neuen, frischen Sauerstoff bereiten. Dazu kommt die ungleichmäßige Temperatur der Straßenluft, die bald stockend und heiß, bald wirbelnd und kalt ist, dazu der Staub, Qualm und Geruch aus Schornsteinen, Fabrikräumen und so fort. Treten wir in ein enges, mit Menschen gefülltes Gemach, so legt sich uns die verdorbene Luft wie ein Alp auf die Brust. Folgen bleiben nicht aus: während der Farmer, der Schreiner, der Maurer ein gebräuntes, rotes Ansehen hat, erkennt man den Stubenhocker wie den kleinen Handwerker, den Schuhmacher, den Schneider, den Clerk an dem blassen, trockenen Aussehen. Daraus ergiebt sich als 1. Regel: Man atme reine, frische, staubfreie Luft! — und damit im Zusammenhang als 2. Regel: Man lüfte die Zimmer Tag und Nacht! Das kindische Vorurteil gegen die Nachtluft sollte jeder denkende Mensch ablegen. Die Nachtluft unterscheidet sich von der Tagluft nur dadurch, daß sie um ein paar Grade kälter und nicht beleuchtet ist. Im übrigen ist sie, weil nicht mit Staub und Dunst verunreinigt, in Städten entschieden gesünder. —

Wir wiederholen es an dieser Stelle noch einmal: wir wollen nicht den Arzt entbehrlich machen, sondern nur sein Mitarbeiter, sonderlich aber sein **Vor**arbeiter sein. Bei einer so schweren Erkrankung, wie die Lungenschwindsucht es ist, kann man den Rat eines erfahrenen und zuverlässigen Arztes, der die Eigenart des Falles feststellen muß, nicht entbehren. —

(Nach Dr. Paul Niemeyer.)

Unser Heim.

„There is no place like home! Home, sweet home!“ singt der Amerikaner; „My house is my castle!“ spricht stolz der Engländer, und unsere Sprache ist im Besitz eines Wortes, das nicht nur den Frieden in der Behausung, die Glückseligkeit zwischen den „eigenen vier Wänden“, sondern auch das Glück in der Familie zugleich betont, es ist die schlichte und vielsagende Bezeichnung: „Häuslichkeit“. Wirklich „gemütlich“ ist's auch dem Deutschen nur zwischen seinen „vier Pfählen“. Ein eigenes, wenn auch noch so bescheidenes Plätzchen, in dem man sich „heimisch“ fühlt und wo man gern nach des Tages Last und Hitze, unbehelligt von Fremden, im Kreise der Seinen weilt, eine Freistätte, aus der uns niemand treiben kann, sollte ein jeder erstreben — und in unserem glücklichen, gottgesegneten Lande Amerika ist dies wahrlich den meisten erreichbar. Es ist eine Freude zu sehen, wie schnell es unsere sparsamen und arbeitslustigen eingewanderten Landsleute zu einem eigenen Heim bringen, in dem der Segen des Familienglücks sich viel besser erzielen, genießen und fördern läßt als in jenen „Zinskasernen“ (Tenement-Houses) unserer großen Städte, die mit ihren zahllosen Wohnungen nur ein nomadenähnliches Miethausleben zulassen, die jede Lockerung der Familienbande befördern und gleichzeitig auch eine Quelle der allmählichen Entsittlichung bilden. An Beweisen für diese betrübende Thatsache fehlt es nicht. Die Hälfte der New Yorker Bevölkerung lebt in 21,000 Tenement-Häusern, und auf diese Hälfte fallen zwei Drittel aller Todesfälle! Fast eine halbe Million Menschen verkümmern in Wohnungen, die kaum ein Sonnenstrahl erreicht! Es kommen in New York auf jedes Wohnhaus fünfzehn, in Philadelphia, welches mit Recht den Beinamen „City of Homes“ führt, auf jedes Wohnhaus nur sechs Personen. Und wie steht's mit der Sterblichkeit in diesen beiden Großstädten? Es sterben in New York von je 1000 Einwohnern jährlich 26, in Philadelphia aber nur 17! Reden diese Zahlen nicht eine sehr deutliche Sprache? —

Unsere Kinder leiden am meisten unter ungünstigen Wohnungsverhältnissen. Bei ihnen erzeugt der Mangel an Luft und Licht jenes Heer von Entwicklungskrankheiten, die nur zu oft die Lebenskraft für immer untergraben.

So ist es denn kein Zweifel, daß der ungeteilte Besitz eines Obdachs ein dringendes Erfordernis ist, und der Leser, der dies mit mir erkennt, wird sich nun auch der Frage zuwenden, die wir zunächst beantworten müssen, nämlich der Frage: „Wo sollen wir unsere Hütten aufschlagen?“ Die Wahl eines Bauplatzes muß freilich oft den herrschenden Umständen gemäß gewählt werden. Am empfehlenswertesten ist immer eine Ecke und zwar am günstigsten die Nordwestecke; denn eine solche gestattet, die Hauptseiten des Hauses nach Süden und Osten zu richten. Man wähle den Platz nicht zu klein, wenn die Mittel es irgend erlauben, und bebaue nicht den freibleibenden Teil mit einem zweiten Häuschen, wodurch man dem eigenen Luft und Licht nimmt. Nur das freistehende, auf allen Seiten von gesunder Luft umwehte Heim ist ein wahres Familienhaus. Die Sparsamkeit ist hier sehr übel angebracht.

Eine unerläßliche Forderung an einen gesunden Bauplatz ist die Trockenheit. Auch nach einem starken Regen sollten sich keine stehende Pfützen bilden. Wo sich also Vertiefungen finden, da muß geebnet und gradiert werden. Hierauf ist besonders in Gegenden zu achten, die dem Wechselfieber ausgesetzt sind. Denn die durch die Sonne allmählich austrocknenden Pfützen gelten mit Recht als Hauptbrutstätten der Malaria. Zuweilen hilft hier das Aufwerfen und Feststampfen von Erde, oft aber muß der ganze Platz durch Gräben drainiert werden. Die Gräben werden mit losen Steinen und Reisig angefüllt und dann erst mit Erde gradiert. Liegt der Bauplatz tiefer als die Straße, so muß er durch Auffüllen erhöht werden. Ist der Boden Thon oder ist er aus andern Gründen feucht, so muß die Grundmauer besonders drainiert werden. Man scheue hier keine Ausgaben, lasse den Drain um die ganze Grundmauer und tiefer als diese herumführen und lasse sich von keinem „Sachverständigen“ von diesen hygienischen Grundgesetzen abspenstig machen. Nur in einem trockenen Hause wohnt man gesund. Eine ängstliche Reinhaltung des Kellers und eine beständige Lüftung desselben ist ein dringendes Erfordernis. Es ist viel nötiger, daß man den Keller rein hält, als daß man von den Parlormöbeln jedes Stäubchen ängstlich entfernt. Man schaffe alle faulenden Gemüse und Obstreste fort. Man führe — und dies ist sehr wichtig — die Schornsteine bis in den Keller hinab und versehe sie hier mit einer Öffnung, damit durch diese die Fäulnisgase entströmen können. Sonst dringen sie durch die Fußböden hinauf bis ins oberste Stockwerk. Denn unsere Wohnhäuser haben wohl möglichst feste und dichte Wände nach außen, auch ein möglichst festes und dichtes Dach; aber nach unten, gegen den Untergrund, gegen die unterirdischen Feinde besitzen sie meistens gar keinen Schutz. Sie gleichen vielmehr einer Käseglocke, welche allen von unten nach oben steigenden Dunst in sich festhält. Auch das „Plästern" des Fußbodens, so empfehlenswert es auch ist, gewährt keineswegs einen Schutz gegen die ausströmende Kellerluft. Man muß eben den Keller selber sauber halten und lüften wie eine Stube.

Wände lassen sich nur dadurch trocken erhalten, daß man sie doppelt macht, daß man also eine Luftschicht in dieselben einschließt. Es ist dies namentlich bei Backsteinhäusern wohl zu beachten. Man kann die Innenwände mit etwa zolldicken Latten versehen und auf diese die kleineren Latten für die Bekleidung nageln (Furring).

Außer auf die Trockenhaltung des Wohnhauses haben wir aber unser Augenmerk auf noch andere Haupterfordernisse des menschlichen Wohlbefindens zu richten, die man die vier Elemente der Wohnung nennen könnte, und diese sind: Luft, Licht, Wärme und Wasser.

„Wo die Luft nicht hinkommt, da kommt der Arzt hin", so lautet ein italienisches Sprichwort, und die Wahrheit, die darin liegt, ist auch für Deutsche beherzigenswert. Sonderegger sagt: „Die eigentlichen sogenannten Gifte sind ehrliche Substanzen, töten schnell, und man kann sich vor ihnen hüten. Die diätetischen Gifte, schlechte Luft und schlechte Nahrung, sind weit furchtbarer, sie entziehen sich dem ungebildeten Auge und ihre Wirkung ist zögernd, grausam und unabwendbar." Und doch — welche Gleichgültigkeit zeigen die meisten Menschen gegen die Atemspeise! Wie selten gebrauchen sie ihre Nase, die sie doch sonst so gern in alles stecken, dazu, die schlechte Luft zu riechen und sie zu meiden! — Ein drastisches Beispiel mag zunächst den verderblichen Einfluß einer unreinen Atemspeise lehren.

Als vor etwa hundert Jahren ein bengalischer Nabob mit den in Calcutta ansässigen Engländern in Streit geriet, ließ er 146 derselben in das Garnisonsgefängnis stecken, welches den Beinamen „das schwarze Loch" trug. Dasselbe maß zwanzig Fuß im Quadrat und hatte nur enge Luftlöcher. Man trieb die Gefangenen mit Schwertern hinein und schloß die Thür hinter ihnen zu. Unbeschreiblich waren die Schrecknisse der nun folgenden Nacht. Die Unglücklichen schrieen laut um Erbarmen, aber man achtete ihrer nicht. Die Verzweiflung der Gefangenen stieg bald bis zum Wahnsinn. Sie warfen einander zu Boden und kämpften um einen Platz an den Fenstern. Sie flehten die Wache an, doch auf sie zu schießen. Sie tobten, sie weinten — doch man verlachte die rasenden Opfer. — Allmählich aber legte sich der Tumult, man hörte nur noch leises Stöhnen, Wimmern und Wehklagen. Der Tag graute, und der Nabob gab nun Befehl, das Gefängnis zu öffnen. Dreiundzwanzig hohlwangige, bis zur Unkenntlichkeit entstellte Männer wankten aus dem Leichenhause — einhundert und dreiundzwanzig Männer waren an schlechter Luft gestorben.

„Nun", tröstet sich der Leser, „so schlimm steht's denn doch nicht unter uns!" Freilich nicht, geehrter Leser, diese Opfer starben an akuter Luftvergiftung, wenige Stunden genügten, ihnen den Lebensatem völlig zu nehmen; mehr Opfer aber unterliegen der chronischen Luftvergiftung, die nach Jahren, aber ebenso sicher wie jene, den Menschen ein Grab gräbt. Schlafen nicht oft vier bis sechs Personen in einem winzigen Raume, etwa in einem Zimmer 12 Fuß lang, 10 Fuß breit, 8 Fuß hoch, also in einem Gemach, das nur 960 Kubikfuß Luft enthält? Und doch sollten diesen vier bis sechs Personen eine Luftmasse von mindestens 2400 bis 3600 Kubikfuß geboten werden! Müde, zerschlagen stehen solche Lufthungerleider von ihrem Lager auf und suchen den Grund sonstwo, nur nicht da, wo er liegt, nämlich in dem Luftmangel. Es ist eine verderbliche Unsitte, die verstecktesten, licht- und luftärmsten Zimmer zu Schlafzimmern zu wählen, die doch die Bestimmung haben, den Menschen viele Stunden hintereinander zu beherbergen.

Liegen die Verhältnisse nun einmal so, daß im Hause ein ausgiebiger Raum für die Bewohner nicht vorhanden ist, so sorge man um so eifriger für Reinhaltung und Erneuerung der Luft. Denn es ist klar, daß ohne durchgreifende Reinlichkeit im Hause alle Ventilationseinrichtungen nutzlos sind. Wenn ich einen Düngerhaufen im Zimmer habe, so thue ich viel gescheidter, diesen zu entfernen, als seine Gerüche durch Ventilation verjagen zu wollen. Besser eingerichtete Häuser haben immer besondere Vorrichtungen zum Ventilieren, so namentlich einen Schornstein mit mehreren Kanälen, von denen nur der eine zur Rauchabführung, die andern aber für Wegleitung der verdorbenen Luft gebraucht werden. Aber auch in den einfachsten Häusern lassen sich fast kostenlos sehr wirksame Ventilationsvorrichtungen anbringen, die wir nachfolgend beschreiben wollen.

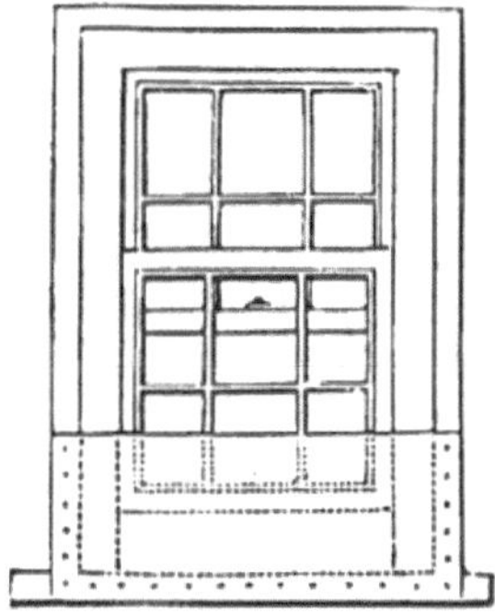

1. Man nagele ein etwa 10 Zoll hohes Stück Zeug unten quer vor das Fenster, wie es die nebenstehende Figur zeigt, und schiebe das untere Fenster nach Bedürfnis mehr oder weniger nach oben. Dadurch erhält man einen aufwärts gerichteten Luftstrom, der keinen Zug verursacht. Man kann das Zeug auch mit Ösen versehen, so daß man diese an die nicht ganz eingeschlagenen Nägel (tacks) hängen kann.

2. Man fertige sich einige Bretter so breit, daß sie sich in die Fensterrahmen einfügen lassen. Die Höhe der Bretter mag von 2 bis 6 Zoll betragen. Man hebe das untere Fenster und stelle eines der Bretter darunter. Wenn man die Bretter in der Mitte durchschneidet und mit einem Charnier (Hinge) versieht, lassen sie sich leichter herausnehmen. Gut ist es auch, eine kleine, etwas überstehende Leiste gegen den oberen Rand zu nageln, um ein Ziehen zu verhindern. Die höheren Bretter wähle man bei hoher, die niedrigen bei geringerer Temperatur der äußeren Luft.

3. Man fertige ein etwa 10 Zoll hohes Brett von der Breite des Fensters, säge zwei runde Löcher von 6 Zoll Durchmesser hinein und nagele darauf zwei Ellbogen aus Eisenblech mit Klappen, wie man sie für Öfen gebraucht. Unsere Figur stellt einen dieser Ellbogen von der Seite dar. Das Ganze fügt man, die Ellbogen nach innen, unter dem untern Fenster ein. Je nachdem man die Klappe mehr oder weniger öffnet, erhält man einen mehr oder weniger starken, nach aufwärts gerichteten Luftstrom, der auch einem am Fenster Sitzenden völlig unmerklich ist. Dieser durchaus praktischer Ventilator eignet sich sonderlich für Krankenzimmer.

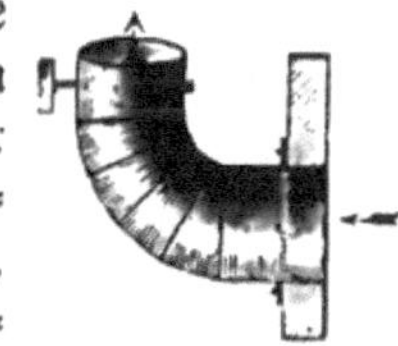

Benjamin Franklin, der, wenn sich auch sonst manches an ihm aussetzen läßt, doch ein Mann von bewundernswertem „common sense“

war, schrieb vor hundert Jahren an einen Wiener Arzt: „Ich schlafe bei offenem Fenster, weil ich das Vorurteil luftscheuer Menschen abgelegt habe und durch Erfahrung zu der Überzeugung gekommen bin, daß die Außenluft auch dann, wenn sie kalt und feucht ist, doch zuträglicher sein muß, als die schon wiederholt eingeatmete und nicht erneuerte Binnenluft." Ein anderes Mal schrieb derselbe Franklin ebenso treffend: „Viele Personen, die unreine Binnenluft eingeatmet haben und sich dann ‚erkälten', schreiben die Schuld der frischen, kühlen Luft zu — und doch haben sie sich ihre sogenannte Erkältung nicht draußen, sondern im engen, dumpfen Zimmer geholt." Wenn Franklin aber ferner glaubt, daß, da die Ärzte bereits (in damaliger Zeit) frische und kühle Luft bei Fieberkranken für heilsam hielten, sie doch in zwei Jahrhunderten allgemein zu der Ansicht gelangen würden, daß sie auch für Gesunde nicht schädlich sei: so hat er sich in manchem Arzte unserer Tage und in vielen Laien ganz gewaltig getäuscht. Noch immer liefert das Heer der Luftscheuen, die sich in ihre engen Wohn- und Schlafzimmer förmlich einsargen, eine imposante Majorität. Man wage es einmal, etwa in der Kirche oder wo sonst viele Menschen beisammen sind, und wenn auch draußen linde Luft weht, ein Fenster zu öffnen! — Flugs stürzen andere hinzu, um es wieder zu schließen, weil's „zieht"! Es entsteht ein wahrer Aufruhr unter der luftscheuen Menschheit! — Heute noch wie vor hundert Jahren stößt der denkende Arzt auf fast unüberwindlichen Widerspruch, wenn er dem armen lufthungrigen Kranken das Fenster öffnen will — der Kranke könnte sich ja „erkälten"! —

Von großer Bedeutung für die Gesundheit der Bewohner eines Hauses ist auch die geeignete Beseitigung aller Abfälle und Auswurfsstoffe. Auf dem Lande, in kleinen Städten und in den abgelegenen Stadtteilen der großen Städte fehlt ein öffentliches Kanalisationssystem (Sewerage), in das man die Aborte und das Spülichtwasser aller Art ableiten kann. Hier muß man also für eine möglichst häufige Abfuhr sorgen. Weit zweckmäßiger als eine tiefe Senkgrube erweist sich hier eine Einrichtung, die es möglich macht, die Auswurfsstoffe von Zeit zu Zeit mit getrockneter und gesiebter lehmhaltiger Erde zu überwerfen und zu entfernen. Ein solches Gemisch bildet einen vortrefflichen Dünger. — Das Spülichtwasser der Küche sollte durchaus nicht, wie das so häufig geschieht, in der Nähe des Hauses verschüttet werden. Es durchtränkt den Boden, fault, verpestet die Luft und sickert wohl gar zum Brunnen. Küchenabfälle darf man auch nicht lange in der Nähe des Hauses belassen. Sie müssen an einem entfernten Orte niedergelegt und mit Erde bedeckt werden. Auch dies Gemenge liefert gute Gartenerde.

In Städten verbindet man Aborte, Badewannen, Ablauf für Spülichtwasser (Sink) mit der öffentlichen Kanalisation (Sewer). Da die Wohnungsräume hierdurch mit den Hauptröhren in Verbindung gesetzt sind, so ist ein geeigneter Wasserabschluß (Trap), der den Fäulnisgasen den Eintritt wehrt, eine unerläßliche Bedingung. Und zwar muß jedes Abflußrohr einen solchen Wasserabschluß haben. Welcher Art der Vorzug gebührt, ist schwer zu sagen, da immer wieder neue und wohl auch verbesserte Vorrichtungen in Vorschlag gebracht werden. Auch wer das Spülichtwasser nicht dem allgemeinen Abfuhrkanal, sondern einer Grube (Cesspool) auf seinem Grundstücke zuführt, muß einen Wasserverschluß anbringen. Unter allen Umständen sind die Abflußröhren so zu legen, daß sie kein Durchsickern der Flüssigkeit zulassen. — Über die Desinfektion der Auswurfsstoffe siehe unter „Hauskrankenpflege". —

Man baue so geräumig wie möglich und spare lieber an der inneren Einrichtung des Hauses, an den Möbeln, Karpets und dergleichen. Man gebe den Zimmern eine Höhe von mindestens neun Fuß, man bringe auch möglichst viele Fenster an und führe diese bis möglichst dicht unter die Decke hinauf. Damit schafft man auch dem zweiten Wohnungselement, dem Licht, genügenden Zutritt. Der Mann, der tagsüber im Freien oder doch in großen, hell erleuchteten Fabrikräumen arbeitet, empfindet den Mangel an Licht im eigenen Hause nicht. Die Frau und die Kinder aber, die Tag für Tag im Hause weilen, verkümmern in den engen, dumpfen Räumen. Das direkte Sonnenlicht ist dem Körper entschieden zuträglich. Es ist nicht ratsam, ein zu dichtes Gehege von Bäumen um das Haus zu ziehen, oder die „Blinds" hartnäckig geschlossen zu halten, nur um die Möbel und Teppiche vor der Sonne zu schützen.

Beim Heizen beherzige man den auch sonst nicht üblen Rat: „Keep cool!" Die Wärme ist allerdings verlockend, aber sie verlockt zu nichts Gutem. Wer ihren Verlockungen folgt, der wird immer mehr und mehr von ihren Netzen umstrickt. Und die Erfahrung lehrt doch, daß gerade diejenigen, die den Ofen suchen, am allerersten frieren, daß ihnen vor anderen die Gänsehaut überläuft. Ihr verwöhnter Körper ist eben nicht mehr imstande, die genügende Eigenwärme zu erzeugen.

Wenn wir genötigt sind, unsere Hand bald in heißes, bald in kaltes Wasser zu tauchen, dann bekommen wir rauhe, aufgesprungene Hände. Ähnlich ergeht es der Haut eines Stubenhockers und Wärmefreundes. Dieselbe wird trocken, spröde, brüchig; sie verliert ihre elastische, feuchtwarme Weichheit. Das wärmende Blut, das, sobald kalte Luft den gesunden Körper trifft, in die bedrohte Haut eilt und uns Wangen und Hände rötet, wird bei dem mit welker, vertrockneter Haut Bekleideten jäh zum Herzen und zu den Lungen gejagt, und ein kalter Schauer durchzieht die Hautnerven.

Welches ist aber der dem Körper zuträgliche Wärmegrad, den wir während des Winters in unseren Wohnzimmern zu erhalten trachten sollten? — Etwa 65 bis 68 Grad F. Um diesen Wärmegrad innezuhalten, bedarf man allerdings eines Thermometers, der ja aber auch in den meisten Haushaltungen zu finden ist. Gewöhnt man sich an 70 Grad, so kommt man auch bald an die 80 und — friert dennoch. —

Doch ein überheiztes Zimmer hat noch einen andern Übelstand. Die ohnehin trockene Winterluft wird durch das Heizen noch wasserarmer. Trockene Luft aber dörrt die Körper aus, namentlich auch unsere Lunge. Wir können indes sehr leicht die Luft feucht erhalten, wenn wir auf unseren Öfen einen beständig nachzufüllenden Wasserbehälter anbringen.

Über die verschiedenen Mittel, künstliche Wärme zu erzeugen, noch ein paar Worte.

Luftheizungsapparate (Furnaces) haben viel Bequemes. Das ganze Haus wird durch einen Ofen erwärmt, der im Keller aufgestellt ist. Aber wer sich in den Besitz eines solchen „Furnace" setzen will, der beachte wohl, — und das gilt auch von jedem andern Ofen — daß derselbe groß genug sein muß, damit es bei kaltem Wetter nicht nötig ist, denselben zu überheizen. Denn die Luft, die eine glühende Ofenplatte passiert, also so zu sagen gebacken wird, hat einen unangenehmen, brenzlichen Geruch und ist der Gesundheit nachteilig. Sodann beachte man wohl, daß die Luft nicht vom Keller, sondern von außen genommen werden muß, da Kellerluft immer mehr oder minder unrein ist. Auch muß die Luft durch geeignete Wasserbehälter beständig feucht erhalten und für eine genügende Ventilation Sorge getragen werden. Spalten im „Furnace" füllen die Luftleitung mit dem giftigen Kohlenoxydgas, das in geringen Mengen

Kopfweh und Unbehagen, in größeren Mengen aber den Tod verursacht. Erst kürzlich berichteten die Zeitungen, daß eine Lehrerin während des Unterrichts mehrere Kinder erst „einnicken", dann aber ohnmächtig von der Bank fallen sah. Nur das schnelle Öffnen der Fenster verhinderte größeres Unglück. Die Ursache war eine verstopfte und nicht dicht schließende Röhre. — Die jetzt überall mehr und mehr in Gebrauch kommenden „Base-burners" sind zwar sehr bequem und auch, wenn für Wasserverdünstung und Ventilation genügend gesorgt wird, der Gesundheit dienlich; sie können aber auch bei mangelhaftem Zug, namentlich wenn die Klappe im Rohr völlig geschlossen ist, zu Unglücksfällen Veranlassung geben.

Die Dampfheizung, vorausgesetzt, daß auch hierbei für Feucht- und Frischerhaltung der Luft gesorgt wird, ist für umfangreiche Gebäude entschieden empfehlenswert.

Die Heizung durch offene Kamine (Grates) ist wohl die gesündeste; nur geben Kamine in kalten Gegenden nicht genügend Wärme und verzehren doch unverhältnismäßig große Mengen von Brennstoff. Für den Reichen sind Kamine ein wirklich vernünftiger Luxus.

Wer die neuerdings in Gebrauch gekommenen Gasolinöfen in geschlossenen Räumen zum Kochen oder gar zum Heizen gebraucht, ohne die überaus schädlichen Verbrennungsgase in den Schornstein abzuleiten, — begeht eine „nuisance".

Das vierte Wohnungselement, das Wasser, verdient nun noch eine eingehende Erwägung. „Wasser ist das halbe Leben", sagt Pindar. Jede größere Stadt hat heutzutage eine Wasserleitung, die das unentbehrliche Element in die Haushaltungen führt. Viele müssen sich aber noch mit Brunnen oder Cisternen behelfen. Es ist viel darüber gestritten worden, ob weiches oder hartes, das heißt, Regen- oder Brunnenwasser am zuträglichsten sei. Vorausgesetzt, daß beide Wasserarten frei sind von schädlichen Verwesungsstoffen, so ist nicht einzusehen, warum man einer von beiden den Vorzug geben sollte. Es scheint vielmehr mäßig hartes Wasser, wie es manche Brunnen liefern, wegen des für den Knochenbau verwendbaren Kalkgehalts, am zweckdienlichsten zu sein. Gewohnheit, die „Amme des Menschen", thut hierbei viel; sehr hartes Wasser verursacht bei solchen, die an Regenwasser gewöhnt sind, sehr häufig Beschwerden. Aber frei von jeden Verwesungsstoffen, das heißt frei von sogenannten organischen Stoffen sollte jedes Wasser sein. Man muß darum bei der Anlage von Cisternen und Brunnen mit Vorsicht verfahren; denn eine der gefährlichsten Krankheiten, der Typhus oder das Nervenfieber, entsteht nachweislich sehr häufig durch den Genuß von schlechtem Wasser, welches dabei doch klar sein kann. Namentlich müssen Brunnen und Aborte in respektvoller Entfernung von einander gehalten werden! Eine sehr fehlerhafte Anordnung stellt die beigegebene Zeichnung dar.

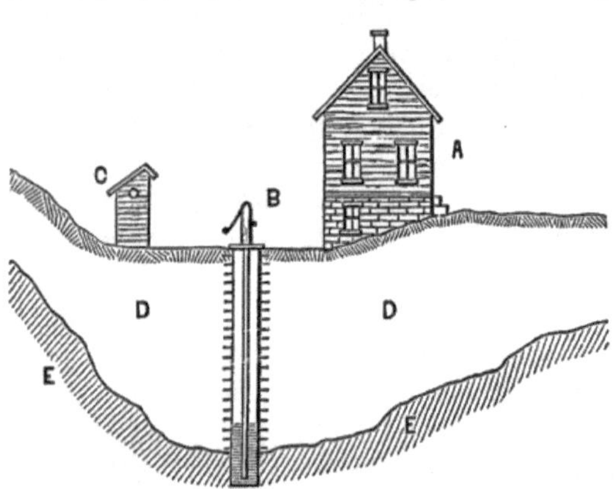

Wohnhaus (A), Brunnen (B) und Abort (C) befinden sich in einer Bodensenkung. Der Brunnen ist durch eine Kiesschicht (D) gegraben und reicht auch noch in die Felsschicht (E). Alles Grundwasser, d. h. das durch den Kies sickernde Regenwasser, wird von E aufgehalten und fließt dem Brunnen zu. Dieses Grundwasser würde, durch den Kies filtriert, von vorzüglicher Güte sein, wenn nicht der Abort in nächster Nähe wäre. Die hier angehäuften Exkremente werden vom Regen aufgeweicht und gelöst und sickern gleichfalls dem Brunnen zu. — Diese Abbildung ist nun nicht etwa ein Phantasiebild, sondern es stellt ein wirkliches Verhältnis dar. In diesem Hause erkrankten im Jahre 1875 fünf Personen am Typhus, und sieben andere Personen der Nachbarschaft, die ihr Trinkwasser dem Brunnen entnahmen, verfielen derselben Krankheit. Die ganze Anlage ist aber auch in doppelter Hinsicht verwerflich. Einmal deshalb, weil der Abort höher steht als der Brunnen, wodurch das die Exkremente lösende Regenwasser dem Brunnen zufließen muß, und fürs andere deshalb, weil derselbe dem Brunnen viel zu nahe steht. Wäre die Lage des Brunnens und des Aborts vertauscht, und wären beide um wenigstens 50 Fuß von einander entfernt, so würde der Brunnen vielleicht weniger Wasser führen, aber dieses würde rein bleiben. Namentlich auf dem Lande herrscht die verwerfliche Sitte, Brunnen und Abort — die doch wirklich nichts miteinander zu thun haben — freundlichst, nachbarlichst neben einander zu stellen. Lagert dann noch in der Nähe des Brunnens ein Misthaufen, dessen Jauche durch den schlecht bedeckten Brunnen dringt, so ist das Unheil fertig. Man hat alle Ursache, so oft ein Typhusfall in einem Hause vorkommt, zu allererst nach dem Wasser sich umzusehen. Woran aber kann man verdorbenes Wasser erkennen?

Zuverlässige Mittel zur Prüfung des Wassers kennt freilich nur der Chemiker, aber ein jeder kann wenigstens erfahren, ob das Wasser, welches er trinkt, nicht verdächtig ist. Man untersuche das Trinkwasser nach folgenden Gesichtspunkten:

1. Reines Trinkwasser muß ganz farblos und klar sein. Um darauf zu prüfen, füllt man ein weißes, glattes Trinkglas mit dem Wasser, stellt dieses auf ein weißes Papier und sieht von oben durch jenes. Dabei darf man keine Färbung bemerken.

2. Reines Trinkwasser muß ganz geruchlos sein. Man erwärme das zu prüfende Wasser bis auf etwa 125 Grad F. Zeigt sich ein besonderer Geruch, so ist das Wasser höchst wahrscheinlich unrein, jedenfalls bedenklich für den Gebrauch. Oder man fülle eine Flasche teilweise mit dem Wasser, verkorke sie, lasse sie einige Zeit an einem warmen Orte stehen und schüttele dann das Wasser heftig. Auch hier darf beim Öffnen sich keinerlei Geruch zeigen.

3. Reines Trinkwasser muß ganz ohne Geschmack sein.

4. Reines Trinkwasser darf keine von Pflanzen- oder Tierstoffen herrührenden Verunreinigungen enthalten. Man dampft eine größere Menge, etwa 1 bis 2 Quart, durch allmähliches Zugießen nach und nach in einem irdenen Gefäße ein und erhitzt ganz zuletzt, wenn alles Wasser wirklich verdampft ist, das Gefäß mit dem Rückstande des abgedampften Wassers noch weiter. Entsteht dabei eine deutliche bräunliche, braune oder gar schwarze Färbung auf dem Gefäßboden, so ist das Wasser verdächtig. Oder man werfe ein Stück weißen Zucker oder einen Löffel voll granulierten Zucker in das Wasser, das man in eine Flasche gefüllt hat, und stelle die verkorkte Flasche beiseite. Ist das Wasser unrein, so wird es in kurzer Zeit trüb.

Was ist aber zu thun, wenn man zeitweilig genötigt ist, schlechtes oder doch verdächtiges Wasser zu trinken? — Man koche das Wasser, kühle es ab und trinke es. Durch die Siedehitze werden alle organischen Keime zerstört. Oder man filtriere das Wasser. Es sind eine große Anzahl von Filtern im Handel — gute und schlechte. Das nachstehend beschriebene Filter thut die besten Dienste und kann von jedermann in kurzer Zeit mit den geringsten Kosten hergestellt werden. Man nehme einen großen thönernen Blumentopf und lege ein reines Stück Flannel hinein, um das Loch zu bedecken. Darauf häufe man drei Zoll hoch groben Kies, darüber ebenfalls drei Zoll hoch klaren gewaschenen Sand, darüber endlich vier Zoll hoch kleine Stückchen Holzkohle. Über das Ganze kann man auch noch einen großen Badeschwamm legen, den man aber mindestens allwöchentlich reinigen muß. Das aufgegossene Wasser träufelt durch die untere Öffnung rein ab.

Wir können nun wohl unsern Rundgang durch ein mustergültiges Wohnhaus schließen. Die Ausführung eines Baues im Einzelnen wollten wir hier nicht besprechen, sondern nur zeigen, welche Anforderungen die Gesundheitslehre an ein Haus stellt. Man sehe also dem Baumeister auf die Finger, daß er auch diesen Grundsätzen gemäß baue; denn es bleibt wahr:

Wilt richtig baun, so thut Dir not,
Daß Du oft sehest nach dem Lot.

Und auch der altdeutsche Spruch verdient Beachtung:

Wilt bauen, so bau wohl besonnen,
Mit Vorbedacht sei all's begonnen.

Das Schulhaus.

Nicht jedes Stück Land, welches uns gerade in den Wurf kommt, ist für ein Schulhaus geeignet. Namentlich nicht immer das Stück, welches ein „großmütiger" Yankee zur Aufbesserung seiner benachbarten Bauplätze „schenken" will. Man hat hier in Amerika alle Ursache, einem geschenkten Gaul ins Maul zu sehen. Billigkeit ist freilich kein Hindernis beim Ankauf eines Stück Landes, aber nur, wenn alle die Hauptbedingungen, die an dasselbe zu stellen sind, erfüllt sind. Diese Hauptbedingungen aber sind: Genügende Größe, Trockenheit und Reichtum an gutem Trinkwasser.

Was die Größe angeht, so ruft freilich der Geldbeutel oft ein gebieterisches Halt! und gerade da, wo die Jugend auch außer der Schulzeit ihrem gesunden Hang zum Bummeln und Balgen nicht Raum geben kann, nämlich in volkreichen Städten, wo man das Land, welches man kaufen will, mit „Greenbacks" belegen muß. Das ist zu bedauern, läßt sich aber nicht ändern. In kleinen Städten aber und sonderlich auf dem Lande sollte ein Bauplatz mindestens einen Acker messen.

Trocken muß das Land sein, das heißt, es sollten sich auf demselben auch nach schwerem, anhaltendem Regen keine stehenden Pfützen bilden. Gut ist es darum, wenn das Land nach irgend einer Seite hin etwas Fall hat. In fiebrigen Gegenden muß diesem Umstand besonders Rechnung getragen werden; man muß hier das Schulland und das Schulhaus mit aller Sorgfalt drainieren. Ein Gradieren und Bekiesen des Platzes ist überall anzuraten.

Wichtig ist es auch, daß der Bauplatz hinreichendes gesundes Trinkwasser liefert. Kinder trinken, namentlich in den Sommermonaten, wenn sie sich fleißig tummeln, viel Wasser, und dasselbe sollte ihnen nie vorenthalten, noch sollte ihnen gesundheitsschädliches Wasser geliefert werden.

Die Lage des Schulhauses bedarf gleichfalls der besonderen Beachtung, weil die Richtung, in der das Sonnenlicht und die vorherrschenden Winde das Gebäude treffen, von Bedeutung ist. Das Licht sollte seitlich und etwas von vorn kommen, weil dann weder Kopf, noch Hand, noch Stift einen hindernden Schatten auf das Papier werfen. Verkehrt ist es, das Licht von vorn oder von hinten in das Zimmer strömen zu lassen. Im ersten Falle trifft dasselbe die Augen der Schüler, blendet und schädigt; im andern Falle verursacht es einen störenden Schatten und blendet das Auge des Lehrers. Es ist auch verkehrt, das Licht seitlich und von hinten in das Zimmer gelangen zu lassen, wie das leider häufig der Fall ist. Man begnüge sich mit dem seitlichen Licht und ersetze durch große und dichtgestellte Fenster den Verlust der von hinten einströmenden Lichtmasse. In Deutschland verbietet auch die Regierung jede andere Einrichtung.

Nach welchen Himmelsgegenden hin aber sollen die Fenster gerichtet werden? — Nicht nach Osten; denn dann strömt während des Morgens nahezu horizontales Sonnenlicht in das Zimmer. Auch nicht nach Westen; denn dann fallen während des Nachmittags die heißen Sonnenstrahlen sengend ein. Sondern: entweder nach Norden — das wäre, da dann während der Schulzeit gar kein Sonnenlicht die Fenster trifft, für die Augen das Angenehmste; oder nach Süden — das wäre, weil dies die Sonnenseite ist, für das Allgemeinbefinden besser. Man beachte wohl: nicht die Südseite ist die heiße Seite; denn die Südseite wird nie von horizontalen, tief in das Zimmer eindringenden Sonnenstrahlen getroffen.

Nimmt man aber das Licht nur von einer Seite her, was freilich in großen Schulgebäuden mit mehr als vier Klassenzimmern sich nicht wohl umgehen läßt, so stellt sich ein Übelstand ein, der für unser Klima beachtenswert ist, nämlich der Mangel an genügendem Durchzug, der die enorme Hitze unserer Sommermonate lindert. Darum ist es das beste, *die Längsseite des Schulhauses von Ost nach West und die Fenster nach Süd und Nord zu richten.* Man nimmt dadurch freilich den Nachteil in den Kauf, daß das Licht von zwei Seiten kommt. Wenn man aber erwägt, daß die Nordseite kein direktes Sonnenlicht liefert, so daß man für dieselbe auch keine Rouleaux braucht — was doch auch von Wert — so erscheint der Nachteil gering gegen den entschiedenen Vorteil, den der Durchzug bietet. Ein solches Zimmer wird weder des Morgens noch des Nachmittags von den sengenden Strahlen durchstrichen, und nur des Nachmittags fällt etwas Sonnenlicht schräg, unter großem Winkel ins Zimmer und trifft nur die der Südseite nahe Sitzenden. Um diese Südsonne abzuhalten, bedarf man nicht einmal der vollen Rouleaux, sondern thut besser, halbe Rouleaux zu benutzen, die an zwei an den Fensterrahmen von oben nach unten gespannten Schnüren sich nach Bedürfnis stellen lassen — eine Einrichtung, die schon deshalb vorzüglich ist, weil man dann mit dem Licht nicht auch zugleich die Luft gänzlich abschneidet. Blendend ist jedes Licht, welches von unten her das Auge trifft, darum sollte das Fenstersims etwa vier Fuß über dem Boden stehen. Man lasse aber dafür *die Fenster so hoch wie möglich, bis dicht unter die Decke hinaufführen.* Dadurch wird namentlich die Decke beleuchtet, welche dann ein sehr angenehmes, sanftes Licht auf die Schüler wirft.

Unbestritten ist die *längliche Rechtecksform* die passendste für ein Schulzimmer. Befindet sich das Pult des Lehrers in der Mitte der kürzeren Ost- oder Westseite, so ist ihm die Übersicht erleichtert und seine Stimme wird, von den genäherten Seitenwänden zurückgeworfen, am leichtesten den Raum erfüllen. Die Thüren — eine für Mädchen und eine für Knaben — müssen dem Pult entgegen, also in der Rückwand angebracht sein. Jeder Ein- und Austretende wird vom Lehrer gesehen. Wer möchte denn auch den Kindern Gelegenheit geben, hinter dem Rücken des gestrengen Herrn Präzeptors Allotria zu treiben, auf die dieser erst durch die heiteren Gesichter der vor ihm sitzenden Kinder aufmerksam gemacht wird! —

Es ist aus verschiedenen Gründen nicht rätlich, den Eingang in das Zimmer direkt von außen anzulegen. Die Kinder würden ja dann „mit der Thür ins Haus fallen". Es müßten dann auch die oft durchnäßten und darum übelduftenden Überkleider und Überschuhe im Schulzimmer selbst aufgehängt werden, und der Schmutz der Straße würde direkt ins Zimmer übertragen. Ein Korridor erscheint darum also auch im einfachsten Schulhause geboten.

Welche Dimensionen müßte man einem Zimmer geben, das beispielsweise 80 Schülern genügenden Sitz- und Luftraum gewähren soll? — Ein Zimmer, 28 Fuß breit, 38 Fuß lang, 13 oder 14 Fuß hoch, würde ausreichend sein. Man kann in demselben vier Reihen zwei-

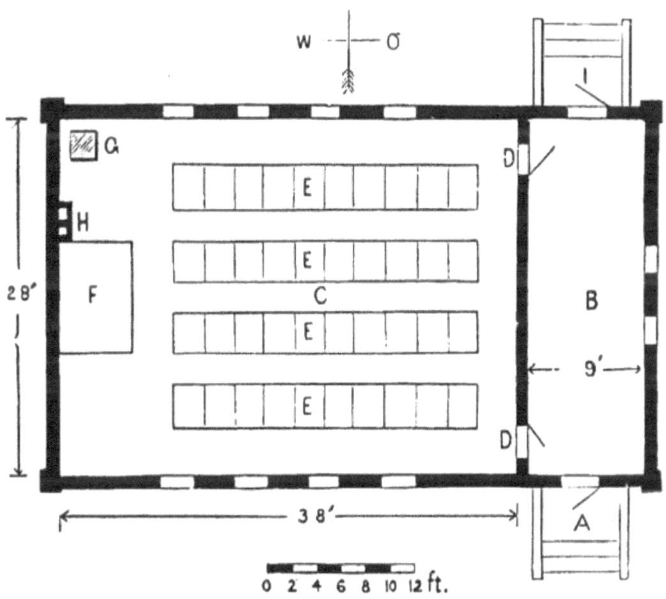

Grundplan eines einklassigen Schulhauses.

A. Fronttreppe. B. Korridor. C. Schulzimmer. D. Eingangsthüren. E. Vier Reihen Bänke. F. Plattform des Lehrers. G. Ofen. H. Schornstein und Ventilator. I. Hoftreppe.

sitziger Bänke aufstellen. Eine Bank ist etwa 40 Zoll lang, vier Bänke also 13 Fuß 4 Zoll. Man könnte aber auch den mittleren Gang, der die Geschlechter trennt, 3 Fuß breit machen. Auch könnte man jedem Gang eine Breite von 2 1/2 Fuß geben. Jede Bank hat eine Tiefe von 2 1/2 Fuß, 10 hintereinander stehende Bänke also 25 Fuß; des Lehrers Plattform messe 8 Fuß bei 6 Fuß und sei 8 Zoll hoch. Läßt man von hier bis zur ersten Bankreihe eine Distanz von 3 Fuß, so bleiben für den hinteren Quergang noch 5 Fuß.

Zur Not ließen sich wohl auch 100 Schüler in einem solchen Zimmer unterbringen, wozu aber nicht zu raten ist. Man müßte dann fünf Reihen Bänke stellen und je die beiden äußeren zusammenschieben.

Die Höhe von 12 bis 14 Fuß sollte durchaus innegehalten werden. — Die Wandtafel, die an der Wand hinter dem Lehrer angebracht werden muß, beginne 2 Fuß 4 Zoll über dem Boden und reiche bis etwa 7 Fuß hinauf.

Der Ofen gehört in die Nordostecke. Käme es bloß darauf an, dem Zimmer ein genügendes Wärmequantum (70° F., nie mehr!) zuzuführen, so wäre irgend ein Ofen am Platze. Aber es gilt zugleich den Kampf gegen die sogenannte Schulluft — die gefährliche Quelle frühen Siechtums für Kinder. Diese oft besprochene Ventilation wird noch immer nicht genügend verstanden, wiewohl man doch endlich überall zugesteht, daß dieselbe nötig ist. Man meint genug gethan zu haben, wenn man irgendwo in der Wand eine Öffnung anbringt. Eine Ventilationsvorrichtung, die aber wirklich zweckentsprechend sein soll, muß für zweierlei sorgen: für die Zufuhr frischer Luft und die Abfuhr der gebrauchten Luft. Nun sind freilich in erster Reihe die Fenster ganz vorzügliche Ventilatoren, sie sind, wie Miß Nithingale schreibt, dazu da, geöffnet zu werden. Wir lassen darum dieselben hoch hinaufführen, lassen sie von Rollen tragen (Boxed Windows) und können sie dann leicht nach unten schieben. Im Sommer lassen wir die Fenster beständig offen, im Winter wenigstens während jeder Freizeit. Wer dies auch nur einen Tag lang unterläßt, zeigt eine gröbliche Rücksichtslosigkeit gegen das Wohl der ihm anvertrauten Kinder. Aber es giebt Zeiten, da man die Fenster nicht wohl öffnen kann, ohne die Schüler einem erkältenden Luftstrom auszusetzen. Es ist dies namentlich während des Winters der Fall, zu einer Zeit also, wo auch — eine Folge der Binnenluft — ansteckende Krankheiten unter den Kindern herrschen und in den überfüllten, ungelüfteten Schulen übertragen werden. Hier muß die künstliche Ventilation helfend eintreten. Und daß dieselbe mit sehr geringen Mitteln herzustellen ist, soll dem Leser in folgendem gezeigt werden.

Wir kommen zunächst auf den Ofen zurück. Derselbe sollte so konstruiert sein, daß er das Zimmer nicht nur mit warmer, sondern auch mit frischer Luft versieht. Von den Öfen, wie man sie in der Regel gebraucht, steigt ein Strom erwärmter und darum leichter Luft aufwärts, verbreitet sich durchs Zimmer, kühlt sich allmählich ab, senkt sich, kehrt zum Ofen zurück und wird, von neuem erwärmt, von neuem seinen Kreislauf durch das Zimmer antreten. Es geht hier der Luft wie den vom reichlichen Sonntagsmahle übriggebliebenen Speisen am Montag, dem Waschtag — sie wird aufgewärmt. Solche immer und immer wieder aufgewärmte Luft kann natürlich nicht dienlich sein. Sie füllt sich ja allmählich mit Kohlensäure und den Verwesungsstoffen, die unsere Lunge ausscheidet. Man verfolge den Gang der Luft, wie ihn Figur 1

Figur 1.
Unventiliertes Zimmer.

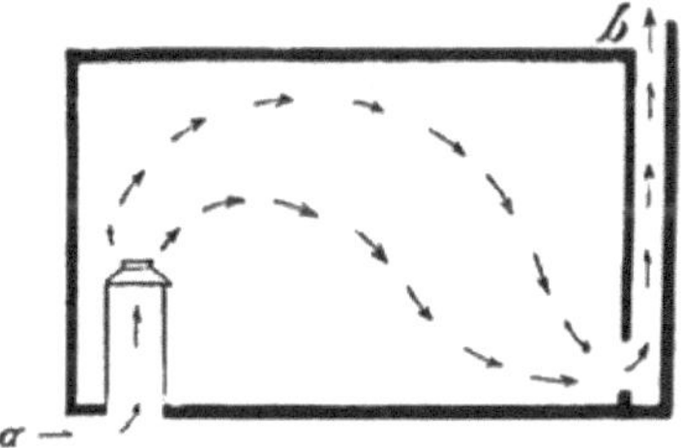

Figur 2.
Ventiliertes Zimmer.

giebt. Die Sachlage wird aber sofort geändert, wenn wir 1) dem Ofen frische Luft zuführen und 2) die verbrauchte Luft durch einen Kanal abführen. Schon Benjamin Franklin machte dahinzielende Vorschläge. Er führte unter dem Fußboden von außen her einen Kanal, der sich unter dem Ofen öffnete. Der hier aufsteigende, zwar kalte, aber frische Luftstrom wird vom Ofen erwärmt, in die Höhe geführt, verteilt sich durch das Zimmer, senkt sich infolge der Abkühlung und strömt durch eine Öffnung, das heißt durch einen über das Dach hinaufgeführten Kanal ins Freie. Man beachte Figur 2. Es leuchtet ein, daß hierdurch alles erreicht wird, was man in Rücksicht auf Ventilation nur wünschen kann. Jeder Ofen läßt sich hierzu herrichten. Man kann einen gewöhnlichen Holzofen (Box-stove) von einem Eisenblechmantel umschließen, durch dessen obere Öffnungen die erwärmte Luft hervorströmt.

Unter dem Ofen befindet sich eine Öffnung, die man nach Bedürfnis schließen und öffnen kann, und die unter der Diele fort nach außen führt, wo sie durch ein grobes Drahtsieb geschlossen ist.

Aber solche Öfen sind auch käuflich. Sie werden von verschiedenen Firmen verfertigt und in verschiedener Größe konstruiert; sie sind freilich teurer als die ordinären Öfen; sie verzehren auch etwas mehr Feuermaterial, da sie keine vorgewärmte, sondern frische Luft zur Cirkulation bringen — aber dieser Umstand darf gar nicht in Betracht kommen.

Eine andere Frage wartet nun der Beantwortung, die Frage nämlich: Wo bringen wir den Ventilator an? — Am besten für die Erwärmung wäre es wohl, wenn man den Ventilator dem Ofen entgegengesetzt anbrächte. Ein solcher Ventilator führt aber kalte, schwere Luft. Diese hätte eine Tendenz ins Zimmer zu strömen, und damit wäre also der Zweck verfehlt. In großen Gebäuden pflegt man darum die Ventilationsröhren extra zu heizen, um in ihnen einen aufwärts gerichteten Luftstrom zu erzeugen, welcher die Stubenluft aufsaugt und nach oben führt. Für unsere einfachen Verhältnisse wäre dies nicht wohl thunlich; darum ist es das beste, den Ventilator neben den Schornstein anzulegen, damit die darin enthaltene Luft auch erwärmt wird und aufwärts strömt. Um jede Reibung zu vermeiden, muß derselbe glatt ausgekleidet und ziemlich geräumig, etwa 12 bei 24 Zoll angelegt werden. Man thut gut, oben und unten sogenannte „Registers“ von möglichster Größe anzubringen. Den unteren halte man immer, den oberen aber nur dann offen, wenn man schnell ein größeres Quantum Luft ausströmen lassen will. Durch das obere Register verliert man selbstverständlich viel Wärme. Neuerdings baut man die Schornsteine sehr geräumig und läßt in ihnen das aus starkem Eisenblech gefertigte Ofenrohr aufsteigen. Der eigentliche Schornstein ist also ohne Rauch, hat aber erwärmte Luft, die schnell aufsteigt. Jede Öffnung vom Schornstein ins Zimmer saugt große Quantitäten der Binnenluft auf. Es ist dies eine sehr empfehlenswerte Einrichtung.

Nicht das grelle Weiß, sondern ein Hellgrau ist der beste Anstrich für die Wände. Die Decke könnte vielleicht weiß angestrichen werden. —

Endlich wäre noch ein Gegenstand zu berühren, der etwas delikat ist: die Einrichtung des Abortes. Trennung der Geschlechter nicht bloß, sondern auch Trennung der Einzelnen ist hier eine ganz unerläßliche Bedingung, um die natürliche Schamhaftigkeit, die Kinder besitzen, nicht zu ertöten. Skrupulöse Reinlichkeit ist geboten, und dieselbe wird nur aufrecht erhalten werden können, wenn der Lehrer wiederholt, ja täglich auch diesem Orte seinen Besuch macht. Der erfahrene Leser weiß das, er weiß auch, daß aus andern Gründen der Abort seine Aufmerksamkeit verlangt. —

Will man zwei Schulzimmer errichten, so wird man wohl, um dem Gebäude die Symmetrie nicht zu nehmen, dasselbe zweistöckig bauen müssen. Um störendes Geräusch zu vermeiden, fülle man die Decke mit Lohe oder Morter. Für vier Schulzimmer baue man an die Ostseite an.

Fassen wir einmal vor dem Ausgang einer Schule Posto und lassen wir die Kinderschar vor unseren prüfenden Blicken defilieren. Wir richten dabei unser Augenmerk auf die Haltung der Kinder, wie sie daherschreiten oder auch plaudernd in Gruppen bei einander stehen. Wir achten sonderlich darauf, ob denn, wie es einem gesunden Kinde zukommt, der Gang straff und gerade ist, ob die Schultern nach hinten gezogen sind, der Kopf hoch zurückgeworfen ist. Wir werden leider nur zu oft das Gegenteil sehen: wie gehen doch Knaben und Mädchen schlendernd einher ohne festen, elastischen Tritt, die Schultern nach vorn gekrümmt, die Brust eingesunken, den Kopf gleichgültig hängen lassend, den Rücken wie ein Taschenmesser gebogen! Von denen, die plaudernd zusammenstehen, hält sich auch fast kein Kind, wie sich's gebührt: sie stützen sich wohl gar nur auf einen Fuß und biegen die Hüfte weit aus. — In der Schule, auf den Schulbänken wird die Haltung nicht besser gewesen sein, wenn der Lehrer, wie das leider häufig der Fall ist, seine Aufmerksamkeit so gar wenig der leiblichen Ausbildung der ihm anvertrauten Kinder zuwendet. Und in den Häusern geschieht häufig auch zu wenig, und wenn die Mutter auf das gekrümmte Rückgrat oder die hohe Schulter ihres Lieblings aufmerksam gemacht wird, dem sie doch sonst nichts entgehen läßt, dann heißt es: „Das ist nicht meine Schuld! ich rede den halben Tag in das Mädchen hinein, daß sie sich gerade halten soll, aber hört sie denn?" — Eine sehr bezeichnende Einrede, die aber eher ein Zugeständnis denn eine Entschuldigung ist. Ehe man nämlich von einem Kinde verlangt, daß es sich gerade halte, muß man ihm doch billigerweise sagen, wie es das anzufangen hat, darf ihm nicht durch unrichtige Kleidung, falsche Sitzvorrichtung, ermüdende Arbeit Anlaß geben, sich unrichtig zu halten. Da sitzen die Kinder an einem Tisch, das eine auf einem zu niedrigen, das andere auf einem zu hohen Stuhle, das eine hat's Licht von der linken, das andere von der rechten Seite; alle halten sie die Tafel schief vor sich, die rechte Schulter biegen sie hoch hinauf, das Rückgrat entsprechend herüber, den linken Arm lassen sie herabhängen, den Kopf neigen sie nach links; bei Mädchen bemerkt man, daß sie nur halb sitzen, die Röcke so ungleich verteilt, daß die eine Hälfte der Sitzfläche wie auf einem Kissen ruht, die andere tief liegt, also auch die eine Hüfte höher als die andere steht. Andere ziehen es vor, am Tische zu stehen, aber nicht auf beiden Beinen gleichmäßig, sondern auf dem linken allein, während das rechte gegen ersteres gestemmt wird, daher wieder: hohe linke Hüfte. Woher endlich soll den Kindern draußen stramme Haltung und strammes Auftreten kommen, wenn ihnen der Brustkorb in eine oben viel zu enge Taille gezwängt wird, und ihnen Absätze unter die Sohlen gegeben werden, die sich wohl zu Pfeifenstopfern, nicht aber zu Sockeln eines lebenden Körpers eignen?! —

Ein großes Unrecht begehen diejenigen Eltern, die ihre Kinder allzufrüh an die Schulbank schmieden. Es sind dies dieselben Eltern, die ebenso, wie sie ihre kleinen Kinder, die ihnen im Hause lästig sind, nicht schnell genug dem Herrn Schullehrer überliefern können, auch es gar zu eilig haben, die Kinder wieder aus der Schule zu nehmen, wenn es gilt die Kinder selber etwas verdienen zu lassen. Solche thörichte Eltern zwingen die Gemeinden, das Alter zu fixieren, vor dem kein Kind in die Schule aufgenommen werden kann, und auch den für die Konfirmation geeigneten Zeitpunkt zu bestimmen. Möchten nur die Gemeinden beide Termine möglichst weit hinausschieben! Vor dem siebenten Jahr ist weder das Gehirn vollständig entwickelt, noch ist auch das Rückgrat knöchern genug, dem beim anhaltenden Sitzen auf ihm lastenden Druck Widerstand zu leisten. Gerade darum wird es dem Kinde so schwer still zu sitzen, und darum die so oft gehörte Aufforderung der Eltern: „So sitz doch endlich einmal still!" Die Kinder empfinden das Stillsitzen gar nicht als eine Wohlthat, es ist ihnen vielmehr eine Arbeit, während wir Erwachsene uns freuen, wenn wir, behaglich zurückgelehnt, auf dem Sitze uns ausruhen können. Mit der bloßen Aufforderung, still zu sitzen, ist es offenbar auch nicht gethan. Die Eltern müssen vorerst dafür sorgen, daß die Kinder überhaupt still sitzen *können*. Und dazu gehört vor allen Dingen im Hause ein geeigneter *Stuhl*, in der Schule eine geeignete *Bank*. Will man die Kinder vor dem Schiefwuchs bewahren, so gebe man ihnen einen Stuhl, der folgende Bedingungen erfüllt: *Die Füße sind so hoch wie die lebenden Beine, die Sitzfläche so tief wie der Oberschenkel, die Lehne ist ausgebogen.* Hat man diese Bedingungen erfüllt, so präge man namentlich den Mädchen ein, daß man sich nicht mit dem halben, linken oder rechten, Gesäß von der Seite auf den Stuhl schiebt, sondern erst gerade davor tritt und nun mit allen „vier Buchstaben" Platz nimmt, bis die Kniekehle die Vorderkante berührt. Die Tischfläche darf nur die halbe Brustfläche erreichen, der Stuhl muß teilweise bis unter den Tisch geschoben werden, die Arme müssen gleichmäßig aufliegen, Tafel, Schreibheft gerade und voll vors Gesicht gehalten werden. Bei zu hohem Tisch müssen die Arme gehoben werden; die Kinder gebrauchen den rechten Arm und lassen dann den linken herabhängen, rücken die rechte Hüfte heraus und wenden den Kopf nach links. Wird diese Haltung zur Gewohnheit, so ist die hohe Schulter und der schiefe Wuchs fertig.

Doch auch die Schulbank sollte nach dem obigen Rezept gebaut sein. Zum mindesten ein Drittel ihrer Jugendzeit verbringen die Kinder in der Schule und in Sitzhaltung verharrend — da leuchtet's doch wohl ein, daß die Schulbank nun auch ein gesundes Sitzen ermöglichen sollte. Dieselbe ermöglicht aber ein solches nur, wenn sie die folgenden Bedingungen erfüllt: Die Höhe der Sitzplatte muß sich nach der Größe der Schüler richten und immer so sein, daß der Sitzende gerade mit der vollen Sohle ohne Erhöhung der Kniee, den Boden berührt. Die Tischplatte sei um einen Zoll höher als die Ellbogenspitze und steige mäßig an. Der Tischplattenrand muß um ein bis zwei Zoll die Sitzplatte überragen. Die Lehne wie auch die Sitzplatte schmiege sich den Körperkrümmungen an.

Die amerikanischen Schulbänke erfüllen in der Regel diese Bedingungen. Muß eine Gemeinde, der Ersparnis halber, zur Selbstanfertigung schreiten, so nehme sie sich ja nicht die langen, früher in Deutschland üblichen Subsellien zum Muster, auf denen man sich kreuz- und lendenlahm saß, sondern richte die Bänke für je zwei Schüler ein und halte sich an die beigegebene Abbildung einer Musterschulbank, dann nur kann der Lehrer auch dafür sorgen, daß seine Schüler so tadellos sitzen, wie hier dargestellt ist.

Schlimm ist es, daß ein Kind, bei dem eine schiefe Haltung Gewohnheit geworden ist, nun in dieser Haltung sich am natürlichsten fühlt, ja, sie geradezu für die richtige hält, weil es sich in derselben am behaglichsten befindet. Richtet man ein solches Kind gerade, so hält es sich, dem Gefühle nach für krumm und klagt: „Ich kann das nicht aushalten!“ Es ist immerhin von Vorteil, wenn man das Kind durch den Augenschein davon überzeugt, daß es sich wirklich krumm hält. Man stelle es mit entkleidetem Oberkörper so zwischen zwei Spiegel, daß es durch den vorderen im hinteren Spiegel, ohne sich danach drehen zu müssen, seinen Rücken sehen kann. Hiermit ist schon viel gewonnen, aber man kann noch mehr thun — wenn nicht bereits Verwachsung der Rückenwirbel eingetreten ist.

Ein vorzügliches Mittel, wenn man nur früh genug dazu greift, ist das einseitige Vollatmen. Ist die Einziehung auf der rechten Seite, so wird mit der linken Hand die gesunde Brusthälfte gewissermaßen arretiert, die rechte, kranke, aber dadurch freier gemacht, daß der rechte Arm über den Kopf gelegt wird; atmet das Kind nun recht tief ein, so bläht es so zu sagen seinen rechten Brustkorb von innen her auf. Bei linkseitiger Einziehung verfährt man gerade umgekehrt. Vater und Mutter müssen es sich allerdings zum Gesetz machen, jeden Morgen und Abend das Kind selbst vorzunehmen, im Freien oder, wenn dies unthunlich, an offenem Fenster oder in der gelüfteten Stube. Schon nach acht Tagen wird man erhebliche Fortschritte bemerken.

Auch das Rumpfbeugen und Rumpfstrecken und das Rumpfkreisen bei festgestellten und straff gestreckt bleibenden Beinen erweisen sich als ganz vorzüglich. —

Sprachen wir bisher von dem durch schräge Haltung erzeugten schiefen Wuchs, so gilt es nun auch der nicht weniger häufigen krummen, das heißt nach vorn gebeugten Haltung des Oberkörpers zu gedenken. Dieselbe erzeugt den krummen Rücken und zugleich die flache Brust. Dieser Fehler stellt das erste Stadium dessen dar, was man den „schwindsüchtigen Habitus“ nennt. Um dies Verhältnis klar zu stellen, fügen wir zwei Figuren bei. Die eine zeigt uns den Querschnitt durch den normal entwickelten Schultergürtel. Die Rippenknorpel (a, a) sind gestreckt, die Rippen (b, b) schön gerundet, die Schlüsselbeine gerade, die Brust selbst darum auch gewölbt und breit. Ein ganz anderes Bild zeigt uns die andere Figur. Die Rippenknorpel (a, a) sind verkümmert, die Rippen (b, b) eckig gebogen, die Schlüsselbeine (c, c) gekrümmt, die Brust selbst darum flach, die Schultern hoch und eng.

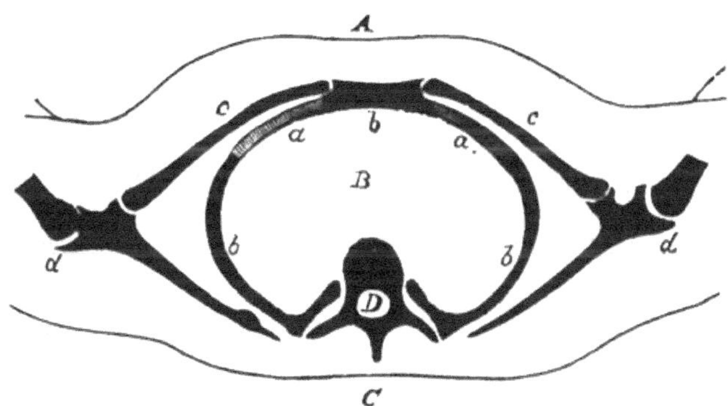

Querschnitt eines normal entwickelten Schultergürtels.
A. Vordere Brustwand. B. Oberer Rippenring. C. Rückenfläche. D. Brustwirbel. a, a. Die ersten Rippenknorpel. b, b. Die ersten Rippen und b. (zwischen a, a.) das Brustbein. c, c. Die Schlüsselbeine. d, d. Die Schultergelenke.

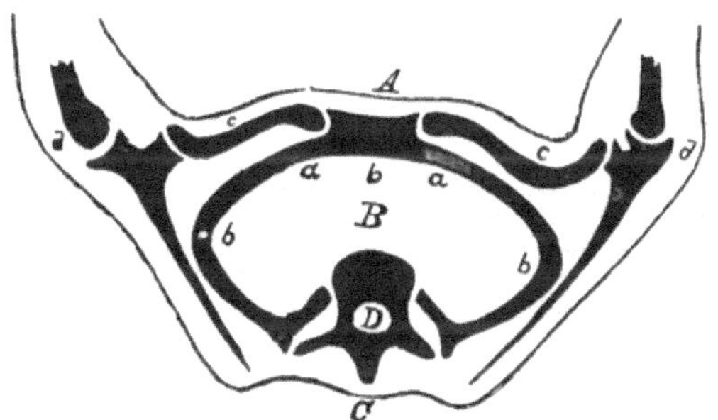

Querschnitt eines schwindsüchtigen Schultergürtels. — Erklärung wie oben.

Bei Knaben entwickelt sich leichter und schneller Schmalbrüstigkeit, weil sie mehr und anhaltender in gebückterer Stellung arbeiten müssen, wobei man immer noch nach der Praxis verfährt, Schwächlinge für einen sitzenden Beruf zu bestimmen!

Sehr wohl kann man indes der Engbrüstigkeit entgegen arbeiten, sei sie nun angeboren oder erworben. Ein spezifisches Mittel dagegen ist das schon wiederholt empfohlene geflissentliche V o l l a t m e n. Hierzu mögen H a n t e l ü b u n g e n treten oder Exerzitien mit den sogenannten A r m - s t ä r k e r n (Arm-strongs). Es sind dies starke, elastische Gummistränge mit Griffen an jedem Ende, welche, zwischen die ausgestreckten Arme gefaßt, ausgedehnt, nachgelassen und über den Rücken gestreckt werden.

Ertrinken. Wie schützt man sich vor dem Ertrinken? Die Antwort auf diese Frage scheint leicht genug: Durch Schwimmen! Und diese Antwort ist auch richtig; das Schwimmen, das jedermann lernen sollte, schon weil es den Wert des Bades für die Gesunderhaltung des Körpers wesentlich erhöht, behütet am allerbesten vor der Gefahr des Ertrinkens. Aber das künstliche, durch geeignete gegen das Wasser geführte Stöße ermöglichte Schwimmen ist eben nicht jedermanns Sache. Viel leichter zu erlernen ist das natürliche Schwimmen. Der menschliche Körper ist nämlich etwas leichter als das Wasser und schwimmt darum auch, wenn man demselben nur die richtige Lage im Wasser giebt. Diese bekommt der Körper, wenn man den Mund nach oben richtet, die Lunge durch tiefes Einatmen und kurzes Ausatmen möglichst voll Luft pumpt und die Arme nicht aus dem Wasser hebt. Welchen Einfluß namentlich der letztere Umstand auf das Schwimmen hat, kann uns ein ganz einfacher Versuch lehren, ein Versuch, den jeder Vater oder jede Mutter den Kindern zeigen kann und der diesen eine ganz wichtige Lehre fester einprägen wird als eine lange Auseinandersetzung dies zu thun vermöchte. Wir haben für unseren Versuch nur eine gewöhnliche vierseitige Flasche, zwei Nägel und eine Schnur oder ein Gummiband nötig — Dinge, die sich in jedem Haushalte finden. Wir füllen zunächst die Flasche so weit mit Wasser, daß sie mit den nach unten gerichteten Nägeln eben schwimmt, wie es Figur 1 zeigt.

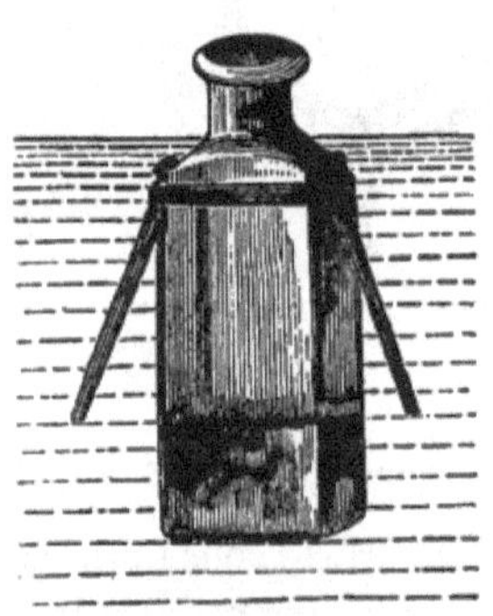

Figur 1.

Figur 2.

Richten wir dann die Nägel nach oben, so wird die Flasche sofort sinken oder umschlagen und sich mit Wasser füllen (Figur 2). Dem aufmerksam beobachtenden Kinde wird durch diesen Versuch die „Moral von der Geschichte“ sofort klar werden. Denn gerade wie die mit nach unten gerichteten Nägeln stabil schwimmende Flasche verhält sich der Mensch, der die Arme senkt — und gerade wie die mit nach oben gerichteten Nägeln sinkende Flasche verhält sich der Mensch, den die Todesangst zum Emporstrecken der hilfesuchenden Arme treibt. Recht deutlich illustriert wird diese Erfahrung durch den Ertrinkenden, der noch ein- oder zweimal auftaucht, der aber immer wieder, da die Hände zuerst emporkommen, in das tötende Element hinabsinkt. Wenn dann auch beim Versuch um Hilfe zu schreien oder zu atmen das Wasser die Lunge füllt, deren Luft in Blasen emporsteigt, so wird der Körper in der

That schwerer als das umgebende Wasser, derselbe kommt nicht mehr empor und erst die sich in ihm entwickelnden Fäulnisgase bringen ihn nach einigen Tagen wieder an die Oberfläche.

Welches ist aber die vorteilhafteste Lage im Wasser, die ein natürliches Schwimmen ermöglicht? Es ist offenbar eine solche, bei der nur ein Minimum des Körpers aus dem Wasser emporragt. Diese Lage erhält der Körper, wenn beide Arme nach hinten über den Kopf hin ausgestreckt werden wie es unsere Figur 3 zeigt. Legt

Figur 3.

man die Arme nach unten, so nimmt der Körper eine mehr aufrechte Stellung an. Will man in dieser Stellung den Mund außer Wasser halten, so muß der Kopf stark nach hinten gebogen werden, was auf die Dauer nicht gut thunlich ist. Doch weiß jeder Schwimmer, daß man in dieser Richtung durch ganz leichte Bewegungen der Hände und Füße den Kopf über Wasser halten kann.

Wie es bei einem Erhängten die erste Regel ist, denselben abzuschneiden und nicht erst allarmierend zum Nachbar oder gar zur Polizei zu laufen, so gilt es auch einen Ertrunkenen vorerst aus dem wässerigen Element zu ziehen und nicht den Kopf zu verlieren und händeringend und jammernd dem Unfall zuzuschauen. Ist kein Schwimmer in der Nähe, der Hilfe bringen kann, so greife man nach einem Ruder, einem Ast, einem Strick und halte diese dem Ertrinkenden hin, der gewöhnlich noch ein- oder zweimal in die Höhe kommt, ehe er erstickt, und der, wie das Sprichwort sagt, nach jedem Strohhalm greift. Wenn aber nichts dergleichen zur Hand ist, so ziehe man rasch den Rock aus, fasse ihn am Ende des einen Ärmels und werfe den andern Ärmel oder den Rockschoß dem Ertrinkenden zu, um nur erst mit ihm eine Verbindung herzustellen.

Ist jemand auf schwachem Eise eingebrochen und kann sich nicht herausarbeiten, weil das nur schwache Eis immer wieder abbricht, dann ist bekanntlich eine lange Leiter, ein Brett oder eine lange Stange, die man dem Verunglückten hinschiebt, das beste Mittel, um ihm zu helfen. Sehr zweckmäßig ist es auch, wenn der Ertrinkende weit entfernt ist, einen an einem langen Strick befestigten Stein dem Verunglückten hinzurollen.

Der Tod im Wasser erfolgt am häufigsten durch Erstickung. Der Ertrunkene zeigt in diesem Falle ein blaurotes, aufgedunsenes Gesicht, blaurote Lippen und blutunterlaufene Augen. Mitunter tritt aber auch eine hier sehr wohlthätige Ohnmacht ein, wobei sich die Stimmritze krampfhaft schließt und den Eintritt des Wassers in die Lungen verhindert. Das Gesicht des Ertrunkenen ist schlaff und blaß und die Aussicht, das Leben zu retten, weit größer als im ersten Falle. Jedenfalls muß jeder Ertrunkene, auch wenn er eine volle Stunde im Wasser gelegen, als scheintot angesehen werden, und es gilt, die Wiederbelebungsversuche mit Ruhe, Umsicht und Ausdauer durchzuführen. Um dem Gedächtnis möglichst zu helfen, soll das einzuschlagende Verfahren in einzelne Regeln gefaßt werden.

1. Man schicke gleich und zuerst nach einem Arzt, nach Decken und trockener Kleidung.

2. Man beginne sofort mit den Wiederbelebungsversuchen an Ort und Stelle des Unglücks (außer bei großer Kälte).

Figur 4. Künstliche Atmung. Stellung 1.

3. Man lege den Ertrunkenen zunächst auf den Bauch, den einen Arm unter den Kopf, den Kopf etwas tiefer als den Körper. Die im Munde angesammelten Flüssigkeiten werden ausfließen. — Man stelle den Ertrunkenen nicht auf den Kopf, hebe ihn nicht bei den Beinen in die Höhe, rolle ihn nicht auf einem Faß!

4. Man wende den Körper wieder auf den Rücken, öffne den Mund, reinige ihn und die Nase mit dem Taschentuch von Schlamm, ziehe die Zunge hervor und halte sie mit dem Taschentuch oder durch ein über Zungenspitze und Kinn gelegtes Band nach vorne. Man entferne die Hals und Brust beengenden Kleidungsstücke.

5. Man reibe Brust und Gesicht, schlage die Brust kräftig mit einem nassen Tuch. Erfolgen aber hierdurch keine Atembewegungen, so halte man sich ja nicht lange damit auf, sondern schreite

6. zur künstlichen Atmung. Man lege den Scheintoten flach auf den Rücken, Kopf und Schultern etwas erhöht durch ein zusammengefaltetes Kleidungs-

stück. Man stelle sich hinter denselben, ergreife beide Arme oberhalb der Ellbogen, erhebe sie sanft und gleichmäßig bis über den Kopf und halte sie hier zwei Sekunden fest. Dadurch wird der Brustkorb ausgedehnt und Luft in die Lungen gezogen (Figur 4). Dann führe man die Arme auf demselben Wege zurück und drücke sie sanft, aber zwei Sekunden lang gegen die Seiten des Brustkorbes. Dadurch wird die Luft wieder aus den Lungen gepreßt (Figur 5). Sind zwei Personen zur Stelle, so ergreife jede einen Arm und mache auf Kommando eins, zwei, drei, vier gleichzeitig dieselben Bewegungen.

Diese Bewegungen werden so lange vorsichtig und beharrlich wiederholt, bis man bemerkt, daß der Scheintote zu atmen beginnt. Eine Änderung in der Gesichtsfarbe kündigt in der Regel das Leben an. Ist die natürliche Atmung eingetreten, so stellt man die Bewegungen sofort ein und sorgt für den Blutkreislauf und die Herstellung der Körperwärme.

Figur 5. Künstliche Atmung. Stellung 2.

7. Man hülle den Körper in trockene Decken und reibe die Glieder kräftig von unten nach oben unter der Decke oder über warmen Kleidungsstücken. Man bringe den Verunglückten, wenn thunlich, in ein warmes Bett, bedecke ihn mit warmen Tüchern, lege erwärmte Steine auf die Magengrube, in die Achselhöhlen, zwischen die Schenkel und an die Fußsohlen.

8. Wenn endlich der Verunglückte zu schlucken vermag, so flöße man ihm warme Flüssigkeiten theelöffelweise ein, warmes Wasser, Thee, Kaffee, Whiskey, Wein, aber nicht in zu großer Quantität. —

Dies ist das von erfahrenen Ärzten empfohlene Verfahren. Es kann nur noch der dringende Wunsch ausgesprochen werden, daß jeder, dem die Erziehung der Kinder obliegt, diesen auch gelegentlich einmal die obigen Handgriffe zeigt. Denn in der Schule oder in der Familie müssen den heranwachsenden Kindern diese Dinge beigebracht werden.

Erstickungen. Erstickungen kommen meist durch Einatmung giftiger Luftarten zustande. So namentlich durch Einatmung von Kohlendunst nach völligem Verschluß der Ofenklappen, von Leuchtgas, welches aus offen gelassenen oder schadhaften Röhren strömte, von Kloaken- oder Grubengas, welches sich in Senkgruben, Abzugskanälen oder alten Brunnen ansammelte, und von Kohlensäure, welche sich in überfüllten Räumen oder in Kellern entwickelt, in denen gährende Flüssigkeiten lagern. Wo immer solche schädlichen Gase sich anhäufen, wird das Atemholen gehemmt, der Puls stockt, das Bewußtsein schwindet, Ohnmacht, Krämpfe treten ein, denen oft schnell der Tod folgt. Hier gilt es vor allen Dingen, den Bewußtlosen an die frische Luft zu schaffen. Doch muß der Helfer hier mit Vorsicht zu Werke gehen. Ein mit Kohlendunst oder Leuchtgas angefülltes Zimmer muß vorerst gelüftet werden, indem man, wenn thunlich, von außen die Fenster öffnet oder einstößt und die Thüren auf- und zuschlägt. Kann man nicht von außen her in das Zimmer gelangen, so binde man sich ein in Wasser (oder Essigwasser, halb und halb) getauchtes Tuch vor Nase und Mund, schöpfe vor der Thür noch einmal tief Atem, springe in das Zimmer, öffne ein Fenster oder stoße es ein, stecke den Kopf hinaus und schöpfe wieder Atem, springe zum nächsten Fenster und fahre so fort, bis das giftige Gas sich verzogen hat. — Ist das Zimmer mit Leuchtgas gefüllt, so gebrauche man ja kein Licht! —

Liegt ein Bewußtloser in einer Grube oder in einem Brunnen, so sende man sofort nach Leitern und Seilen und suche die giftigen Gase herauszuschaffen. Man werfe brennendes Stroh oder Papier hinab (beuge sich aber dabei nicht über die Öffnung, da zuweilen eine Lohe aufsteigt), lasse einen aufgespannten Regenschirm wiederholt hinab und ziehe ihn schnell wieder empor, schütte viel Wasser, sonderlich Kalkwasser hinunter. Wer hinabsteigen will, binde sich ein Seil um Brust und Schultern, nehme in die eine Hand eine Signalleine, und binde sich ein in Kalk- oder Essigwasser getauchtes Tuch vor Nase und Mund. Das Seil wird oben stets gespannt gehalten, die Leine sorgfältig überwacht. Sollte der Hinabsteigende plötzlich ohnmächtig werden, so wird die Leine dies fühlen lassen — man muß dann den Hinabgestiegenen sofort wieder heraufziehen. — Ist aber der Retter glücklich unten angekommen, so suche er den Bewußtlosen schnell zu fassen und gebe dann das Signal zum Aufziehen beider. Sobald der Erstickte an die frische Luft gebracht ist, beginne man die Wiederbelebungsversuche mit der oben geschilderten künstlichen Atmung und gebrauche auch die dort angegebenen Reizmittel. —

Erhängte und Erwürgte sind sofort von dem den Hals einschnürenden Stricke oder Bande zu befreien, wobei man aber den Erhängten nicht zur Erde fallen lassen darf. Darauf verfahre man wie mit einem Erstickten.

Bei drohender Erstickung durch verschluckte große Bissen wird der Erstickende blaurot im Gesicht, die Augen treten vor, er stößt unartikulierte Laute aus, greift mit den Händen um sich oder an den Hals und stürzt bewußtlos zusammen. Oft kann man, ehe es zum Äußersten kommt, durch einen kräftigen Schlag auf den Rücken zwischen die Schulterblätter den Gegenstand hinaustreiben. Gelingt dies aber nicht, so fahre man dreist und rasch mit Zeigefinger und Daumen der rechten Hand über die Zunge tief in den Mund ein und suche den Bissen zu fassen und herauszuziehen. Gelingt auch dies nicht, so drücke man Brust und Bauch des Erstickenden gegen einen Tisch oder einen andern festen Gegenstand und führe mit der Faust einige kurze, kräftige Schläge gegen den Rücken zwischen die Schulterblätter. Immer aber schicke man gleich zum Arzt und lasse ihn wissen, um was es sich handelt.

Brustkrampf oder **Asthma**. Hiermit bezeichnet man einen meist plötzlich auftretenden Anfall von Atemnot, wobei der Patient mit eingebeugtem Körper und zurückgebeugtem Kopfe ängstlich keuchend und pfeifend nach Luft schnappt. Dasselbe kann sehr verschiedene, nur von einem Arzt zu bestimmende Ursachen haben. Man löse alle beengenden Kleider des Patienten, spritze kaltes Wasser gegen Brust und Rücken, kitzele den Rachen, um Brechreizung zu erregen, gebe warme Hand- und Fußbäder und öffne die Fenster. Starker schwarzer Kaffee, auch kleine Stücke Eis erweisen sich mitunter als wohltätig. — Bei Kindern rühren asthmatische Anfälle am häufigsten von einer krampfhaften Verengerung der Stimmritze her. Man redet dann von Ausbleiben oder Steckenbleiben des Atems. Man verfahre auch hier wie oben angegeben und suche das Kind zu beruhigen. Auch das Pochen und Reiben des Rückens, das Bürsten der Handteller und Fußsohlen erweist sich als wirksam. Bei manchen Kindern stellt sich dies Steckenbleiben des Atems sehr leicht nach einer Bestrafung oder auch nach Gemütserregung ein.

Das **Heufieber** (Hay Fever, Hay Asthma) ist eine eigentümliche, in der Regel alljährlich in der Spätsommerzeit wiederkehrende katarrhalische Erkrankung, die sich durch Kurzatmigkeit, Niesen und Entzündung der Augen und Schleimhäute der Nase kennzeichnet. Sie ist sonderlich in den Vereinigten Staaten und in England häufig. Mit Heilmitteln scheint die Krankheit nicht zu heben zu sein; nur der Aufenthalt an Plätzen, wo das Heufieber noch nicht aufgetreten ist, bringt Heilung.

Seitenstechen. Anhaltendes Seitenstechen hat wohl manchmal seinen Sitz in den Brustmuskeln, ist aber meist ein Begleiter der Brustfell- oder Lungenentzündung. Man lege ein Senfpflaster auf die schmerzende Stelle, bringe den Patienten zu Bett und lasse ihn Wasser trinken. Auch das Abreiben der schmerzenden Stelle mit rauhem Handtuch wirkt oft lindernd. Stellt sich beim Laufen Seitenstechen ein, so beachte man diesen Wink der überarbeiteten Lungen und verschnaufe.

VI. Der Kehlkopf.

Selbst das menschliche Auge, wenn auch kein Tierauge ihm gleichkommt an Klarheit und Ausdruck, ist doch nicht die höchste der leiblichen Gaben, die Gott dem Letztling der Schöpfung zu Teil werden ließ. Denn dafür kann allein die Sprache anerkannt werden. Ist doch auch der Taubstumme weit beklagenswerter als der Blinde. Die artikulierte Sprache ist auch ein Alleingut des Menschen. Die Tiere haben nur eine Stimme, und es mag sein, daß sie sich mittels derselben bis zu einem gewissen Grade verständigen können; aber sprechen kann nur der Mensch, weil nur er denkt, weil er allein ein Gehirn besitzt, das, hoch entwickelt, Gedanken bilden kann, die zum Sprechen unbedingtes Erfordernis sind. Diese wunderbare Gabe wirkt immer überwältigend, mag sie im stammelnden Schmeicheltone des Kindes oder im erhabenen Donner des Redners sich kundgeben, folge das Wort leisen Schrittes dem Zuge der Betrachtung oder richte es sich auf zum melodischen Tanze des Gesanges. Und welcher Reichtum an Vorstellungen und darum auch Wörtern steht uns zu Gebote! Die deutsche Sprache zählt 40,000, von denen allerdings der gewöhnliche Mann nicht mehr als 2000 gebraucht. Dem großen Dichter Shakespeare standen 15,000 Wörter zur Verfügung; hervorragende Parlamentsredner brauchen deren etwa 10,000; in den besten Zeitungen finden sich etwa 6000 Wörter, und der gewöhnliche amerikanische Arbeiter bedarf zu seinen Mitteilungen nicht mehr als 2000 Wörter. —

Das eigentliche Sprechorgan ist der Kehlkopf. Lunge, Gaumen, Zunge, Lippen, Zähne und Nasenhöhle nehmen allerdings auch Anteil an der Bildung des Wortes. Welche Rolle sie hierbei spielen, wird uns wohl am klarsten werden, wenn wir unser Stimmorgan mit einem musikalischen Instrumente vergleichen. Der tonbildende Körper ist der Kehlkopf mit seinen elastischen Stimmbändern. Der Blasebalg, welcher den Luftstrom erzeugt, ist die Lunge; das Anblaserohr, welches denselben gegen das tönende Instrument führt, die Luftröhre. Gaumen, Zunge, Lippen, Zähne und Nasenhöhle endlich bilden das Ansatzrohr und artikulieren und modulieren den Ton.

Der *Kehlkopf*, dieses Handwerkszeug aller derer, die dem Lehrstand angehören, ist ein knorpeliges Gerüst, das namentlich bei mageren Menschen vorn am Hals etwas hervorspringt. Man bezeichnet ihn wohl auch als den *Adamsapfel*. Derselbe bildet den Kopf der von der Lunge herkommenden Luftröhre. Unsere erste Abbildung zeigt ihn uns, wie er von vorn erscheint. Über demselben (auf unserer Abbildung nicht dargestellt) befindet sich der lange, eigentümlich geschwungene Kehlkopfdeckel. Dieser federt und stellt sich für gewöhnlich auf, so daß die Atmung ununterbrochen vor sich gehen kann. Nur beim Schlucken drückt der hinabgleitende Bissen den Deckel zu und senkt sich in die hinter

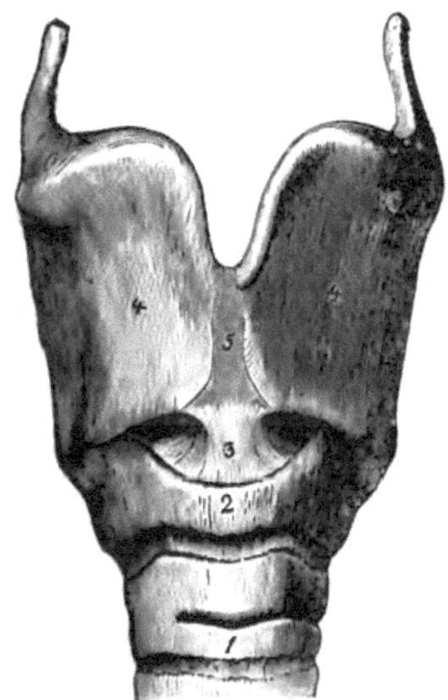

Figur 1. **Der Kehlkopf,** von vorn gesehen, nach Abtrennung der Muskeln, Blutgefäße ꝛc. Natürliche Größe. — 1. Oberster Knorpelring der Luftröhre. 2. Ringknorpel (unterstes Stück des Kehlkopfes). 3. Elastisches Band zwischen diesem und 4, 4., dem Schildknorpel (größtes Stück des Kehlkopfes). 5. Kleine Mittelplatte vorn am Schildknorpel.

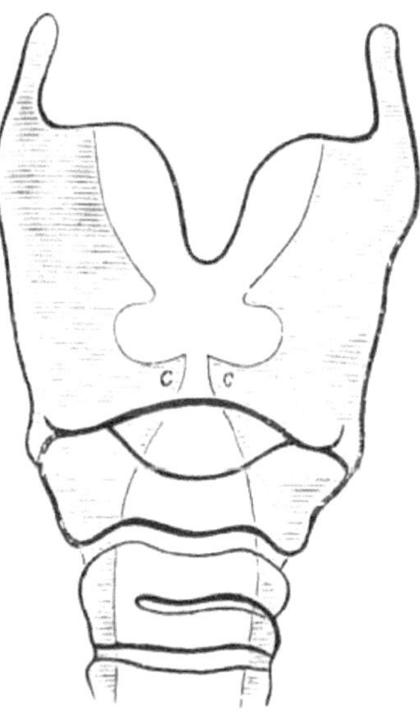

Figur 2. **Der Kehlkopf,** von vorn gezeichnet, als ob er durchsichtig wäre, so daß man die Weichteile im Durchschnitt sieht. — c, c. Die Stimmbänder.

der Luftröhre liegende, beständig offene Speiseröhre.*) Bleibt uns also ein Bissen im oberen Halse stecken, so bleibt auch der Kehldeckel geschlossen, und es müssen wegen des gehinderten Lufteintritts Erstickungsfälle eintreten.

Im Kehlkopf befinden sich die elastischen Stimmbänder. Über ihre Lage und Gestalt giebt uns unsere zweite Abbildung Auskunft. Man erblickt zwei spitze Hervorragungen (c, c), welche sich beinahe berühren; dies sind die tongebenden Stimmbänder, quer durchschnitten. Darüber befinden sich noch zwei Vorsprünge, die falschen Stimmbänder, die an der Erzeugung des Tones keinen Anteil nehmen. Man sieht, wie weit sich die Stimmbänder nähern, wie eng die sogenannte Stimmritze ist, und begreift, wie schon eine Brotkrume, wenn sie in den Kehlkopf, in die „Sonntagskehle" gerät, Erstickungsfälle und krampfhaftes Husten hervorbringt. — Im Kehlkopf besitzen wir also ein Instrument, welches wir den sogenannten Zungenpfeifchen vergleichen können, bei denen der Ton durch das Anblasen eines metallischen elastischen Blättchens erzeugt wird.

Die Töne entstehen bekanntlich durch das Erzittern oder Vibrieren elastischer Körper, die Sprache also durch das Schwingen der Stimmbänder, das durch den anblasenden Luftstrom erzeugt wird. Die Höhe eines Tones hängt von der Anzahl der Schwingungen derselben ab, und diese wird wieder bedingt von der Länge und Spannung, sowie von der Breite der Stimmbänder. Je kürzer die Stimmbänder an sich sind, desto höher ist auch die natürliche Tonlage, wie dies bei Kindern und Frauen der Fall ist. Der tiefste Ton, den ein menschlicher Kehlkopf hervorbringen kann, wird durch 80 Schwingungen in der Sekunde hervorgebracht, es ist dies das große E; der höchste Ton wird durch 1024 Schwingungen erzeugt, es ist dies das dreigestrichene c (c'''). Oder in Notenschrift:

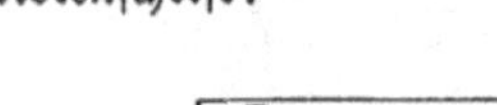

80 Schwingungen per Sekunde. 1024 Schwingungen per Sekunde.

Äußerste Grenze des menschlichen Stimmumfangs.

*) Es verhält sich also der Kehldeckel wie der federnde Deckel einer Uhr, der, niedergedrückt, immer wieder emporschnellt.

Man hat die Töne, welche der Mensch beim Singen hervorbringen kann, nach ihrer verschiedenen Höhe in Stimmregister eingeteilt. Die menschliche Stimme umfaßt etwa 3 ½ Oktaven; der einzelne Mensch beherrscht etwa 2 Oktaven. Berühmte Künstler haben freilich einen größeren Stimmumfang: Forster, ein Däne, hatte 3, die Schwestern Sessi sogar 3½ Oktaven. Gebrüder Fischer sangen bis zum Kontra-F, Christine Nilsson bis zum dreigestrichenen f (f'''), ja Lukretia Ajugari gar bis zum viergestrichenen c (c''''). — Man scheidet bekanntlich Baß, Tenor, Alt und Sopran und teilt jeder Stimme etwa 2 bis 2½ Oktaven zu, so daß sich auf die gesamte Tonleiter der menschlichen Stimme die einzelnen Singstimmen wie folgt verteilen:

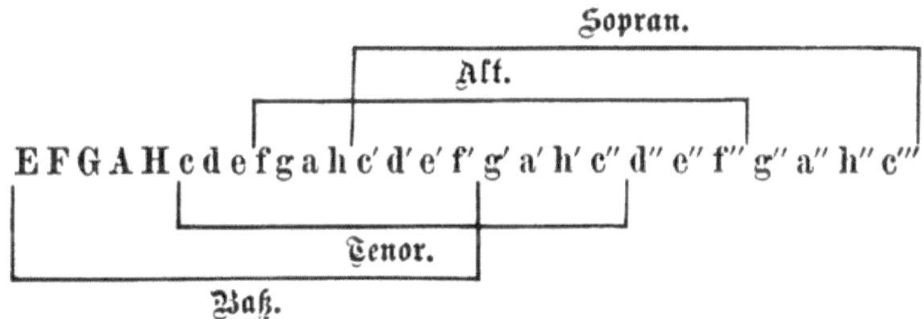

Übersicht der Stimmarten.

Wie man hieraus sieht, sind vier Töne (von c' bis f') allen Singstimmen gemeinsam.

Die beiden Hauptregister, welche jeder Mensch in seiner Singstimme hat, sind das Register der Brusttöne und das Register der Falsett- oder Kopftöne. Das verschiedene Verhalten des Kehlkopfes für diese beiden Register kann ein jeder an sich fühlen, wenn man den Finger an den Kehlkopf legt und dabei vom Brustton zum Kopfton übergeht. Bassisten gelingt dies, wenn sie die Töne a und h, — Tenoristen, wenn sie f' und g', — Altstimmen, wenn sie h' und c'', Diskantsängerinnen, wenn sie c'' und d'' singen. Man fühlt dann, wie der Kehlkopf beim Singen des zweiten Tones unter dem Finger in die Höhe rückt. — Der Übergang aus der Bruststimme in die Kopfstimme, das plötzliche Umschlagen der Stimme, hört man beim „Jodeln" und während des Stimmwechsels (Mutation) der Knaben.

Die Organe des Ansatzrohres, der Gaumen, die Zunge,

Lippen, Zähne und die Rachenhöhle, bilden vorzugsweise die Buchstaben. Nur wer diese Teile gut zu gebrauchen weiß, spricht und singt scharf und deutlich.*)

Pflege des Kehlkopfes. Für jeden Menschen, sonderlich aber für die, welche dem Lehrstande angehören, ist eine richtige Pflege des Stimmorgans von der größten Wichtigkeit, wichtig nicht nur, weil der Kehlkopf ihr Handwerkszeug ist, das sie brauchbar erhalten müssen, sondern auch, weil durch den erkrankten Kehlkopf die Luftwege und die Lunge gar häufig in Mitleidenschaft gezogen und das Allgemeinbefinden des ganzen Körpers geschädigt werden kann.

Alle eingeatmete Luft passiert auf ihrem Wege zur Lunge den Kehlkopf. Wir müssen also dafür sorgen, daß wir nur reine, staub- und rauchfreie, nicht zu trockene Luft einatmen. Wer in Zimmern, welche schlecht gelüftet sind, seinen Tag verbringt; wer namentlich in schlecht gelüfteten Zimmern schläft, wird niemals eine klangvolle Stimme besitzen oder doch nicht erhalten können. Und wer gar in schlechter, das ist, staub- oder raucherfüllter Luft anhaltend redet oder singt, der wird sehr bald den Wohlklang seiner Stimme verlieren. Durch den ungenügenden Gebrauch frischer Luft erklärt es sich auch, warum die meisten großen Sänger nicht in den dumpfen Städten, sondern auf dem Lande aufwuchsen. Der berühmte Tenorist Wachtel, der bis in sein hohes Alter die Zuhörer durch den wunderbar schönen Klang seines kräftigen Organs entzückte, war in seinen jüngeren Jahren ein Droschkenkutscher. Sein Sohn, der in der Stadt aufwuchs, hatte nur ein dünnes, klangloses Tenorstimmchen! — Wenn immer man ein dumpfes, raucherfülltes Zimmer betritt, da heiße es: Mund zu! Fenster auf! — Vor einiger Zeit las man in einem deutschen Blatte folgende ergötzliche Historie, die sich wohl auch in Amerika wiederholt. Die Anfangsworte, mit denen sich der Ordinarius der Quinta eines Gymnasiums in die Klasse einführt, lauten: „Jungens! Das ist ja wieder der reinste Backofen! Macht die Fenster auf und laßt Gottes reine Luft herein!“ Die Ausdünstung der Jungen, die sich wie ein Alp auf die Brust legt, weicht der nervenstärkenden frischen Luft. Alles atmet frei auf, reckt die Glieder. Munter wird unterrichtet, munter aufgepaßt. — Auf die erste Stunde folgt der französische Unterricht durch ein hüstelnd und kurzatmig eintretendes Männchen im ängstlich zugeknöpften Rocke. „Ei heert, daß ist ja eine kanz krimmige Kälte! Hiesemenzel! mach gleich die Fenster zu — hier kann man ja plind und daub werden!“ Einem andern Schüler geht die Weisung zu, die „Heizklabbe“ zu öffnen, welche der verbrannten, Lungen austrocknenden Luft einer im Keller befindlichen Heizung den Zutritt gestattet, worauf die meisten Schüler Kongestionen zum Kopfe, rote Gesichter, feuchte Stirnen, kalte Füße bekommen. Gegen Ende der Stunde zeigt der Thermometer 80 Grad; der Lehrer, der inzwischen seinen

*) Wer sich über den Kehlkopf eingehender unterrichten will, dem sei empfohlen: Der Kehlkopf oder die Erkenntnis und Behandlung des menschlichen Stimmorgans im gesunden und erkrankten Zustande. Von Dr. Karl Ludwig Merkel. Leipzig, J. J. Weber.

Rock aufgeknöpft hatte, zieht sich wie eine Schnecke in sein schafwollenes Haus zurück, schützt sich mit einem Shawl, der sich wie eine Boa Konstriktor um seinen Hals windet, um — beim ersten Schritt in den kühleren Gang zusammenzuschauern und einem erneuerten Hustenanfall zu erliegen. — Und die armen „geschmorten" Jungen? Sie stürzen hinaus in die freie Luft des Hofes, um sich gründlich zu erkälten, weil sie sich vorher gründlich erhitzt hatten.

So geht es leider nur zu oft in den Schulen her. Die Kinder erkälten sich allerdings auf dem Schulwege, aber nur weil sie vorher „geschmort" wurden. Daher rühren häufig die vielen Erkältungen, daher rührt die Heiserkeit, die Halsentzündung, daher rühren wohl auch andere bedenklichere Halskrankheiten. —

Raucher, die häufig an belegter, klangloser Stimme leiden, sollten das Rauchen einstellen, oder — da sie dies doch schwerlich thun werden — sich der langen Pfeifen bedienen, die den Rauch genügend abkühlen und in deren Rohr sich der nikotinhaltige Wasserdampf niederschlägt. Die Cigaretten sind entschieden nachteilig, nicht nur für den Kehlkopf, sondern auch für das Auge. Man sollte sie nur aus einer langen Spitze rauchen.

Jedes Organ des Körpers bedarf nach der Anstrengung auch der Erholung. Jede Überanstrengung wirkt schädlich, oder wenn sie oft wiederkehrt, zerstörend. Junge Lehrer und Prediger, denen, was nun einmal nicht zu ändern ist, in der Regel mehr Arbeit zufällt, als ihrem Körper zuträglich ist, sollten sich ja vor dem übermäßigen Schreien, in welches jugendlicher Eifer so leicht verfällt, ernstlich hüten. Man unterlasse es auch, in den unnatürlichen, schädlichen Fisteltön zu verfallen, der den Kehlkopf weit mehr mitnimmt als der natürliche volle Brustton. Das Schreien macht den Redner doch nicht verständlicher und hindert nur den Eindruck des Vorgetragenen. Das Predigen in menschenüberfüllten, engen Kirchen, dann das Forteilen zur nächsten Kirche über die winddurchbrauste Prairie, wobei dem überhitzten Kehlkopf auch nicht immer die nötige Vorsorge gewidmet wird*), das Schulehalten in der Woche, auch meist in engen, schlecht ventilierten Räumen — das ist genügend, auch den gesundesten Kehlkopf zu ruinieren.

Sehr nachteilig erweist sich eine Überanstrengung des Kehlkopfes **unmittelbar nach der Mahlzeit**. Daher die belegte Stimme mancher Lehrer beim Nachmittagsunterricht.

Auch alle den Schlund passierenden Getränke und Speisen äußern ihren Einfluß auf den Kehlkopf. Der größte Feind einer guten Stimme ist **heißes Getränk**. Kaltes Waschen, kaltes Baden und kaltes Getränk, selbst der Genuß von Gefrorenem bleiben ohne Nachteil für den Kehlkopf, wenn nur keine Erhitzung des Kopfes oder des Stimmorgans durch anhaltende körperliche Bewegung, Sprechen oder Singen vorausgegangen ist. Entschieden schädlich aber ist der amerikanische Brauch, glühend heiße Speisen oder Getränke zu genießen und dann, um die Hitze zu dämpfen, von Zeit zu Zeit einen Schluck Eiswasser zu nehmen. — Nüsse und trockne gepulverte Gewürze, namentlich Pfeffer und Zimmet, versetzen den Kehlkopf leicht in einen entzündlichen Zustand. — Gewohnheitssäufer haben wegen des

*) Man schütze den Kehlkopf nicht durch Pelzwerk, sondern durch ein leichtes, lose umgebundenes seidenes oder wollenes Tuch.

Reizes, den die geistigen Getränke auf das Stimmorgan ausüben, immer eine rauhe, raspelnde Stimme. —

Heiserkeit (Hoarseness) oder eine rauhe, belegte, klanglose Stimme ist eine häufige Affektion des Kehlkopfes. Man schone das Stimmorgan, atme mäßig warme und reine Luft, genieße reizlose Speisen und Getränke. Dauert die Heiserkeit länger an, so konsultiere man einen Arzt, der sich mittels eines kleinen gestielten Spiegels, des Kehlkopfspiegels, den er in den Hals schiebt, eine Ansicht der erkrankten Teile verschaffen kann. —

Diphtheritis (Diphtheria). Unter allen Kinderkrankheiten ist die Diphtheritis die gefährlichste. Jedermann weiß, wie selbst der kenntnisreichste Arzt häufig rat- und thatlos am Bette des kranken Kindes steht, ängstlich jedem Atemzug lauscht, immer und immer wieder den Puls fühlt, und schließlich auch nur den endlich eintretenden Tod als die einzige Erlösung von den großen Qualen begrüßen muß. Doch dies gilt, Gott sei Dank, zumeist nur von den Krankheitsfällen, die einen ungeahnt raschen Verlauf nehmen, bei denen das zerstörende diphtheritische Gewebe schnell in die Luftwege hinabdringt, oder bei denen nicht frühzeitig genug ersprießlich eingegriffen wurde. Aber gerade weil dies der Fall ist, erscheint die Frage: „Was ist bis zur Ankunft des Arztes in solchen Krankheitsfällen zu thun?“ vollauf berechtigt.

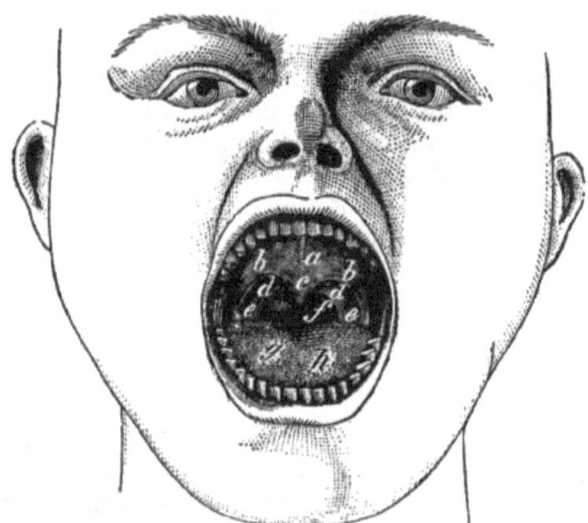

Die Organe der Mund- und Rachenhöhle.

a. Gaumen. b. Vorderer, a. hinterer Gaumenbogen. c. Zäpfchen. e. Mandeln. f. Rachenwand. g. Kehldeckel. h. Zunge.

Was die Diphtherie eigentlich sei, ist eine für Laien ganz müßige Frage, bei deren Beantwortung wir uns nicht aufzuhalten brauchen. Auch die Gelehrten sind sich darüber noch keineswegs einig. Uns genügt es zu wissen, daß die Diphtherie eine Halsentzündung eigener Art ist, die in der Regel auf der Schleimhaut der sogenannten Mandeln (Tonsillen) beginnt unter Auflagerung eines grauweißen oder gelblichen Belags (Membran), und die Neigung hat, sich auf der Schleimhaut nach hinten, also dem Schlund und Kehlkopf zu, weiter auszubreiten. Selbstverständlich muß man sich jedoch mit dem Herd der Krankheit bekannt machen. Dazu wird die beigegebene Zeichnung behilflich sein.

Man kann auch auf eine ganz einfache Weise durch Selbstbeobachtung eine Kenntnis der Mundteile erlangen. Man nehme einen kleinen Handspiegel in die linke, einen Eßlöffel am verkehrten Ende in die rechte Hand, stelle sich an ein recht helles Fenster, öffne den Mund weit, lege den Löffelstiel etwa 3 Zoll auf die Zunge, drücke dieselbe kräftig nieder und, indem man ein lautes A ausruft, blicke man in den Spiegel, den Kopf natürlich so gewendet, daß das Licht recht scharf in den Mund hineinfällt — dann liegt das Terrain, um welches es sich handelt, vor uns. Man wird dann alle die in der Zeichnung dargestellten Teile erkennen. Man achte sonderlich auf die Lage der Mandeln, denn auf der Schleimhaut derselben beginnt in der Regel die Diphtherie. Man übe nun auch dieselbe Manipulation an den Kindern, die sich dadurch an die Untersuchung, die anfänglich wohl auf etwas Widerstreben stößt, in gesunden Tagen gewöhnen.

Fiebert nun eins der Kleinen oder klagt es auch nur über Müdigkeit, liegt es teilnahmlos auf der Lounge, empfindet es gar beim Schlucken ein stechendes Gefühl, so warte man nicht, sondern untersuche den Hals des Kindes beim Tageslicht oder beim Licht einer Lampe. Bemerkt man hierbei auf den Mandeln oder etwa am Gaumenbogen kleine graue oder grauweißliche Flecken, die dem angefeuchteten Schimmel ähnlich sind, **so sende man unverzüglich zum Arzt;** denn was man da sieht, ist Diphtherie in ihren Anfängen. Zudem entströmt dem Munde des Kindes ein eigentümlicher süßlich-fauliger Geruch, ähnlich wie bei einem verdorbenen Magen, nur ungleich unangenehmer.

Möglich, daß das Kind der Untersuchung Widerstand entgegensetzt, den man auch durch freundliches Zureden nicht überwinden kann; dann gehören allerdings drei Personen zur genauen Untersuchung; die eine hält den Körper, die zweite fixiert den Kopf, indem die ausgebreiteten Hände ganz flach an die Seiten des Kopfes, nicht gegen Stirn und Hinterkopf, angelegt werden, die dritte Person untersuche den Hals. Pressen die Kinder die Zähne fest aufeinander, so warte man geduldig eine kleine Zeit, und im Moment, wo die Zähnereihen einen kleinen Spalt zeigen, schiebe man mit Schnelligkeit den Löffelstiel bis hinten auf die Zungenwurzel. Hierdurch entsteht Brechneigung, die nichts schadet, sondern den ganzen Schlund überblicken läßt.

Die an Diphtheritis Erkrankten muß man ins Bett bringen und darin halten. Man lüfte das Zimmer und sorge für eine Temperatur von etwa 65°. Die übrigen Kleinen sondere man möglichst ab.

Was nun das bis zur Ankunft des Arztes anzuwendende Arzneimittel angeht, so möchten wir allen, die weit vom Arzt wohnen, raten, sich, wenn in ihrer Gegend die Diphtheritis herrscht, das nachstehende Rezept in einer Apotheke anfertigen zu lassen:

Tr. Ferri chloridi f℥ Iss.
Pulv. Potassae chloratis ℥ss.
Syr. Lemonis f℥ ii.

Die Dosis ist stündlich einen Theelöffel voll, gut umgeschüttelt, bei Kindern unter drei Jahren einen halben Theelöffel voll. — Man kopiere das Rezept sorgfältig oder halte es dem Apotheker so, wie es hier steht, vor die Augen. — Es braucht wohl nicht betont zu werden, daß es nicht der Zweck ist, den Arzt entbehrlich zu machen, es soll nur die schnelle Erkennung der Krankheit ermöglicht werden, damit man früh genug ärztliche Hilfe anrufen kann, und, wenn diese nicht schnell genug zu haben ist, die obige Medizin bereit hat, um in diesem Notfall der Gefahr möglichst entgegenzuarbeiten. —

Bei der Untersuchung des Halses muß man nicht Schleimflocken oder andere Auflagerungen (z. B. Milchgerinnsel) für einen diphtheritischen Beleg halten. Solche Flecke lassen sich durch einige Schluck Wasser hinwegspülen, der diphtheritische Schorf aber sitzt fest. Zeigt sich der Hals nur gerötet und geschwollen, so hat man es in der Regel nur mit einer ungefährlichen Halsentzündung zu thun, die im späteren Verlauf manchmal gelbliche Punkte zeigt, die der Unkundige wohl für diphtheritische Ablagerungen halten könnte. Doch ein solcher Irrtum würde ja nur dem Arzt einen unnötigen Gang und der Familie eine unnütze Ausgabe verursachen. Herrscht aber an einem Orte die Diphtheritis, so genüge auch eine Rötung des Schlundes, um den Arzt sofort herbeizurufen!

Frägt man endlich noch, wie man dem Würgengel die Thür des Hauses verschließen kann, so kann nur darauf hingewiesen werden, daß die Haushaltung mit steter Rücksicht für Reinlichkeit, frische Luft, gesunde Nahrung und reines Wasser geführt werden muß. Man hüte die Kinder vor Ansteckung, setze sie namentlich nicht durch Krankenbesuche oder durch Beiwohnen von Begräbnissen unnötigerweise derselben aus! —

VII. Die Verdauung.

Wir werden unsere Verdauungsorgane am besten kennen lernen, wenn wir einmal einen Bissen auf seinem dunklen Wege vom Anfang bis zum Ende des Verdauungskanals verfolgen. Dieser Weg ist nicht so kurz, wie man gewöhnlich annimmt; denn er übertrifft bei jedem normal gebauten Menschen die Gesamtlänge seines Körpers fünfmal, so daß also ein Mensch von fünf Fuß Körperlänge über ein Verdauungsrohr von 25 Fuß verfügt. Wie eine Schere wirkend, ergreifen die acht meißelförmigen Schneidezähne die feste Nahrung und trennen ein Stück derselben ab, aus dem wir durch Kauen und Einspeicheln einen Bissen formen, den die Zunge bald rechts, bald links zwischen die Backenzähne schiebt. Die Kauwerkzeuge sind äußerst kräftig. Man versuche einmal eine Brotrinde zwischen den Fingern zu zermalmen, um sich davon zu überzeugen, welcher bedeutende Kraftaufwand hierzu erforderlich ist. Viele Personen können sogar eine Nuß durch eine einfache Kaubewegung zwischen den Zähnen zerbrechen — was freilich den Zähnen nicht zum Vorteil gereicht.

Schon beim neugebornen Kinde zeigen sich sämtliche Milchzähne unter der Schleimhaut des Kiefers mehr oder weniger vorgebildet, indem sie als weiße Punkte durch die Zahnfleischdecke vorschimmern. Der Zahn besteht aus Knochen und dem schützenden Zahnschmelz, einer Absonderung von Kalksalzen. Schon einige Monate nach der Geburt brechen bei dem Säuglinge die ersten Milch- oder Wechselzähne hervor und gegen Ende des zweiten Lebensjahres hat das gesunde Kind schon 8 Schneidezähne, 4 Eck- und 8 kleine Backzähne aufzuweisen. Will man behufs besserer Übersicht diese Zähne in eine Formel bringen, so pflegt man die des Ober- und Unterkiefers durch einen Strich zu trennen und die einzelnen Zähne durch ihre Stellung zu markieren. Es ergäbe sich demnach für die Milchzähne die folgende Zahnformel:

$$\frac{2.\quad 1.\quad 4.\quad 1.\quad 2}{2.\quad 1.\quad 4.\quad 1.\quad 2} = 20.$$

Diese Milchzähne behält das Kind bis zum 6. Lebensjahre. Mit dem Durchbruch des ersten großen Backenzahnes beginnt der Zahnwechsel. Die Milchzähne fallen nach und nach aus und aus deren Lücken erwachsen die Dauerzähne, deren Keime das Kind schon unter den Milchzähnen mit auf die Welt brachte. Bis zum 14. Jahre sind gewöhnlich 28 bleibende Zähne durchgebrochen, denen — häufig erst in den zwanziger Jahren — noch 4 „Weisheitszähne" folgen. Jetzt hat der Mensch seine 32 Normalzähne beisammen. Es ergäbe sich für die Dauerzähne mithin die folgende Formel:

$$\frac{5.\quad 1.\quad 4.\quad 1.\quad 5}{5.\quad 1.\quad 4.\quad 1.\quad 5} = 32.$$

Wärend der Bissen im Munde zerkleinert wird, erfährt er auch eine Einspeichelung durch die sechs Speicheldrüsen, die täglich wohl zwischen ein halbes und zwei Pfund Speichel absondern. Bewegungen des Unterkiefers beim Sprechen und Kauen, das Kitzeln des Gaumens, das Gefühl der Übelkeit, saure, salzige und überhaupt gewürzte Speisen, ja selbst die Vorstellung von etwas Pikantem läßt „das Wasser im Munde zusammenlaufen". — Ist der Bissen gehörig zerkleinert und eingespeichelt, dann beginnt der Akt des Schluckens. Es ist dies eine sehr zusammengesetzte Thätigkeit, an der Zunge, Rachen und Schlundkopf teilnehmen. Ist einmal der Bissen über die Zunge hinabgeglitten und in den Schlundkopf gelangt, so ist er unserer Willkür enthoben: er wird nunmehr ohne unser Zuthun weiter befördert. Er gleitet mit Luft und Speichel gemischt über den geschlossenen Kehldeckel in den Schlund oder die Speiseröhre, die ihn dadurch, daß sie sich hinter, also über ihm schließt, langsam — in etwa zwei bis drei Minuten — in den Magen hinabschiebt. Dieser ist ein länglicher häutiger Sack von der Form des bekannten Schweinemagens. Er liegt quer und etwas nach links, dicht unter dem Zwerchfelle und dem Herzen, hinter der sogenannten Herz- oder Magengrube. Der Eingang der Speiseröhre in den Magen heißt der Magenmund, der Ausgang nach dem Darmkanal der Pförtner. Beide Öffnungen sind durch muskulöse Ringklappen verschließbar, und diese nötigen also die Nahrung zu einem längeren Aufenthalte. Das Mageninnere ist mit einer Schleimhaut ausgekleidet, die in ihrem Gewebe eine große Anzahl von Drüsen birgt, die sogenannten Labdrüsen, welche den sauren Magensaft absondern, der auch noch einen eigentümlichen Verdauungsstoff, das Pepsin, ausscheidet. Die Schleimhaut wird von der muskulösen Fleischhaut überzogen, die dem Magen während der Verdauung eine wurmförmige

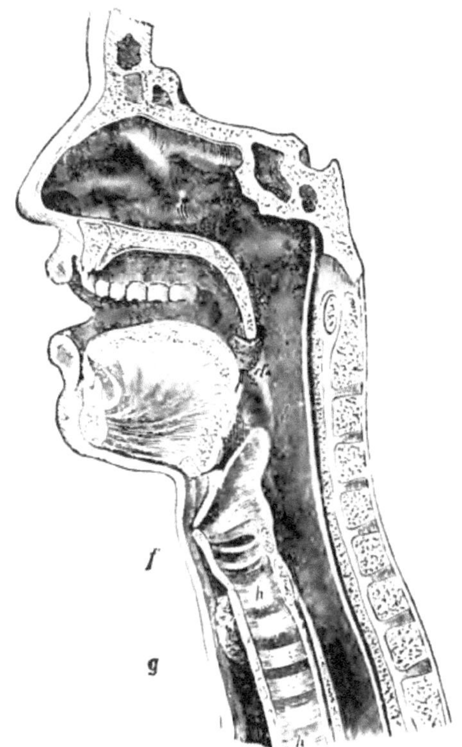

Nase, Mund und Hals, in der Mittellinie durchschnitten.

a. Der Teil des Schlundes, welcher hinter Nasen- und Mundhöhle liegt und sich unmittelbar in b. die Speiseröhre fortsetzt. c. Das Zäpfchen, am weichen Gaumen hängend; unter und hinter ihm die (rechte) Mandel, sowie d. die Gaumen-Schlundfalte des weichen Gaumens. e. Die „kahnförmige Grube“ zwischen Zunge und Kehlkopfdeckel; unterhalb des letzteren die Innenfläche des von vorn nach hinten durchschnittenen Kehlkopfes, und in der Höhe von f. das (rechte) Stimmband, von vorn nach hinten gehend. Weiter unten in der Höhe von g. die Schilddrüse vor h. h. der Luftröhre. — (Die Abbildung zeigt im Interesse größerer Verständlichkeit die Speiseröhre, den Schlund und den hinteren Naseneingang etwas breiter, als sie wirklich sind.)

Bewegung giebt, wodurch der Speisebrei gemischt wird. Außen ist der Magen noch von einer glatten, sehnigen Haut überzogen. — Die Dauer der Magenverdauung hängt von der Beschaffenheit der Speise, der Menge derselben, der Bewegung oder Ruhe und anderen Umständen so sehr ab, daß sich eine allgemein gültige Zeit nicht angeben läßt. Durchschnittlich scheint Fleisch von Fischen in 2 1/2, von Geflügel in 3, vom Ochsen, Hammel und Schwein in 4 Stunden verdaut zu werden.*) — Die Größe des Magens hängt von der Gewohnheit des Besitzers ab, größere oder kleinere Nahrungsmengen zu genießen. Könnte man den Magen eines Beduinen, welcher sich an einer Handvoll Datteln täglich genügen läßt, neben den Magen eines Häuptlings der Jakuten legen, dem es auf ein halbes Kalb für eine Mahlzeit nicht ankommt — man würde einen bedeutenden Größenunterschied beobachten. Schon die Völker, die sich vorwiegend von Kartoffeln nähren, zeigen einen vergrößerten Magen. Bei mäßiger Füllung kann ein Magen etwa 6 bis 12 Pfund oder Pints Wasser fassen. —

Auffallend ist es, daß der Magen, ein solches feines Gebilde, imstande ist, gegen grobe äußere Unbilde in überraschender Weise Widerstand zu leisten. Er zeigt seine Zähigkeit sonderlich, wenn unverdauliche, harte Gegenstände ihm zugeführt werden. Ein junger Mann von 18 Jahren, Handlungsgehilfe in Paris, hatte beim Lachen eine Gabel verschluckt und dieselbe anderthalb Jahre lang im Magen behalten. Der Unfall fand am 30. März 1874 statt; dem sofort herbeigerufenen Arzte gelang es, die Gabel bis in den Mund emporzuziehen, sie glitt aber bei einer heftigen Bewegung des Kranken von der Zunge ab und wurde unwillkürlich abermals verschluckt. Unmittelbar danach traten Erstickungsanfälle ein und machten jeden weiteren Versuch zum Aufziehen der Gabel unmöglich. Da der Kranke während der nächsten Monate wohl

*) Im Jahre 1822 wurde Alexis St. Martin, ein Canadier, in der linken Seite verwundet. Zwei Jahre später war die Wunde bis auf eine Öffnung von etwa 2 1/2 Zoll Umfang, die in den Magen führte, geschlossen. Dr. Beaumont, der den Patienten behandelte, gab ihm die verschiedensten Nahrungsmittel und beobachtete die Dauer der Magenverdauung durch die Öffnung. Nach dem Genuß von Puter, Kartoffeln und Brot war der Magen in 2 1/2 Stunden leer; Schweinefüße und gekochter Reis wurden in einer Stunde verdaut; frische, süße Äpfel in 1 1/2 Stunde; gekochte Milch in 2, rohe Milch in 2 1/4 Stunden. Eier wurden, wenn roh, in 2, wenn gekocht, in 2 1/4 Stunden verdaut. Rindfleisch und Hammelfleisch wurde in 3, Kalbfleisch aber erst in 4, und Schweinefleisch gar erst in 5 Stunden vom Magen weiter befördert.

fühlte, so schritt man erst am 9. April 1876 zu einer Operation, indem man durch einen Schnitt von anderthalb Zoll Länge die Bauchdecken und die vordere Magenwandung öffnete. Hierdurch gelang es, die Gabel, deren Zinken etwas verbogen waren, herauszuziehen. Die Wunde wurde genäht und schloß sich allmählich, ohne üble Folgen zu hinterlassen. — Es sind noch zehn andere Fälle vom Verschlucken einer Gabel bekannt, und doch endete nur ein Fall tödlich. —

Das Produkt der Magenverdauung, der Speisebrei oder Chymus, gelangt durch den Pförtner in den Darmkanal, und zwar zunächst in den engen oder Dünndarm. Dieser etwa 20 Fuß lange Kanal besteht aus drei Abteilungen. Die oberste ist der Zwölffingerdarm, so genannt, weil er die Länge von 12 Fingerbreiten hat. Ihm wird von der Leber die Galle und aus der Bauchspeicheldrüse der Bauchspeichel zugeführt. Es folgt dann der Leer- und Krummdarm, denen man wohl auch den gemeinschaftlichen Namen Gekrösdarm giebt. Die Schleimhaut dieses Darms ist mit vielen kleinen Zotten versehen, in denen sich die Anfänge von Saugadern befinden, welche den Speisesaft aufsaugen. Aus dem Dünndarm tritt der Speiseberei in den Dick- oder Grimmdarm, der etwa 5 bis 6 $^1/_2$ Fuß lang ist. Ihm fehlen die Darmzotten. Er zeigt auch drei Abteilungen. Zunächst den Blinddarm, welcher rechts unten im Bauche, unterhalb der Einmündungsstelle des Dünndarms, liegt und dem eine dünne, wurmförmige Verlangerung, der Wurmfortsatz, anhängt. In diesem setzen sich zuweilen Kerne fest, die eine gefährliche Entzündung erzeugen können. Kinder sind also vor dem Verschlucken von Kirsch-, Pflaumen- und anderen Kernen zu warnen. Der Blinddarm geht nach oben in den Grimmdarm über. Derselbe steigt anfangs in der rechten Bauchhöhle bis unter die Leber — aufsteigender Grimmdarm, wendet sich dann nach rechts bis zum Magen und der Milz — Quergrimmdarm, erstreckt sich hierauf in das Becken hinab, wobei er eine Krümmung wie ein S macht, — absteigender Grimmdarm, und schlägt sich dann nach unten, um hinter der Harnblase als Mastdarm mit dem After zu enden. Die Blutgefäße desselben führen den Namen Hämorrhoidalgefäße.

Zwei andere Organe, die an der Verdauung wesentlichen Anteil nehmen, sind die Leber und die Bauchspeicheldrüse.

Die Leber ist das größte und schwerste Eingeweide; sie wiegt gegen 4 bis 6 Pfund und hat ihre Lage rechts oben, unmittelbar unter

Figur 1. Figur 2.

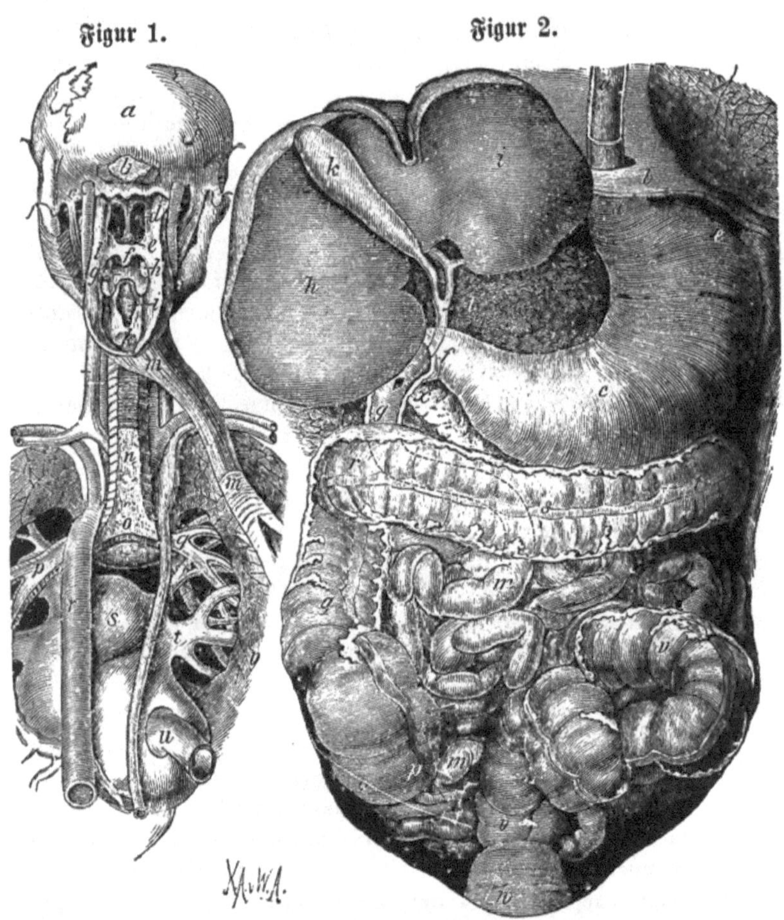

Figur 1. Der Schlundkopf, die Speise- und Luftröhre, von hinten gesehen. a. Hinterhauptsbein. b. Großes Hinterhauptsloch (zum Eintritt des Rückenmarks ins Gehirn). c. Kopfpulsader. d. Ausgang der Nasenhöhle. e. Nasenscheidewand. f. Zäpfchen (am weichen Gaumen). g. Zunge (durch die Rachenenge sichtbar). h. Mandel. i. Kehldeckel, über dem Eingang in den k. Kehlkopf. l. Schlundkopfswand. m. Speiseröhre. n. Luftröhre (hintere Wand). o. Teilung der Luftröhre in den p. linken und q. rechten Luftröhrenast. r. Große Körperpulsader (Bruststück). s. Herz. t. Unpaarige Blutader. u. Untere Hohlader. v. Lunge.

Figur 2. Der Verdauungsapparat. Die Leber ist in die Höhe geschlagen,

dem Zwerchfell. Ihre Gestalt und ihre derbe braunrote Masse ist uns allen durch Tierorgane bekannt. Der mehr nach links liegende Teil heißt der linke, der nach rechts liegende der rechte Leberlappen. In den mikroskopisch kleinen Bläschen der Leber, den sogenannten Leberzellen, wird aus dem durch die Pfortader zugeführtem Blut die Galle bereitet, eine dickflüssige bittere Flüssigkeit von wechselnder, bald gelber oder brauner, bald grüner oder schwarzgrüner Farbe. Dieselbe sammelt sich aus den Leberzellen in den Gallenkanälchen, die allmählich sich zu dem Gallengang vereinigen, der einen Teil der Galle direkt dem Zwölffingerdarm zuführt, einen andern Teil aber in der Gallenblase aufstapelt. Die Leber verrichtet zwei wichtige Geschäfte: sie reinigt das Blut und befördert die Verdauung, da die Galle sonderlich die fetten Nahrstoffe in feine Teilchen trennt, die von den Gefäßen der Darmwand leicht aufgesogen werden können.

Die Bauchspeicheldrüse liegt hinter dem Magen, gegen die Milz gerichtet, etwa vor dem ersten Lendenwirbel. Die Absonderung der Drüse ist eine ziemlich zähe, klare, durchsichtige Flüssigkeit, welche namentlich auf die eiweißhaltigen Nahrungsmittel zersetzend wirkt.

Die Nieren.

Den schon beschriebenen Blutreinigern, den Lungen, der Haut und der Leber, gesellen sich auch noch die Nieren (Kidneys) zu, welche den Harn (Urin) absondern, wodurch sie nicht nur überflüssiges Wasser, sondern auch Harnstoff und Harnsäure wegschaffen, deren Zurückhaltung heftige Erkrankungen zur Folge haben würde. Die Nieren haben fast die Form einer Bohne und liegen zu beiden Seiten der drei obersten Lendenwirbel, unter dem Zwerchfelle. Jede

---

so daß man ihre untere Fläche sieht. a. Speiseröhre. b. Zwerchfell. c. Magen. d. Magenmund. e. Blindsack des Magens. f. Pförtner. g. Zwölffingerdarm (mit Öffnung zum Einfluß der Galle und des Bauchspeichels). h. Rechter und i. linker Leberlappen. k. Gallenblase. l. Gallengang. m. Gekrös- (Leer- und Krumm-) darm. n. Eintritt des Dünndarms in den Dickdarm. o. Blinddarm. p. Wurmfortsatz. q. Aufsteigender Grimmdarm. r. Rechte Grimmdarmkrümmung. s. Quergrimmdarm. t. Linke Grimmdarmkrümmung. u. Absteigender Grimmdarm mit S-förmiger Krümmung. v. Mastdarm. w. Harnblase. x. Bauchspeicheldrüse. y. Milz. z. Linke Lunge.

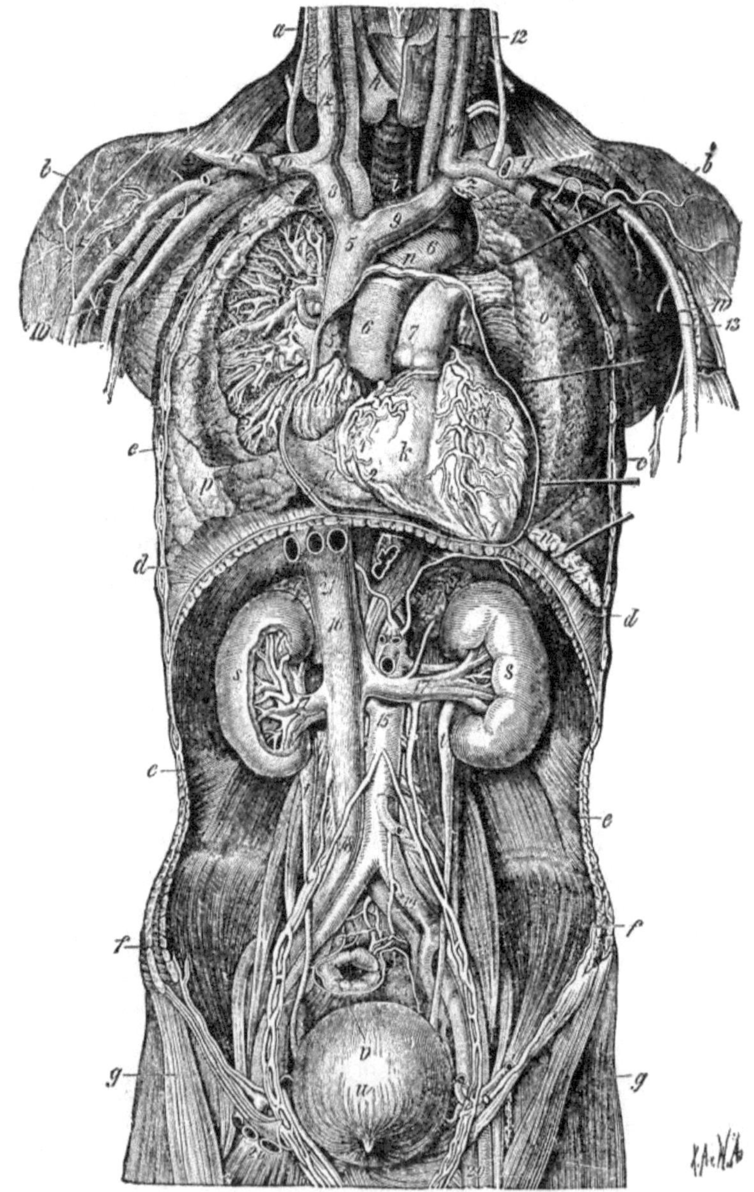
a
12
b
b
w
13
e
c
p
d
d
s
s
k
c
e
f
f
g
g
v
u

wiegt etwa $\frac{1}{4}$ bis $\frac{1}{3}$ Pfund und ist 4 Zoll lang. Die bräunlichrote Masse der Nierensubstanz ist aus feinen Röhrchen, den Harnkanälchen, zusammengesetzt, in die sich der Harn aus dem Blute absondert und aus denen er in die Nierenkelche und endlich in das Nierenbecken tritt. Dieses findet einen Abfluß in den Harnleiter, einer federkieldicken Röhre, die sich in die Harnblase hinabsenkt. — Der obere Teil der Nieren trägt die sogenannte Nebenniere, ein an Nerven sehr reiches Organ, dessen Verrichtung noch nicht bekannt ist. — Die Harnblase ist ein länglichrunder häutiger Sack, welcher in der Beckenhöhle vor dem Mastdarm liegt und sich nach vorn in die Harnröhre fortsetzt.

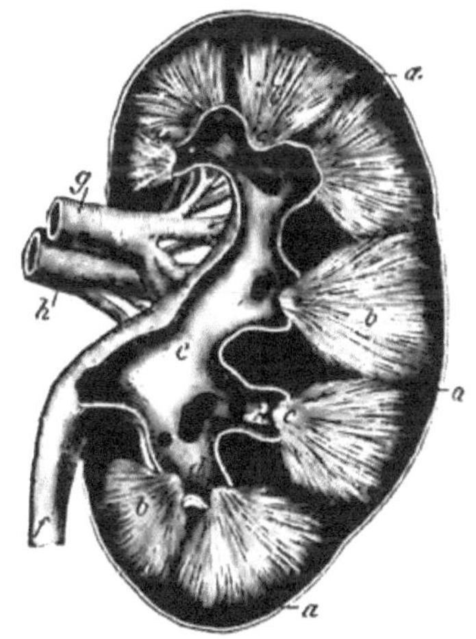

Eine senkrecht durchschnittene Niere.

a. Rindensubstanz, aus geschlängelten Harnkanälchen. b. Pyramiden, aus gerade gestreckten Harnkanälchen. c. Nierenwärzchen. d. Nierenkelch. e. Nierenbecken. f. Harnleiter. g. Pulsader und h. Blutader der Niere.

Brust- und Bauchhöhle, von vorn geöffnet; in der letzteren sind die Verdauungsorgane entfernt und die Teile an der hinteren Bauchhöhlenwand sichtbar. a. Hals. b. Schulter. c. Brustkastenwand. d. Zwerchfell. e. Bauchwand. f. Becken. g. Oberschenkel. h. Schilddrüse und Kehlkopf. i. Luftröhre. k. Herz. l. Rechte Vorkammer. m. Linke Vorkammer. n. Herzbeutel. o. Linke Lunge (nach außen gezogen, um die Lungenwurzel zu zeigen). p. Rechte (abgetragene) Lunge (mit den Lungengefäßen). q. Nebenniere. r. Ende der durchschnittenen Speiseröhre. s. Niere. t. Harnleiter. u. Harnblase. v. Mastdarm. w. Achselhöhle. y. Schlüsselbein. z. Erste Rippe.

1. Herzspitze. 2. Rechte Herzkammer. 3. Linke Herzkammer. 4. Herzadern. 5. Obere Hohlader. 6. Große Körperpulsader (Aorta). 7. Lungenpulsader. 8. Rechte und 9. linke gemeinschaftliche Drosselader. 10. Schlüsselbeinader. 11. Innere Drosselader. 12. Hals-Kopfpulsader. 13. Achselpulsader. 14. Lungenader. 15. Große Bauchpulsader (Aorta). 16. Untere Hohlader. 17. Nierenadern. 18. Beckenblutader. 19. Beckenpulsader. 20. Schenkel-Puls- und Blutadern und Schenkel-Nerv, aus dem Schenkelkanal austretend. 21. Leberblutadern (die an der Leber abgeschnitten sind und in die untere Hohlader einmünden).

Die Nahrungsmittel.

Ein gesunder Mensch ißt gern, und es ist darum auch gar nicht auffallend, daß das Volk seinen Lieblingsgestalten den Namen einer Speise beizulegen pflegt. Der Lustigmacher in Deutschland führt den Ehrentitel „Hanswurst"; die Engländer nannten denjenigen, der durch seine Possen sie lustig machte und erheiterte, „Pickel-Hering"; in Frankreich, wo man gerne Suppe ißt, führt eine komische Person den Titel „Jean Potage" (Hans Suppe); in Italien endlich heißt der Spaßvogel „Pulcinello" oder „Arlequino" (Feinschmecker). — Nicht minder finden sich in allen neueren Sprachen sprichwörtliche Redensarten, welche von den Speisen abgeleitet sind, vom Einbrocken und Ausessen der „Prügelsuppe" bis zum Tadel der „wässrigen Rede" und dem „klar wie Kloßbrühe".

Überdies hat das Kapitel von der Diät von alters her und mit Recht als ein für unsere Wohlfahrt hochwichtiges gegolten. In einer vernünftigen Diät haben wir nämlich das vorzüglichste Mittel zur Gesunderhaltung unseres Körpers und oft auch zur Heilung der Krankheiten.

Zerfall und Aufbau, Verlust und Ersatz, Ausgabe und Einnahme: zwischen diesen Polen pendelt das Leben, so lange es währt. Aus dem, was er genießt, gewinnt unser Leib neues Leben und bereitet Blut und Fleisch, Gehirn und Knochen, Haut und Haar. Und in diesem Sinne dürfen wir wohl sagen: „Der Mensch ist, was er ißt!" — Hunger und Durst sind uns als unwiderstehliche Dränger zur Erhaltung des Lebens gestellt. Doch schwindet das Hungergefühl bald. „Bei meinen mehrfachen Beobachtungen über Hunger", schreibt Ranke, „fand ich mein Befinden am Schlusse des ersten Hungertages — 24 Stunden nach der letzten Nahrungsaufnahme — noch vollkommen ungestört. Nach weiteren 24 Stunden ohne jede Aufnahme von Speise oder Trank machte sich nach unruhigem Schlaf etwas Schwere im Kopf, Magendrücken und ziemliches Schwächegefühl bemerklich. Das Hungergefühl zeigte sich nicht mehr. Geringe Quantitäten getrunkenen kalten Wassers erregten Brechneigung. Erst einige Stunden nach sehr geringer Nahrungszufuhr — eine Tasse Kaffee mit Milch und ein Stückchen leichten Kaffeebrodes — stellte sich normaler Appetit ein. Das Hungergefühl war 30 Stunden nach der letzten Nahrungsaufnahme am lebhaftesten. Sein Verschwinden beruht auf einer endlichen Ermüdung der Magennerven. Bei längerem Hunger stellt sich eine zunehmende Kraftlosigkeit ein, Abmagerung, Fieber, Irrereden, die heftigsten Leidenschaften abwechselnd mit tiefster Niedergeschlagenheit. Der Magen zieht sich zusammen; die Absonderung der Verdauungssekrete wird immer spärlicher: endlich hört die Sekretion von Milch, Speichel, Galle, von Wundflüssigkeiten (Eiter) auf. Man hat bei Verhungernden in den letzten Lebensstadien heftiges Nasenbluten, allgemeine Körperkrämpfe und Ohnmachten beobachtet, zuletzt vollkommene Verrücktheit und Raserei, auf welche gewöhnlich bald der Tod erfolgte.

„Die gesunden Menschen sterben am Hunger um so früher, je jünger sie sind. Celsus berichtet von Kindern, daß sie im allgemeinen den Hunger schlechter ausstehen als Erwachsene. Er erzählt Todesfälle bei Kindern am ersten bis vierten Tage der vollkommenen Nahrungsentziehung. Von den Söhnen des Grafen Ugolini, welche die Pisaner mit dem Vater im Gefängnis zum Hungertod verurteilt hatten, starben nach dem Berichte des Cardanus die jüngsten zuerst, die übrigen ertrugen den Hunger um so länger, je älter sie waren, so daß die letzten erst am fünften und sechsten Tage erlagen. Der Vater starb, ehe noch der achte Tag abgelaufen war. Plinius behauptet, ein Mensch erlebe noch den elften Tag.

„In diesen Fällen wurde weder feste noch flüssige Nahrung genommen. Wenn Wassergenuß freisteht, wird der Hunger länger ertragen. Tiedemann führt Fälle an, in welchen Hungernde, welche Wasser genießen konnten, 50 und mehr Tage ausdauerten. Moleschott berechnet mit den von Tiedemann gesammelten Beispielen als mittlere Lebensdauer des Menschen bei Hunger 20 bis 21 Tage. Doch sind hierbei Kranke mitgerechnet.

„Die Lebensdauer hungernder Tiere zeigt sich sehr verschieden. Warmblütige Tiere ertragen, da ihr Stoffverbrauch ein viel bedeutenderer ist, den Hunger viel weniger lang als kaltblütige. Schlangen leben ein halbes Jahr ohne Nahrung. Johannes Müller erzählt, daß ein Proteus anguineus, dieser merkwürdige, unterirdisch lebende Salamander der Höhlen in Krain, fünf Jahre lang in regelmäßig erneuertem Brunnenwasser lebte; auch andere Wassersalamander, Schildkröten kann man jahrelang ohne weitere Nahrung erhalten. Hunde leben 25 bis 36 Tage, Vögel 5 bis 28 Tage ohne Speise und Trank.“

Jahrelanges Fasten bei Menschen ist Betrug. Nur bei Rückenmarksleiden ist zuweilen das Nahrungsbedürfnis sehr herabgedrückt, so daß monatelanges Fasten ertragen wird.

Das Durstgefühl macht sich zuerst als eine Empfindung der Trockenheit, Rauhheit und des Brennens im Schlunde, Gaumen und in der Zungenwurzel geltend. Aber auch das Durstgefühl schwindet nach einiger Zeit, wenn auch das Blut eine pechähnliche Klebrigkeit bekommt. —

Gott hat unseren Tisch mit einer reichen Auswahl aus der Tier- und Pflanzenwelt gedeckt. Allein, wie unübersehbar auch die Fülle unserer Genußmittel ist, wie mannigfach in Gestalt und Ansehen, wie genial und wechselvoll auch von der Kochkunst ausgeklügelt — der Chemiker führt sie auf hauptsächlich drei Bestandteile zurück: Eiweiß, Fette und Kohlenhydrate, das heißt: Verbindung von Kohle mit Wasser, zu denen der Zucker, das Stärkemehl und andere gehören. Er belehrt uns, daß alle jene anscheinend so verschiedenartigen Meisterwerke, die das „Tischlein deck dich!" auf die Tafel zaubert, so verschieden auch ihr Geschmack ist, doch im Grunde genommen ganz dieselben Dinge enthalten, nur daß die aus der Tierwelt stammenden vorwaltend Eiweißstoffe, die aus dem Pflanzenreich stammenden überwiegend Kohlenhydrate aufweisen. Der Chemiker zerlegt die genannten Stoffe weiter, bis er auf ihre Grundbestandteile kommt, auf die vier Elemente: Sauerstoff, Wasserstoff, Kohlenstoff und Stickstoff. Dies sind die einfachen Bausteine, aus denen der so mannigfaltige Pflanzen- und Tierleib aufgebaut ist, dies sind also auch die unentbehrlichen Grundlagen unserer Nahrung, das Thema, das in unzähligen Variationen unsere Küche uns auftischt. Es ist daher von Wichtigkeit, daß wir die Eiweißkörper, die Fette und die Kohlenhydrate in angemessener Fülle und Mischung genießen. An jenen sind die tierischen, an diesen die pflanzlichen Nahrungsmittel besonders reich. Milch, Eier und Fleisch sind am reichsten an Eiweiß; Brot, Zucker am reichsten an Kohlenhydraten. Jene sind die wichtigsten Ernährer. Fleischessende Völker sind die Helden der Geschichte, wogegen Vegetariernationen, wie die von Reis lebenden Indier, die Kartoffel und Fusel zehrenden Irländer, unvermeidlich fremden Eroberern zur Beute fallen müssen. Seuchen aller Art wüten am verderblichsten unter den schlecht genährten Volksmassen. Denn nur aus tüchtigem Material baut sich ein standhaftes Haus; aus schlechtem ein morsches, beim ersten Sturm zusammenbrechendes. — Die Geschmacksrichtungen der Völker sind nun freilich sehr verschieden, und über den Geschmack läßt sich ja bekanntlich nicht streiten. Welch eine mannigfaltige Speisekarte! Der Nordländer hält es mit starken Mahlzeiten, der Südländer mit mäßigen. Den Eskimo entzücken Thran und Seehundsfleisch, von welchem er 5 bis 6 Pfund sich im Handumdrehen einverleiben kann, während dem Neapolitaner einige Makkaroni genügen und Spaniens edler Sohn mit einigen Zwiebeln und etwas hartem Käse zur Revolution fix und fertig dasteht. Blutsuppe war das Hauptgericht der Spartaner; die vornehmen Römer zur Zeit des Augustus und der späteren Kaiser kitzelten ihren Gaumen mit den auserlesensten Hochgenüssen aller Zonen: Gehirn von Pfauen und Flamingos, Nachtigallenzungen, Drosseln. Dem Franzosen geht nichts über Bouillon und Saucen, dem Engländer nichts über Roastbeef und Pudding, dem Yankee nichts über alles — was schwer verdaulich ist, seien es heiße Biskuits oder teigige Pies! —

Nun liegt glücklicherweise in dem unverdorbenen Geschmack ein guter Richter für das, was dem Körper frommt. Ein gesunder normaler Mensch mischt unwillkürlich 1 Teil der eiweißartigen Stoffe mit 5 Teilen der kohlenwasserstoffigen. — Die meisten volkstümlichen Speisen sind auch in der angegebenen Weise zusammengestellt. Da ist z. B. das beliebte Butterbrot mit Käse. Hier haben wir im Käse das nötige geringere Quantum Eiweiß, in dem Brote das Stärkemehl und in der Butter das Fett — Stärkemehl und Fett repräsentieren aber die Kohlenhydrate. In Gegenden, wo man den Käse aus fettem Rahm bereitet, verzichtet man unwillkürlich auf die Butter. In dieser richtigen Mischung der Nahrung liegt eine Hauptbedingung für unser Wohlbefinden. Wollten wir uns einseitig ernähren, so müßten wir ganz enorme Quantitäten des betreffenden Nahrungsmittels zu uns nehmen. So wäre, um unseren Körper nur mit dem nötigen Eiweiß zu versorgen, wollten wir nur Fleisch genießen, täglich 1 1/8 Pfund davon nötig, oder 1 4/5 Pfund Weizenbrot, oder 2 3/4 Pfund grüne Bohnen, oder 3 1/10 Pfund Roggenbrot, oder 20 Pfund gekochter Reis oder ebensoviel Pfund gekochte Kartoffeln! Welcher Ballast für unseren Magen! Wird die Nahrung zweckmäßig gemischt, so genügen 6 Pfund Nahrung. Wir genießen etwa 1/2 Pfund Fleisch, etwa 1 Pfund Brot und andere stärkemehlhaltige Körper, etwa 1/5 Pfund Butter und außer dem nötigen Salz etwa 4 Pfund Wasser. Der gesunde Mensch bedarf jährlich etwa 2000 Pfund Speis und Trank. —

Die tägliche Ration eines Soldaten der Vereinigten Staaten, die wohl die nobelste ist, die man irgendwo giebt, besteht aus:

Brot oder Mehl	22	Unzen.
Frisches oder gesalzenes Rindfleisch (Schweinefleisch oder Speck nur 12 Unzen)	20	"
Kartoffeln (nur dreimal wöchentlich)	16	"
Reis	1.6	"
Kaffee (Thee .24 Unzen)	1.6	"
Zucker	2.4	"
Bohnen	.64	Gills.
Essig	.32	"
Salz	.16	"

Der deutsche Soldat erhält in Kriegszeiten nur 8 Unzen, in Friedenszeiten gar nur 4 Unzen Fleisch täglich. Der englische Soldat erhält 12 Unzen frisches oder 16 Unzen gesalzenes Fleisch. —

Die nachstehende Tabelle giebt den Gehalt der gewöhnlichen Nahrungsmittel.

Zusammensetzung der wichtigsten Nahrungsmittel.

1) Nahrungsmittel aus dem Tierreiche enthalten in 100 Teilen:

	Wasser	Eiweiß	Fett	
Ochsenfleisch, mager	75.9	18.0	3.5	
Ochsenfleisch, fett	65.5	16.2	14.5	
Kalbfleisch	78.0	15.3	1.3	
Schweinefleisch	64.0	14.0	17.0	
Wildbret	77.0	18.0	1.0	
Hammelfleisch	72.9	14.5	9.0	
Hühnerfleisch	77.3	17.5	1.4	
Entenfleisch	71.8	20.4	2.3	
Hecht	77.5	15.6	0.6	
Hering, gesalzen	48.9	17.5	12.7	
Stockfisch (Cod-)	47.0	31.5	0.4	
Schinken, geräuchert	—	30.0	32.0	
Speck	—	5.0	80.0	
Blut	79.3	19.4	0.2	
Hühnereier	74.7	13.1	10.4	
Kuhmilch	87.0	4.0	3.6	und 4.8 Zucker.
Buttermilch	90.3	3.4	1.0	" 5.0 "
Molken	93.0	0.3	0.4	" 5.7 "
Butter	12.0	0.3	86.7	
Fetter Käse	39.0	32.9	25.0	

2) Nahrungsmittel aus dem Pflanzenreiche.

	Wasser	Eiweiß	Fett	Kohlenhydrate
Weizenmehl	12.6	11.8	1.2	73.6
Roggenmehl	14.0	11.0	1.6	71.9
Hafermehl	14.0	14.5	6.0	63.4
Mais, geschält	13.5	11.0	7.0	67.6
Reis	13.5	7.5	0.3	78.1
Buchweizen, geschält	13.0	9.0	1.5	76.5
Schwarzbrot	36.3	8.5	1.3	52.5
Weißbrot	36.5	7.0	0.5	55.0
Erbsen	14.3	22.5	2.5	58.2
Bohnen	14.5	24.5	2.0	55.6
Linsen	14.5	26.0	2.0	55.0
Grüne Garten-Erbsen	80.0	6.1	0.4	12.4
„ Schneidebohnen	91.0	2.0	0.2	6.2
Weißkraut	90.0	1.5	0.3	7.1
Sauerkraut, frisch	93.5	1.0	0.2	4.6
Salat und Spinat	91.7	2.0	0.3	6.0
Kartoffeln	75.0	2.0	0.3	21.8
Gelbe Rüben	85.0	1.5	0.2	12.3
Aepfel, frisch	84.5	0.3	—	14.9
Birnen, frisch	80.0	0.3	—	19.2

Im Nachstehenden sollen nun die wichtigsten Nahrungsmittel einer eingehenden Betrachtung unterzogen werden.

Trinkwasser. Unser Körper besteht zum allergrößten Teile, zu drei Fünfteln, aus Wasser. Darum ist auch das Wasser eines der wichtigsten und unentbehrlichsten Nahrungsstoffe. Es ist das Lösemittel für das Eiweiß, die Salze und den Zucker; durch die Nieren (**Harn**), die Haut (Schweiß), den Darm und die Lungen verlieren wir täglich gegen vier Pfund Wasser, das also auch durch Trinken wieder ersetzt werden muß. Die Sorge für gutes reines Trinkwasser ist darum von der größten Wichtigkeit, und es sind darum schon unter „Atmung" die Kennzeichen desselben gegeben worden. —

Zur Geschmacksverbesserung setzt man dem Wasser zuweilen Kohlensäure (Sodawasser), Fruchtsäfte und dergleichen zu. Wenn aber das Wasser nicht rein ist, so können diese Zusätze die schädlichen Beimengungen nicht aufheben, sondern sie nur verdecken.

Trinkregeln. „Das Wasser ist das beste" — diesen altgriechischen Spruch wollen wir als Motto voranstellen. Denn bei aller Nachsicht mit menschlichen Neigungen, ja mit dem Zugeständnisse der Notwendigkeit erregender Getränke, haben wir dennoch nur Tadel für den und die, welche ihr Flüssigkeitsbedürfnis lediglich aus der Flasche oder aus dem Kaffeetopfe decken. Es bleibt dabei: das naturgemäßeste Durstlöschungsmittel ist und bleibt das reine, frische Wasser. Aber ein Übermaß wirkt auch hier schädlich, macht Magen- und Darmkatarrh, schwächt die Muskeln. Dr. W. Wurm giebt auf Grund einer dreißigjährigen Erfahrung als Leiter einer Wasserheilanstalt die folgenden Trinkregeln:

1. Man beginne den Tag (nach dem Waschen) und beschließe denselben (beim Schlafengehen) mit Wassertrinken. Darunter ist nun keineswegs eine unnatürliche Überflutung des Magens mit Wasser zu verstehen, sondern es genügt ein halbes bis ein Glas voll, langsam, schluckweise getrunken. So reinigt es Mund und Schlund von angetrocknetem Staube, Rauche, Schleime, regt die Magen- und Darmfunktion naturgemäß an, beruhigt den Kreislauf, die Atmung und dadurch das Gesamtnervensystem, und giebt den nötigen Wasserersatz für den organischen Stoffwechsel. Auch wenn wir nicht im geringsten schwitzen, verlieren wir doch durch die sogenannte unmerkliche Hautausdünstung allein etwa 1 Quart Wasser binnen 24 Stunden. Träger Stuhl, manche Störungen der Magenthätigkeit, manche Formen von Schlaflosigkeit können schon durch Regulierung der Wasserzufuhr gehoben werden.

2. Das Hauptwasserquantum, welches nach Konstitution, Gewöhnung, Beschäftigung, Kost und Jahreszeit so ungemein variiert, daß ein bestimmtes Maß kaum anzugeben ist, werde den Nachmittag hindurch — etwa 1 1/2 Stunde nach Tisch beginnend — getrunken. Obwohl wir den einmal daran Gewöhnten ihr Glas Wasser zum Essen selbst wohl vergönnen, halten wir es doch für weit besser, damit zu warten. Denn während der Verdauung soll der Magen blutreich werden und einen die Nahrungsmittel kräftig verarbeitenden, konzentrierten Magensaft absondern; trinkt man nun hierbei reichlich kaltes Wasser, so wird nicht nur durch Verengerung der Blutgefäße die Magenschleimhaut blutärmer, sondern auch der von ihren Drüsen produzierte Verdauungssaft verwässert und unkräftiger. Hat der Magen dagegen seine größere Arbeit vollendet, dann erleichtert vernünftiges Wassertrinken durch Anregung der Magen- und Darmnerven die Fortbewegung, Durchmischung und Aufsaugung von Speisebrei und Milchsaft, sowie die Ausscheidung der Auswurfstoffe und Absonderungsprodukte.

3. Vielfach spukt noch die Furcht vor einem kalten Trunke bei erhitztem Körper, dem man die fürchterlichsten Folgen nachsagte; mindestens stand Schwindsucht als unausbleibliche Strafe darauf. Nun ist's ja wahr, daß eine Tasse warmer Fleischbrühe, Thee oder Kaffee nach einer anstrengenden Fußtour rascher und vollkommener restauriert, als eine weit größere Menge kalten Getränkes; doch ist obige Befürchtung durch das Beispiel der Tiere, durch Erfahrung und wissenschaftliche Erörterung zuverlässig widerlegt. Im Gegenteile, viel sicherer und begreiflicher sind die Folgen des Nichttrinkens bei großer Hitze und vielem Schweißverluste durch Eindickung des Blutes (Hitzschlag). Wer in solcher Lage aus der frischen Gebirgsquelle langsam und mit kleinen Pausen Wasser schlürft, ohne sich dazu zu setzen oder gar zu legen, und hierauf gleich seinen Marsch fortsetzt, der hat nur erfahren, wie herrlich diese Gabe mundet und erfrischt. Nachteile davon wird er nicht empfinden, selbst wenn es einmal unmöglich war, allenfalls beim vorherigen Kauen eines Bissens Brot seinen Kreislauf ruhiger werden zu lassen.

Milch, Butter und Käse. Die Milch, auf deren alleinigen Genuß der Mensch in seiner ersten Lebensperiode angewiesen ist, enthält alle Bestandteile, die der Körper zu seinem Aufbau und zu seiner Erhaltung bedarf: sie enthält Eiweiß (Käsestoff), Fett (Butter), Zucker (Milchzucker) und Salze. Die Fettkügelchen geben der Milch ihre weiße Farbe, sammeln sich beim ruhigen Stehen oben an und werden als Rahm oder Sahne (Cream) bezeichnet. Durch Schütteln und Schlagen kleben sie zusammen und bilden die Butter; die übrige, etwas säuerliche, noch eiweißhaltige, darum auch nahrhafte und leichtverdauliche Flüssigkeit nennt man Buttermilch. Nach einiger Zeit — bei warmen Tagen oder in Gewitterluft sehr schnell — wird die Milch sauer und gerinnt; das eiweißreiche Geronnene heißt frischer Käse oder Quark, die übrige Flüssigkeit Molken. Dieses Sauerwerden läßt sich durch Aufbewahren der gut zugedeckten Milch an einem kühlen Ort hinausschieben. Man kann dasselbe auch verzögern, wenn man etwas doppeltkohlensaures Natron (Bi-carbonate of Soda) beimischt, etwa eine Messerspitze auf ein Quart Milch. Kommt Milch in den Magen, so gerinnt sie zu Käsequark durch die Magensäure. — Gute Milch ist weiß und nur schwach bläulich, schmeckt mild und süß, bildet beim Verdampfen eine Haut, sinkt beim Eintröpfeln in reines Wasser unter und bildet auf dem Fingernagel ein halbkugeliges Tröpfchen.

Der Säugling ist naturgemäß für seine Ernährung während des ersten Lebensjahres ausschließlich auf die Muttermilch gewiesen. Wo ihm diese gar nicht oder nicht ausgiebig gereicht werden kann, da muß man wohl oder übel zur künstlichen Auffütterung schreiten. Der zweckmäßigste und gesündeste Ersatz für die natürliche Nahrung ist die Kuhmilch, nicht aber eines jener vielgepriesenen Präparate, die doch auch meist mit Milch versetzt werden müssen. Da aber die Kuhmilch einerseits fettreicher, andererseits zuckerärmer ist, daher leichter käst oder säuret, auch verstopfend wirkt, so muß sie durch Verdünnung und Ansüßung der Muttermilch nahe gebracht werden. Die Verdünnung geschehe durch reines Wasser, die Aufsüßung durch Milchzucker oder doch durch guten granulierten Zucker. Die Milch muß durchaus gut sein, muß von gesunden, gut gefütterten und rein gehaltenen Kühen herrühren. Es ist gar nicht nötig, daß die Milch von einer Kuh stammt. Rührt sie von mehreren Kühen her, so hat dies den Vorteil, daß, wenn eine kranke Kuh darunter sein sollte, die von ihr herrührende Milch bis zu einem unschädlichen Grade verdünnt wird.

Die Milch muß gleich nach Empfang gekocht und dann an einem recht kühlen Orte in einem irdenen, immer rein zu haltenden Gefäß aufbewahrt werden. Auch die Flasche, in der die Mutter dem Kinde die Milch reicht, muß gleich nach Gebrauch mit warmem Wasser, am besten mit einem Zusatz von Soda, gereinigt werden. Als Säuger gebrauche man die bekannten Gummihütchen (Nipples), die man, sobald sie klebrig werden oder zu riechen anfangen, durch frische ersetzen muß. Nie gebrauche man die „Feeding-Bottles“ mit einem bis auf den Boden reichenden Schlauch, so bequem diese auch sind. Der Schlauch läßt sich durchaus nicht rein halten.

Über das Verhältnis, in dem die Milch in den verschiedenen Altern gemischt werden muß, sei folgendes bemerkt: Beim gesund und kräftig geborenen Kinde wird mit einer Mischung von 1 Teil Kuhmilch und 3 Teilen Wasser, beim schwächlichen, auch wohl zu früh geborenen mit 1 Teil Milch und 4 Teilen Wasser begonnen. Ist ersteres sechs, letzteres acht Wochen alt, so wird morgens 1 Teil Milch und 2 Teile Wasser, sonst 3 Teile Wasser gereicht; nach vier bis fünf Tagen auch mittags, nach weiteren vier bis fünf Tagen auch abends 1 Teil Milch und 2 Teile Wasser, und wenn die 10. Woche erreicht ist, bei jeder Mahlzeit 1 Teil Milch und 2 Teile Wasser. Von Milchzucker wird zu jeder Flasche ein Theelöffel voll gethan. Kinder, die fünf oder sechs Monate alt sind, bekommen halb Milch, halb Wasser, noch ältere Kinder erhalten nach und nach mehr Milch als Wasser. Vom 7. bis 8. Monat an, wo bereits Zähne zum Vorschein kommen, kann man auch durchgerührte Hafergrütze und Reis reichen, denen man Milch (etwa $^2/_3$) mit etwas Kochsalz zufügt. Niemals aber gebe man den Kindern andere Nahrung und lasse sie nicht an den Mahlzeiten der Erwachsenen teilnehmen.

Kindern bis zu zwei Monaten reiche man alle zwei bis drei Stunden Nahrung, älteren Kindern seltener und seltener, aber immer zu bestimmten Zeiten. Verlangen sie in den Zwischenzeiten etwas, so gebe man ihnen reines Wasser ohne Zucker.

Die in unsern heißen Sommern namentlich in den Städten herrschende Kindercholera (Summer Complaint) wird meist durch unpassende Nahrung, durch heiße und unreine Luft und durch vernachlässigte Hautpflege veranlaßt. Sobald dieselbe sich einstellt, bette man das Kind kühl, stelle die Ernährung des Kindes auf vier bis sechs Stunden ein, gebe dann einige Tropfen Whiskey in Eiswasser, gebrauche keine Hausmittel, sondern sende zum Arzt. —

Fleisch. Das Fleisch ist, wenn in gehöriger Verbindung mit Pflanzenkost genossen, ein vorzügliches, namentlich an Eiweiß reiches Nahrungsmittel. Je nachdem das Fleisch weicher, zarter, oder derber und konsistenter ist, wird eine Fleischsorte leichter verdaulich, die andere schwerer. Je mehr das Fleisch an Saft enthält, desto nahrhafter ist es. Diejenige Zubereitungsweise also, durch welche die Fleischfaser möglichst gelockert und bei welcher vom Fleischsaft möglichst wenig verloren geht, ist die beste: es ist das Braten. Man kann Fleisch auch durch Einlegen in Essig, saure Milch, sowie auch durch Aushängen an die frische Luft verdaulicher machen. Durch das Räuchern wird das Fleisch schwer verdaulich; durch Einpökeln verliert es an Nährwert und Schmackhaftigkeit. Das rohe Fleisch, wenn es nicht sehr fein geschabt und von

Sehnen befreit ist, ist schwerer verdaulich als gekochtes und gebratenes Fleisch. — Die Fleischbrühe hat fast gar keinen Nahrungswert, da beim Kochen der vorzüglichste Nährstoff des Fleisches, das Eiweiß, gerinnt und von der Köchin sorgfältig als „Schmutz" abgeschöpft wird. Da aber die Fleischbrühe diejenigen Bestandteile des Fleisches enthält, die auf das Nervensystem belebend und anregend wirken, so ist sie ein vortreffliches Reizmittel für Genesende und Geschwächte. Man bereite dieselbe dann aus magerem, in kleine Stücke geschnittenem Fleisch, das man mit wenig und kaltem Wasser aufs Feuer setzt. — Fügt man der Fleischbrühe Eier, Weißbrot, Reis oder dergleichen zu, so macht man sie dadurch nahrhaft. —

Der Genuß des Fleisches kann schädlich wirken, wenn das Fleisch von kranken (z. B. milzbrandigen, rotz- und pockenkranken) Tieren kommt. Auch durch das Kochen wird solches Fleisch nicht immer unschädlich. Weit ernstere Gefahren birgt indessen der Genuß von rohem Fleisch, da dasselbe zuweilen der Träger von Bandwurm und Trichinen ist.

Der Bandwurm (Tape-worm) ist ein tückischer, launenhafter, in allen fünf Weltteilen heimischer, bei Menschen und Tieren schmarotzender Gesell. Manchmal trägt der Mensch einen solchen Wicht, zwei- bis dreimal so groß als er selbst ist, in seinem Körper herum und merkt es nicht. Ein anderer aber hat ganz entsetzlich von ihm zu leiden; nach jedem Essen treibt sich ihm der Leib auf, der Genuß von Zwiebeln oder Rettig will ihn umbringen. Oft läuft ihm das Wasser im Mund zusammen; dies Würgen, Herzklopfen und Leibkneifen, diese Beklemmungen sind nicht auszustehen; er kämpft bald mit Heißhunger, bald mit gänzlichem Appetitmangel, ja, es treten wohl gar Krämpfe ein. In diesem Wirrsal von fabelhaften Zufällen sich zurechtzufinden, ist selbst dem Arzt schwer — und darum ist hier ein recht ergiebiges Feld für die Quacksalber und Wunderdoktoren. Nur wenn man Stücke des Bandwurms im Stuhl gefunden hat, ist man sicher, daß man einen Bandwurm beherbergt. —

In unserm allerorten gehegten Haustiere, dem Schwein, hat man des Bandwurms ursprünglichen Wirt zu suchen. Man hat einmal rohes, oder doch halbrohes finniges Schweinefleisch gegessen — vielleicht in der Form von Wurst oder Schinken. Die Finne des Schweines aber ist der zukünftige Bandwurm, und umgekehrt werden die Eier des menschlichen Bandwurms, wie sie vom Schwein auf den Senkgruben und aus schmutzigen Trinkstätten verschlungen werden, in diesem letzteren zur Finne. Wir werden unsern Schwerenöter wohl am besten kennen lernen, wenn wir seinen Lebenslauf einmal in aufsteigender Linie verfolgen. Bandwurmeier befinden sich zu Hunderten in jedem Glied, das den menschlichen Körper verläßt. Was Wunder, wenn der jeden Schmutz umwühlende Borster auch von diesen Eiern kostet. Die Eier zeitigen im Magen und Darm des Schweines, ein sechshakiger Wurm macht sich in seinem Wirte auf die Wanderung, durchbohrt die Magenwand und lagert sich endlich in irgend einem Organ, etwa in den „Schinken" des Schweines ab. Hier angekommen, umgiebt sich das winzige Tierchen mit einer Kapsel, in der sich eine Flüssigkeit sammelt. So entsteht der Blasenwurm oder die Finne, ein Tier von Erbsengröße, das wir in Figur 1 darstellen. Bald zeigt sich, nach dem Innern der Blase ragend, ein Zapfen, die Anlage des Bandwurmkopfes. Er ist eingestülpt; Figur 2 zeigt ihn uns aus der Blase herausgezogen. — Recht finniges Schweinefleisch enthält oft über 300 Stück in einer Unze! —

Figur 1. Blasenwurm oder Finne (vergrößert).

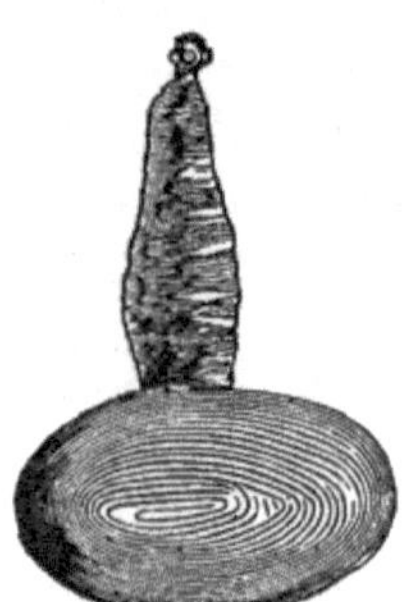

Figur 2. Ausgestülpter Blasenwurmkopf (vergrößert).

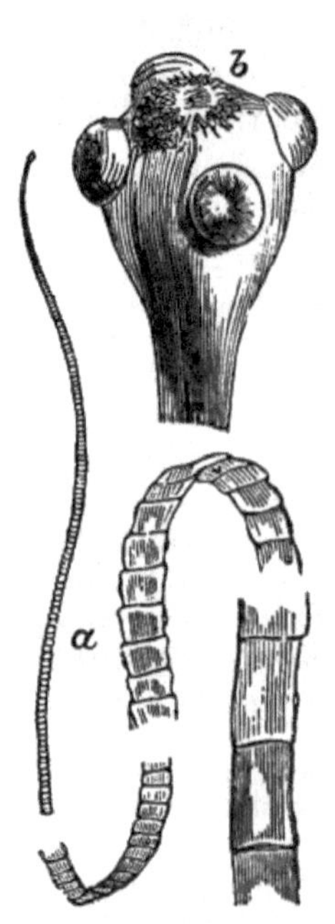

Figur 3. Gemeiner Bandwurm. a. Stücke desselben in natürlicher Größe. b. Kopf, vergrößert, mit Hakenkranz und Saugnäpfen.

In dem Augenblick, wo man solches Fleisch gegessen, kann man sich mit Wahrscheinlichkeit als hoffnungsvoller Inhaber einer Kolonie von Gästen, die den Überfluß teilen, betrachten. Wäre die Finne stets im Schweinefleisch geblieben, sie hätte ihre niedere Sphäre nie verlassen — im Dünndarm des Menschen aber fühlt sie sich zu etwas Höherem berufen: sie wird zum Bandwurm. Schon im Magen wirft sie unter der Einwirkung des Magensaftes ihre Hülle ab, sie entpuppt sich, kriecht in den Dünndarm, streckt ihren Kopf empor, hängt sich daselbst mit ihren Haken fest, läßt ihre Schwanzblase fallen und arbeitet nun rastlos an ihrer Weiterentwicklung. An ihrem hinteren Ende knospen neue und immer neue Glieder, während die älteren vorgeschoben werden; schon in wenigen Wochen ist eine drei Fuß lange Kette fertig. Der sogenannte Kopf ist nicht größer als eine Stecknadel (siehe Figur 3); doch sichern ein Kranz von Haken und vier Saugnäpfe den Halt. Abtreibungsmittel befördern wohl häufig große Knäuel von Gliedern, aber seltener den Kopf zutage. Und doch kommt es gerade hierauf an, da ohne seinen Abgang die Fabrikation von Bandwurmketten sofort von neuem losgeht. — Wie man zur Kenntnis dieses sonderbaren Lebenslaufes gekommen ist? Ganz einfach, durch Versuche. Hübner fütterte eine Anzahl aus finnenfreier Zucht stammende Ferkel mit Bandwurmgliedern und fand, als er die Tiere nach vier bis sechs Wochen schlachtete, ihre Muskeln mit Finnen wie besäet. Küchenmeister gab einem zum Tode verurteilten Verbrecher vor seiner Hinrichtung wiederholt Semmeln zu essen, die mit Wurst und 26 Finnen belegt waren: im Darm des Enthaupteten fand man 19 kleinere und größere Bandwürmer.

Der von uns bisher geschilderte, von dem Schwein stammende Bandwurm heißt der gemeine Bandwurm, Taenia solium, das heißt der einsame, weil man früher glaubte, der Mensch könne immer nur ein solches Ungetüm beherbergen; das ist aber irrig, denn es sind manchem schon deren 20 bis 30 mit Kopf und Kragen auf einmal abgetrieben worden. Aber dieser Bandwurm ist auch nicht ohne Verwandte. Da ist z. B. der Kettenwurm, Taenia mediocanellata, dessen Finne im Rind lebt. Er wird bis 20 Fuß lang, ist dicker und kräftiger als sein gemeiner Vetter, hat einen stärkeren, flachen und eckigen Kopf ohne Hakenkranz, dafür aber mit vier so mächtig entwickelten Saugnäpfen, daß er der Darmwand aufs innigste anhaftet und schwer zu vertreiben ist. In Gegenden, wo rohes Rindfleisch gegessen wird, ist er ein häufiger Gast. — Auch der Grubenbandwurm, Botriocephalus latus, der von den Fischen stammt und eine Länge von 25 Fuß erreichen kann, siedelt sich bisweilen im Menschen an. —

Ein anderer, weit bösartigerer Schmarotzer, den wir dem Genusse rohen Fleisches verdanken, ist die Trichine, Trichina spiralis. Es sind kaum 20 Jahre

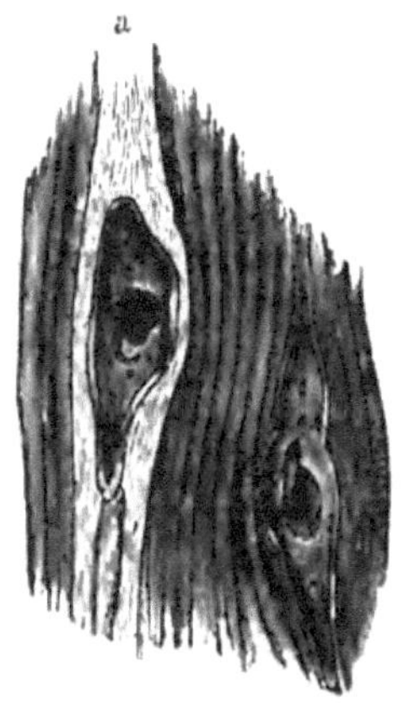

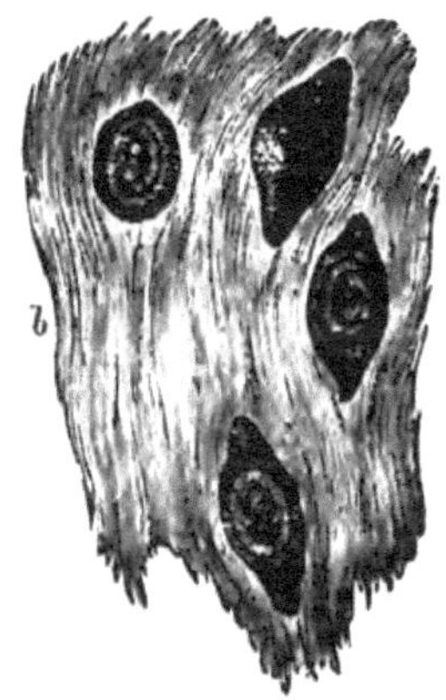

Fleisch mit Trichinen-Kapseln.

a. Fleisch mit aufgeschnittenen Trichinen-Kapseln. b. Fleisch mit vier Kapseln, von denen eine vollkommen verklebt und undurchsichtig ist, während bei den andern der Wurm durchschimmert. (100 mal vergrößert.)

her, als sie zuerst in beunruhigender Menge sich zeigte, oder doch zuerst genau beobachtet wurde. Es kam die Kunde von Hettstädt, wo nach einem großen, zu Ehren der Leipziger Schlacht am 6. Oktober 1863 veranstalteten Festessen 159 Personen an der Trichinosis erkrankten, von denen 28 starben — und zwei Jahre danach von Hadersleben, wo 500 Personen erkrankten und gar 80 starben! —

Auch die Trichine ist ein Tier, das zu seiner vollen Entwickelung zweier Individuen gebraucht. Sie bringt nur ihre Kindheit im Schwein zu, wo sie sich im Muskelfleisch eine Kalkkapsel baut, in der sie unthätig und wie scheintot Jahre auf Jahre zu verharren vermag. Erst in dem Augenblick, wo ihr Wirt von einem andern verspeist wird, wirft sie im Magen des letzteren den Panzer von sich und arbeitet an ihrer Entwickelung. In wenigen Wochen wächst sie um das dreißig- bis vierzigfache. Das Weibchen legt mehrere tausend Eier, aus denen sofort lebendige Junge kriechen. Diese treten dann die Wanderung nach den Muskeln an und durchbohren unsern Körper gleich vielen Millionen von feinen Nadeln. Denn schon in einem Bissen trichinösen Fleisches können 25,000 Muttertiere enthalten sein, welche in wenigen Wochen den Menschen mit Millionen ihrer Sprößlinge bevölkern können. In einer einzigen Unze Schweinefleisch hat man schon 600,000 eingekapselte Trichinen gefunden. Und noch nach mehr als 20jähriger Kerkerschaft und Hungerkur, nach monatelangem Aufenthalt in der Leiche bewahrt das Tier sein Leben! Und gerade dieses Gefeitsein macht uns die Trichine so gefährlich. Kühn fand in einer Wurst, welche neun Monate lang aufbewahrt worden war, in einem vier Monate alten, zwölf Tage hindurch gesalzenen und drei Tage geräucherten Schinken noch lebensfähige Trichinen. Auch das Kochen, wenn es nicht das Fleisch auch in seinen innersten Teilen erreicht, tötet die Trichinen nicht.

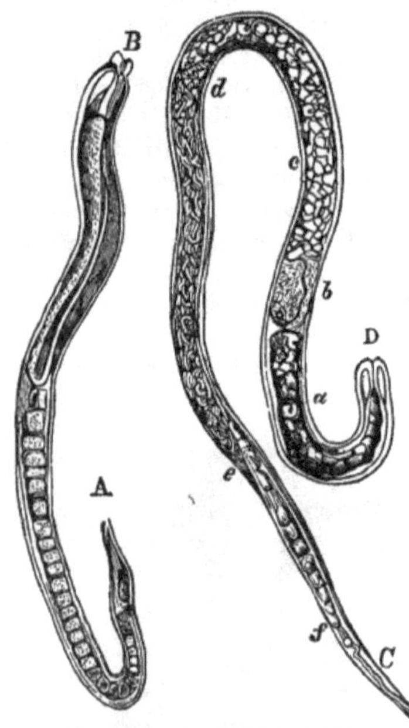

Männliche und weibliche Trichine.

A, B. Männliche Trichine. A. Kopfende. B. Schwanzende.
C, D. Weibliche Trichine. C. Kopfende. D. Schwanzende. a, b, c, d. Der mit Eiern gefüllte Eierstock. d, e. Der Eierleiter, gefüllt mit ausgeschlüpften Jungen. f Speiserohr. (150 mal vergrößert.)

Das sind die Pioniere, welche, so harmlos und unbedeutend als einzelne, in ihrer Massenarbeit doch den festen Bau eines Menschenlebens untergraben und stürzen können. Wozu andere Eingeweidewürmer Monate und Jahre brauchen, das vollenden diese unbarmherzigen Feinde in wenigen Wochen. Anfangs, so lange sie sich im Darmkanal aufhalten, machen sich nur die Symptome heftiger Verdauungsstörungen (Erbrechen und Durchfälle) und daraus erfolgende Fiebererscheinungen geltend; später, in der dritten oder vierten Woche, während der Einwanderung in die Muskeln, treten Unordnungen in der Bewegung und Empfindung hinzu. Das rastlose Wühlen, Nagen und Fressen solcher Heeressäulen zerstört die Gewebe, die sie durchziehen, und verursacht dem Kranken die unerträglichsten Schmerzen, die sich bei jeder Bewegung steigern.

Arme und Beine sind infolge der Überfüllung der Muskeln mit Trichinen hart und steif wie Bretter. Bei starker Ansammlung im Zwerchfell leidet die Atmung. Im weiteren Verlauf stellen sich Anschwellungen scheinbar wassersüchtiger Art hinzu, Gesicht und Gliedmaßen sind gedunsen, bis endlich unter hektischem Fieber und enormen Schweißen der Tod die Leidenskette beschließt.

Erst dann, wenn er die Einkapselung der riesigen Einquartierung in die Muskeln glücklich überstanden hat, kann der Verpfleger sich für gerettet ansehen. Aber die Genesung ist eine langwierige. Eine Einwirkung von Arzneimitteln scheint leider sehr zweifelhaft; denn womit will man den wandernden Scharen ein Halt gebieten?

Wer nun ein Mikroskop besitzt und weiß, wie Trichinen aussehen, kann freilich das Schweinefleisch, welches er genießen will, sehr schnell vorher untersuchen. Er braucht nur ein Stück von Stecknadelkopfgröße zwischen zwei Gläsern zu zerreiben und hierauf das Mikroskop zu richten. Wer dies nicht thun kann, enthalte sich unter allen Umständen des Genusses rohen Schweinefleisches! Überhaupt hängen wir nun die folgende Moral an:

1. Will man sich vor dem Bandwurm in acht nehmen, so genieße man zunächst niemals finniges, überhaupt kein rohes oder halbrohes Schweinefleisch, es sei denn, man hätte sich vorher von seinem finnenfreien Zustand überzeugt. Dieselbe Vorsicht beobachte man beim Genuß des rohen Rindfleisches. Merkt man am Abgang von Gliedern, daß man angesteckt ist, so gehe man zum Arzt (nicht zum Wurmdoktor). Glückt die Kur, das heißt, geht der Kopf mit ab, so vergesse man nicht den Arzt zu bezahlen und gebe seinen Freunden etwas zum besten.

2. Vor Trichinen wahrt man sich, indem man nur solches rohes Schweinefleisch genießt, welches nach zuverlässiger mikroskopischer Untersuchung sich als trichinenfrei herausgestellt hat. Nur total durchbratenes oder durchkochtes Fleisch ist unter allen Umständen ungefährlich.

In nicht gehörig gekochten oder schlecht geräucherten, auch in gefrorenen und wieder aufgethauten Würsten, die ranzig, säuerlich oder widrig schmecken, bildet sich zuweilen ein eigentümliches Gift, das Wurstgift, welches Heiserkeit, Erbrechen, Durchfall und Leibschmerzen hervorruft. Man entferne das Gift durch Brechen, und reiche dann schleimiges Getränk und starken schwarzen Kaffee. —

Eier. Alle Eier, sonderlich diejenigen der Vögel, Reptilien und Fische sind nicht nur sehr nahrhafte, sondern auch leicht verdauliche und daher vorzügliche Nahrungsmittel, weshalb ihnen auch von den Tieren nachgestellt wird und der Mensch, besonders durch die Hühnerzucht, ihre Produktion zu fördern sucht. Ein Hühnerei ist etwa einem zehntel Pfund Fleisch gleich zu achten, und ein Erwachsener müßte etwa 18 bis 20 Eier täglich essen, um seine Nahrungsbedürfnisse zu befriedigen. Das Ei, aus dem ein neues Wesen entstehen kann, enthält alle zum Aufbau nötigen Stoffe; es besteht aus dem fettreichen Dotter und aus dem Wasser und Eiweiß haltenden Weißen. Beim Kochen gerinnt das Eiweiß und verwandelt sich in eine gallertartige, undurchsichtige, weiße Masse. Dasselbe geschieht teilweis auch durch den sauren Magensaft. Rohe Eier sind sehr leicht verdaulich, ebenso auch nicht zu hart gekochte und tüchtig gekaute Eier. Personen mit schwacher Verdauung genießen sie am besten roh, vielleicht mit etwas Zucker gemischt, oder nachdem das Ei wenige Minuten (höchstens drei) im kochenden Wasser gelegen hat. Das Ei enthält Schwefel, der sich beim Faulen in Schwefelwasserstoff umsetzt, welcher sehr übel riecht. Schon durch das Kochen wird etwas Schwefelwasserstoff gebildet, der den hartgesottenen Eiern ihren eigentümlichen Geruch giebt.

Getreidesamen. Der Ackerbau ist recht eigentlich das Kennzeichen der Civilisation. Trägt der Jäger sein Hab und Gut in seinen oft selbst gefertigten Waffen und etwa noch Kochgeschirr und dergleichen mit sich, so bedarf der Hirt schon des Zeltes mit seinen Einrichtungen, der Transportgeräte zur Fortschaffung der Utensilien. Der Ackerbauer aber bedarf des Hauses und der Stallungen für das Vieh, der Vorratsräume, der Ackergerätschaften. Während der Jäger jeden neuen Eindringling, der sein Jagdgebiet betritt, als seinen Feind betrachtet, gestattet der Ackerbau eine dichte Besiedlung und erzeugt nicht nur für den Ackermann, sondern auch für andere ausreichende Nahrungsmittel.

Zu den Getreidearten oder Cerealien zählen wir: Weizen, Roggen, Gerste, Hafer, Mais, Reis, Buchweizen und Hirse. Von allen Getreidearten war nur der Mais in Amerika heimisch. Man bezeichnet denselben bei uns als Korn, worunter man in den verschiedenen Ländern immer die landesübliche Brotfrucht bezeichnet: Roggen im Osten und Norden von Europa, Weizen in West- und Mitteleuropa, Hafer in den Gebirgsgegenden, Reis in einem großen Teile von Asien und Afrika.

Die Getreidekörner enthalten unter einer unverdaulichen Fruchtschale eine Mischung von Nahrungsmitteln, welche dem tierischen Ei sehr ähnlich ist. Sie enthalten nämlich dicht unter der Hülse Pflanzeneiweiß oder Kleber, der beim Kneten des Mehles in einem Tuch unter Wasser als eine zähe, klebrige Masse zurückbleibt, während der andere Hauptbestandteil des Pflanzeneies, das Stärkemehl (Amylum), beim Kneten durch die Zwischenräume des Gewebes gepreßt wird und als ein zartes, weißes Pulver erscheint. Das Stärkemehl setzt sich in unserem Körper allmählich in Zucker um. Es ist gleich dem Fett, das sich nur spärlich in dem Getreidesamen findet, ein Kohlenhydrat.

Der Gehalt des Mehles der Getreidearten an Eiweißstoffen, Fett und Stärkemehl ist, wie die vorstehende Tabelle (S. 133) ausweist, ziemlich verschieden. Während Weizen- und Roggenmehl von ziemlich gleicher Zusammensetzung sind, erweist sich das Hafermehl (Oat-meal, Hafergrütze) stärker eiweißhaltig und fetthaltiger, wird aber an Fettgehalt von dem Mais noch übertroffen.

Beim Mahlen und Beuteln der Getreidekörner bleibt namentlich Kleber an der Schale (in der Kleie.) zurück; überhaupt enthält das feine, schneeweiße Mehl weniger Kleber und fast nur Stärke, hat also an Nährwert verloren. Kleienbrot (Graham-Flour Bread) ist darum an sich wohl nahrhafter als anderes Brot, weil es aber unverdaulicher ist, geht doch der Kleber größtenteils unverdaut durch Magen und Darm hindurch.

Weil das Mehl einen so bedeutenden Bestandteil unserer Nahrung ausmacht, so muß in unserem Haushalt nur gutes und unverfälschtes zur Verwendung kommen. Das Mehl muß sich körnig, aber weich und trocken anfühlen, es darf sich nicht beim Druck in der Hand zusammenballen, muß aber doch beim Öffnen der Hand den Eindruck der Finger nicht sogleich wieder verlieren. Es darf nicht sauer sein, darf nicht dumpfig riechen und muß mit Wasser einen zähen, dehnbaren, leicht knetbaren Teig geben. Mehl muß an einem trocknen, luftigen Ort aufbewahrt werden.

Gutes Brot muß locker, aber doch nicht großblasig sein, muß beim Klopfen auf die untere Fläche einen etwas hellen, nicht dumpfen Ton geben, darf nicht schliffig oder klumpig sein und muß angenehm aromatisch riechen.

Hülsenfrüchte. Die Samen der Hülsenfrüchte, die sogenannten Leguminosen, die Erbsen, Bohnen und Linsen, verdienten als Volksnahrungsmittel eine viel weiter gehende Beachtung, als ihnen bis jetzt zu teil wird: sie sind die eiweißreichsten Pflanzennahrungsmittel und können daher am besten, wenn man ihnen nur Fett zusetzt (Pork and Beans, Erbsen mit Speck, Erbswurst), die tierischen Nahrungsmittel ersetzen. Doch sind sie immerhin schwer verdaulich und geben häufig zu bedeutender Gasentwicklung in den Gedärmen Veranlassung, weshalb sie den Herzkranken, den Hämorrhoidariern und überhaupt Verdauungsschwachen nicht zu empfehlen sind.

Kartoffeln. Da die Kartoffel fast zu drei Vierteln aus Wasser besteht, so kann sie ihres Wohlgeschmacks wegen wohl als angenehmer

Speisezusatz, nicht aber als Hauptnahrungsmittel gelten. Wo sie dazu gebraucht wird, wie z. B. bei der armen Gebirgsbevölkerung des sächsischen Erzgebirges, erzeugt sie einen schwächlichen, arbeitsunfähigen Körper mit einem aufgetriebenen „Kartoffelbauch".

Gemüse. Auch die Gemüse (Möhren, Rüben, Kohlrabi, Zwiebeln, Knoblauch, Spargel, Schoten, Kohl, Kraut, Salate u. a.) haben zwar nur einen geringen Nährwert, bringen aber eine wohlthuende und für die Ernährung notwendige Abwechslung in unseren täglichen Tisch, wirken geschmack-reizend und haben einen hohen Gehalt von wertvollen Blutsalzen.

Obst. Die Obstarten sind auch wegen ihres großen Wassergehaltes arm an Nahrungsstoffen, wirken aber durch die in ihnen enthaltenen Pflanzensäuren kühlend, erfrischend, die Verdauung anregend und die Nerventhätigkeit erhöhend und belebend. Schalen und Kerne entferne man, weil sie der Verdauung hinderlich sind. Durch Kochen wird das Obst verdaulicher. Unreifes und faules Obst ist zu meiden.

Genußmittel. Eine Nahrung, welche wir mit Vergnügen genießen, ist uns weit zuträglicher als eine an sich vielleicht gesündere, welche uns Ekel einflößt. Darum ist der Zusatz von Gewürzen, von Zucker und Essig, namentlich aber von Kochsalz völlig gerechtfertigt. Das Kochsalz ist freilich mehr als ein bloßes Gewürz: es dient dem Aufbau des Körpers und sein Genuß ist uns ein unabweisbares Bedürfnis. Wenn wir daher unsere Speisen mit Salz würzen, genügen wir nicht etwa bloß einem angenehmen Kitzel — nein, wir erfüllen eine unumgehbare Forderung der Lebensunterhaltung. „Salz und Brot macht die Wangen rot", sagt der Volksmund sehr richtig; denn ohne Salz müßten wir verhungern. Wir müßten, wenn wir im Fleisch, im Wasser, in den Früchten, in den Getränken kein Salz genössen, den Salzhunger sterben. Unser Blut enthält Salz, so viel, daß es salzig schmeckt. Der gesunde Mensch führt in je 100 Unzen Blut ungefähr 4 Unzen Salz; im ganzen bei einem Körpergewicht von 150 Pfund etwa 1 Pfund. Nun ist der Leib aber dem Stoffwechsel unterworfen, er scheidet auch beständig Salz aus, etwa 1/2 Unze per Tag, 1 Pfund im Monat, oder 12 Pfund im Jahr, die wir also auch jährlich durch Genuß wieder ersetzen müssen, wenn unser Körper nicht verkümmern soll. Der afrikanische Reisende Mungo Park erzählt, daß, als ihn Salzmangel der durchstreiften Gegenden zu längerem Genuß ungesalzener Speisen gezwungen, sich seiner eine so verzehrende Sehnsucht nach Salz bemeistert habe, daß er sie mit Worten nicht zu schildern vermöge. Ist doch im salzarmen Mittelafrika Salz ein Tauschmittel, wie bei uns Gold und Silber. Übergeben doch Eltern ihre Kinder, Brüder ihre Schwestern, Männer ihre Frauen der Sklaverei für einige Hände voll Salz! —

Gierig läuft auch das Wild unserer leider immer lichter werdenden Wälder nach den Salzlaken, dem Kamel der Wüste ist ein Stückchen Steinsalz der liebste Leckerbissen, wir reichen es allen unseren Haustieren, und die unbändigen Büffel unserer westlichen Prairien kommen scharenweise aus den grünen Wäldern an die salzigen Ufer der Flüsse und Seen.

Mit Ekel und Überdruß wenden wir uns bald von ungesalzener Speise hinweg. Nennen wir doch auch die gehalt- und geschmacklose Rede eine „ungesalzene".

Der Zucker, dies Lieblingsgewürz der Frauen und Kinder, ist auch nicht nur ein geschmackverbesserndes Genußmittel, sondern auch ein wärme- und krafterzeugendes Nahrungsmittel. Da aber der Zucker, in größerer Menge genossen, Veranlassung giebt zu störender Säurebildung, so ist sein unbeschränkter Genuß zu widerraten.

Essig wirkt erquickend, durstlöschend und befördert auch die Verdauung. Im Übermaß genossen, stört er aber die Ernährung und erzeugt Blutarmut, was leider manche veranlaßt, ihr rotes, für zu blühend gehaltenes Gesicht durch Essigsäure blaß machen zu wollen.

Auch von den eigentlichen Gewürzen, wie Pfeffer, Senf, Zimmet, mache man einen mäßigen Gebrauch, weil sie sonst die Nerven und den Blutlauf nachteilig erregen.

Zu den Genußmitteln sind auch die berauschenden (alkoholischen, geistigen) Getränke zu zählen, die sich fast jedes Volk zu bereiten weiß. Unter den Kulturvölkern herrscht der Genuß von Wein, Bier und Branntwein. Ihr mäßiger Genuß ist, für Erwachsene wenigstens, nicht schädlich, sondern wirkt belebend, anregend und erquickend. Im Übermaß genossen, ruinieren sie Körper und Geist und werden dann zu einem schrecklichen Fluch. —

Nahrungsmittel sind die berauschenden Getränke nicht, auch das Bier nicht, dessen Malzgehalt verschwindend klein ist. Als Liebig zum erstenmale nachwies, daß Bier nur ein Reizmittel sei, rief seine Erklärung in Bayern, dem Bierlande, einen Sturm der Heiterkeit hervor, weil ja, wie man meinte, gar mancher Bayer die Ernährungsresultate an seinem Leibe deutlich genug zur Schau trägt. Aber man vergaß, daß der Bayer auch im Essen eine gute Klinge schlägt.

Der Kaffee ist ein Erregungsmittel, das sich schnell die Welt erobert hat und das, mäßig gebraucht, auf Körper und Geist wohlthätig einwirkt. Er erquickt, regt das Denken, auch wohl die Unterhaltung an — „Kaffeeklatsch!" — und verscheucht die Müdigkeit. Zu starker Kaffee im Uebermaß genossen, erzeugt ein Gefühl von Unruhe, Angst, verursacht Schwindel, Herzklopfen und Zittern der Glieder. Der Kaffee wurde um 1700 in Deutschland bekannt und fand bald viele Freunde, aber auch Feinde. Ein Franzose Desclieux pflanzte 1717 den ersten Kaffeebaum in Amerika auf der Insel Martinique im Antillenmeer.

Der Thee ist dem Kaffee gleichzuachten. Er wirkt wie jener anregend. Doch haben die Chinesen auch das Sprichwort: „Junge Theetrinker, alte Hinker." Als der Thee in Europa bekannt wurde, rühmten ihn manche Ärzte als ein Lebenselixier. Es erschien z. B. in Frankfurt am Main eine Schrift: „Gründlicher Bericht, wie ein jeder, dem seine Gesundheit lieb ist, den Thee nicht allein zu Hause gebrauchen, sondern wie auch ein Soldat im Felde sich damit konservieren kann." Es erschien aber auch eine Gegenschrift, betitelt: „Septimus Podagra, der profitable Apotheker Tod in dem fremden Kräutlein Thee, samt seiner medizinischen Sackpfeife." Man muß eben, will man den Thee gerecht beurteilen, die Grenzlinie zwischen Gebrauch und Mißbrauch festhalten. Zu starker Thee, in zu großen Mengen und zu oft getrunken, kann krampfhafte Zufälle, erschwertes Atmen und ein Gefühl von Angst in der Herzgegend erzeugen.

Der Tabak ist vielen Menschen ein Genußmittel, das ihnen ein Gefühl der Befriedigung und Behaglichkeit giebt, ihnen die Langeweile und Einsamkeit erträglicher macht und sie zur Geselligkeit stimmt. Aber das „edle Kraut" birgt auch Unheil, wenn man ihm im Übermaß fröhnt. Es enthält ein sehr starkes Gift, das Nikotin, das Kopfweh, Schwindel und Herzklopfen hervorruft. Wo immer sich solche Symptome bei einem Raucher einstellen, da entsage er dem Tabaksgenuß. Wer sonst an Husten, Augenübeln, Appetitmangel und Magendrücken leidet, sollte das Rauchen gänzlich meiden. Geradezu als Gift wirkt der Tabak auf Herz- und Lungenkranke, besonders auf Blutspeier. Die Jugend ist vor den zu frühen Gebrauch des Tabaks ernstlich zu warnen; vor dem vollendeten achtzehnten Lebensjahre ist der Genuß desselben zu untersagen und auch dann nur mäßig zu gestatten. — Die Sitte des Tabakrauchens kam schon im 16. Jahrhundert von Amerika nach Europa. Nichts konnte den welterobernden Zug des Tabaks aufhalten, nicht die Schrift König Jakobs I. von England, der „Rauchfeind", auch nicht der Bannstrahl des Papstes Urban VIII. oder die Verhängung der Todesstrafe durch Sultan Muhamed, der jeden in flagranti ertappten Raucher aufknüpfen ließ.

Was soll man essen? Diese Frage findet zumeist schon in dem Vorstehenden ihre Beantwortung. Unser Gebiß und unsere Verdauungsorgane weisen auf eine gemischte, das heißt auf eine aus dem Pflanzen- und Tierreich abwechselnd gewählte Kost. Dabei befindet sich unser Körper frisch und munter. Wenn wir unsern Körper mit einem Ofen, unsere Nahrung mit dem Brennmaterial vergleichen, so können wir uns vielleicht am schnellsten und sichersten eine Ansicht bilden, was unserem Leibe frommt.

Holz brennt in jedem Ofen schlank weg, entwickelt flüchtige Wärme, greift Platten und Röhren wenig an, hinterläßt verhältnismäßig geringen, auch reinlichen Aschenabfall.

Kohlen brennen nur in einem besonders konstruierten Ofen, verlangen guten Luftzug, erzeugen eine heftige Wärme, greifen Platten und Röhren an, hinterlassen verhältnismäßig bedeutenden, auch unreinlichen Aschenabfall.

Schätzen wir nun die Nahrungsmittel nach ihrem Heizwerte ab, so entspricht Fleischkost im allgemeinen der Kohlenfeuerung; Pflanzenkost erfordert je nach ihrer Art und Zubereitung eine Spaltung, indem die leichten Vegetabilien der Holzfeuerung, die schweren der Kohlenfeuerung entsprechen. Zur ersteren gehören Reis, Weißbrot, zur letzteren Hülsenfrüchte, Kartoffeln, Schwarzbrot. Zusatz von Fett (Saucen) oder Zucker steigert jede Art Kost zu schwerer, also zu Kohlenfeuerung. Schweinefleisch, Speck, Wurst sind entschiedene Kohlenfeuerung.

Ein Mensch, der eine sitzende Lebensweise führt, verträgt nur leichte (nicht etwa schlechte) Kost: wenig und mageres Fleisch, leichte mit Salz gekochte Pflanzenkost, Obst. Ein Mensch mit arbeitender Lebensweise verträgt schwere Kost: Fett, Speck, Hülsenfrüchte und Kartoffeln. Kurz, man bedenke wohl: „Was dem Grobschmied frommt, kann den Schneider umbringen."

Im übrigen halte man im Essen ein weises Maß! Man lebt

nicht von dem, was man ißt, sondern von dem, was man verdaut! Viele Menschen leiden an Folgen der Übernährung und an Blutandrang nach dem Kopf, an Gicht, an einer unthätigen, weil überbürdeter Leber. Neben solchen Übersättigten giebt es aber auch solche, die, wie man zu sagen pflegt, von der Luft leben. Bei ihnen stellt sich Blutarmut und Abmagerung ein.

Auch beim Essen gilt der Satz: Eines schickt sich nicht für alle. Der Kräftige darf nicht immer das genießen, was dem Schwächlichen empfohlen wird, der Dicke nicht das, was dem Magern geziemt. Jener meide Fette, Butter, Schmalz, Kartoffeln, Mehlspeisen, Zucker, Bier, schweren Wein, Hammel- und Schweinefleisch! Er trinke morgens eine Tasse nicht zu starken, schwarzen Kaffee mit etwas trockenem Zwieback. Mittags genieße er eine dünne Brühsuppe, Fleisch nur mäßig, jedenfalls kein fettes Fleisch. Er halte sich mehr an weißes, z. B. an Hühner- oder Kalbfleisch (doch nichts vom Nierenstück). Als Zuthat genieße er Salat, in Essig gelegte Kirschen, saure Gurken, und als Getränk: Wasser. Abends kalter Aufschnitt, recht mager versteht sich. Keine Milch. — Da starke Muskelbewegung vorzüglich geeignet ist, um den Zerfall des Fettes in den Organen herbeizuführen, so gewöhne sich der Dicke an körperlicher Arbeit, Gehen und Reiten, und der Ballast wird sich verringern!

Doch der Magere, der keine Unze überflüssiges Fleisch mit sich herumträgt, muß die umgekehrte Kur einschlagen. Denn was dem Fetten verboten, ist dem Dünnen heilsam, und was jenem nützlich, diesem schädlich. Wie wäre es mit einem Frühstück von Schokolade mit Rahm? Mittags Hammel- oder Kalbsnierenbraten? Ein — auch zwei — Glas Bier? Käse, süß Eingemachtes? Nicht übel! Wer möchte nicht mager sein, um auf diese Weise fett zu werden?

Der Vollblütige ist in vieler Beziehung der Leidensgefährte des Dicken. Sein Mund ist der Lieder voll — doch ach, nur der Klagelieder. Der Druck im Kopf macht ihn ängstlich, ebenso der Schwindel, der ihn öfters befällt und den schon sein allzu gerötetes Gesicht bekundet. Die Verdauung stockt; jede Mahlzeit erregt Druck und Aufgeschwollensein des Magens. Und doch nimmt er immer wieder eine tüchtige Mahlzeit zu sich und spricht mit Vorliebe gerade den unverdaulichsten und fettreichsten Speisen zu. Er halte sich doch ja mit Ausnahme der blähenden, schwerverdaulichen und eiweißreichen Hülsenfrüchte, des Schwarzbrots hauptsächlich an Pflanzenkost, junges Gemüse, Spinat,

Spargel, Mohrrüben, Weintrauben. Er lasse seinen Vorrat an Obst nie ausgehen. Was Fleisch angeht, so mache er durch Gänse-, Rinder- und Schweinebraten einen dicken Strich. Und dann Wasser, Wasser! Früh nüchtern und abends vor dem Schlafengehen ein Glas frisches Wasser! Kein starker Kaffee oder Thee! Dabei fleißig Holz sägen, tüchtig reiten! Turnen!

Dem Gichtkranken gilt derselbe Speisezettel.

Wie soll man essen? „Gut gekaut ist halb verdaut!" Ein gehöriges Zerkauen der Speise erleichtert dem Magen die Arbeit und schützt vor Verdauungsbeschwerden. Die Pflege der Zähne sollte darum niemand unterlassen. Unmittelbar vor und nach dem Essen sollte man sich weder geistig noch körperlich stark anstrengen; denn die Verdauung ist ein schweres Geschäft, welches den Körper völlig in Anspruch nimmt. Auch entzieht die Verdauung, weil sie einen reichlichen Blutzufluß zum Magen veranlaßt, dem Gehirn das Blut und macht uns denkfaul. —

Der Erwachsene gewöhne sich an drei regelmäßige Mahlzeiten; des Kindes Magen kann nur in geringem Grade als Vorratskammer dienen, und man muß demselben darum häufiger Nahrung reichen. Das strenge Einhalten einer bestimmten Eßstunde fördert die Verrichtung des Magens, während diejenigen Personen, welche außer den Mahlzeiten „naschen", fast immer an Magenübeln leiden. Die Abendmahlzeit sollte wenigstens drei Stunden vor dem Zubettgehen genossen werden, sonst stört das Geschäft der Verdauung den Schlaf. Ein sonst rüstiger Farmer klagte einem Arzte, daß ihn die gräßlichsten Träume des nachts quälten, daß ihm namentlich sein verstorbener Vater oft erscheine. Auf die Frage, ob er etwa kurz vor dem Schlafengehen eine schwerverdauliche Speise zu sich nähme, antwortete der Farmer: „Ich pflege einen halben ‚Mince-Pie' zu essen." „Verzehren Sie künftig einen ganzen ‚Mince-Pie'," riet der Arzt, „dann wird Ihnen auch Ihr Großvater noch erscheinen." —

Zu beherzigen ist auch, daß man nicht zu heiß essen und trinken sollte. Man tischt nicht selten Speisen, namentlich Suppen, auf, die 160° F. haben. Eine Brühe aber von 160°, — 61° mehr als Blutwärme! — welche man sich ungestraft nicht über die Füße gießen kann, eine solche Glühbrühe sich auf die Zähne und Zunge zu gießen, kann nicht frommen. Einen minder empfindlichen Körperteil als die Mundschleimhaut und den Zahnschmelz, nämlich die äußere Haut in einem

Badewasser von ähnlicher Temperatur zu baden, das würde gleichbedeutend mit Tötung des ganzen Menschen sein; und die Mundhöhle mit allem, was darin ist, muß sich solch unbarmherziges Verbrühen, nur weil es nun einmal zur Küchenmode gehört, gefallen lassen. Es ist ganz lustig anzuschauen, wie an einer Mittagstafel jeder bei dem ersten Löffel Suppe, die er zum Munde führt, seine besondere Grimasse schneidet; unbewußt runzelt er die Stirne und verzieht alle Wangen- und Kinnmuskeln. Jung und alt spitzen über den heißen Löffel den Mund; es ist ein allseitiges Blasen und Schlürfen am Löffelrand, ein Säuseln und Flöten am Tisch, als ob's einem Strafessen gälte. Die nächste Folge dieser abscheulichen Küchenplage ist das moderne allgemeine Zahnelend mit allen seinen gesundheitsschädlichen Folgen. Das Heer der Zahnärzte stützt seine Existenz in erster Reihe auf den Unfug der Köchinnen, Speise und Trank in einer Temperatur von 130 bis 160° aufzutischen. Mit dem Verfall der Zähne wird aber auch die Verdauung ernstlich gestört. —

Krankheiten der Verdauungsorgane. Die Verdauungsorgane sind einer ganzen Reihe von zum Teil nicht ungefährlichen Krankheiten unterworfen. Sehr verbreitet und meist auf unpassende Diät und sonst verkehrte Lebensweise zurückführbar, ist die anhaltende (chronische) Verdauungsschwäche oder Dyspepsie, die nur durch Meidung der sie veranlassenden Schädlichkeiten, nämlich durch entsprechende Nahrung und durch fleißige Körperbewegung (Reiten, Rudern, Schwimmen, Turnen) zu heben ist. Sie hat in ihrem Gefolge ein ganzes Heer von lästigen Beschwerden: Kopfweh, Mißstimmung, Energielosigkeit, Durchfall und Verstopfung, Gasentwicklung (Blähungen), Herzklopfen, Schmerzen in der Magengegend, Appetitlosigkeit und Heißhunger. — Heftig auftretende Leibschmerzen (Kolitschmerzen) und den Magenkrampf lindert man am besten durch warme Umschläge und heiße Getränke. — Hartnäckiges Erbrechen verlangt Eispillen oder Eiswasser, schwarzen Kaffee, Brausepulver, Senfteig auf der Herzgegend. — Sodbrennen entsteht durch Aufsteigen des sauren Magensaftes oder saurer Flüssigkeiten in der Speiseröhre. Gebrannte Magnesia ist das beste Gegenmittel. — Über Durchfall (Diarrhöe) siehe Seite 66. — Die Verstopfung stört, wenn sie anhaltend ist, die Verdauungsthätigkeit und führt zu Stockungen des Pfortaderblutes und zur Bildung von Hämorrhoiden, die in der Regel mit einer Gemütsverstimmung (Hypochondrie) einhergeht. Es kommt hier nicht darauf an, durch künstliche Mittel Stuhlgang zu erzwingen — was freilich mitunter nötig ist —, sondern darauf, daß die Ursache der Verstopfung gehoben wird. Dies wird erzielt durch leicht verdauliche Kost, reichliches Wassertrinken, Obstgenuß und durch zweckmäßige Bewegung. Sehr empfehlenswert ist das Stabübersteigen. Man faßt den etwa zwei Fuß langen Stab an den Enden und schreitet dann bei gebückter Stellung mit einem Beine nach dem andern unter senkrechter Haltung des Unterschenkels darüber. Dann wiederholt man diese Übung nach rückwärts. Es kommt dies den Beleibten freilich sauer an. Solche mit Bruchschaden müssen diese Übung unterlassen. — Im Notfalle greife man zur Klystierspritze und zum Ricinusöl (Castor Oil). — Im Mastdarm zeigen sich namentlich bei Kindern zuweilen in großer Menge kleine, fadendünne, weißliche, madenähnliche Würmchen, die sogenannten Maden- oder Springwürmer. Das nicht häufige Männchen ist kaum 1/12 Zoll lang, das Weibchen, das springende Bewegung zeigt, wird etwa 1/3 Zoll lang. Der Springwurm verursacht mannigfache Nervenzufälle, Blässe, Abmagerung, namentlich aber ein unausstehliches Jucken am After. Die sogenannten Wurmmittel, denen man übrigens immer einige Gaben Ricinusöl (Castor Oil) nachschicken muß, erweisen sich gegen diese Schmarotzer nicht immer erfolgreich. Man wende allabendlich längere Zeit Klystiere von kaltem Wasser mit Essig oder solche von warmer Knoblauchsmilch an. Daneben reiche man eine milde, aus leichten Fleischspeisen und jungem Gemüse, besonders Mohrrüben bestehende Kost. Man stopfe den Magen nicht mit Brot, Kartoffeln, Mehlspeisen, Süßigkeiten, fetter Milch. — Der Spulwurm, der dem Regenwurm gleicht und 5 bis 15 Zoll lang wird, hält sich vereinzelt, oft aber auch in Gesellschaft im Dünndarm auf. Er steigt zuweilen bis zum Magen hinauf und kriecht dem Schläfer wohl auch aus Mund oder Nase. Er ballt sich zuweilen zu Knäueln zusammen und kann dann gefährliche Entzündungskrankheiten hervorrufen. Sein Vorhandensein zeigt sich durch Übelsein, Nagen und Kneifen in der Nabelgegend, Jucken in der Nase, krankhaften Appetit, bleiches Aussehen mit Rändern um die Augen. Gegen diesen Schmarotzer helfen gute Wurmmittel (die Santonin enthalten), Ricinusöl und die für Springwürmer gegebene Diät. — Schwämmchen sind weißliche Belege des Mundes und Schlundes, die sich bei ungehöriger Nahrung und Mangel an Reinlichkeit bei Kindern entwickeln und große Unruhe, Heiserkeit, Husten und Erbrechen zur Folge haben können. Man wasche die Mundteile mit warmem Wasser und beuge dieser Erkrankung durch jedesmalige Reinigung des Mundes nach dem Stillen oder nach der Nahrungsaufnahme vor. — Die Ohrspeicheldrüsen-Entzündung (Mumps) ist eine Geschwulst, die sich vom Ohrläppchen über die Wange bis zum Halse hinab erstreckt und Fieber mit meist geringem Schmerz veranlaßt. Die Behandlung ist einfach. Der Kranke bleibe im Zimmer, bedecke die Geschwulst mit Watte und speise sich mit leichter Kost. — Die Ruhr (Dysentery) äußert sich in heftigen Kolikschmerzen, häufigem und schmerzhaftem Stuhldrang und Stuhlzwang mit eiterigem, schleimigem (weiße Ruhr) oder blutigem Stuhl (rote Ruhr). Dazu gesellt sich häufig heftiges Fieber. Man reiche bis zur Ankunft des Arztes schleimige Suppen, Milch und weiche Eier. Man mache warme Umschläge auf den schmerzenden Leib und gebe Klystiere von schleimigen Substanzen (Stärke). — Die Cholera ist eine epidemisch auftretende, sehr schwere Erkrankung, der man nur durch recht naturgemäße Lebensweise und durch große Reinlichkeit bis zu einem gewissen Grade vorbeugen kann. Über die Behandlung, ja selbst über die ersten Mittel beim Ausbruch der Krankheit gehen die Meinungen noch immer weit auseinander. Doch rät man zu kaltem Getränk und Eispillen, zu warmen und auch zu kalten Einwicklungen, zum Abreiben mit rauhen, eiswasserbefeuchteten Tüchern.

— Unterleibsbrüche bestehen in einem Austritt von Gedärmen durch Öffnungen in der Bauchwand. Manche Brüche sind angeboren, andere durch Stoß, Fall, schweres Heben erworben. Wenn der Bruch noch zurückführbar ist, sollte ein Bruchband getragen werden, das von einem geschickten Arzt ausgewählt und genau angepaßt werden muß. Dadurch entgeht man der Gefahr, daß sich der Bruch einklemmt, das heißt, austritt und so eingeschnürt wird, daß er oft nicht zurückzubringen ist, brandig wird und den Tod herbeiführt. Es tritt in diesem Falle heftigster Schmerz, beständiges, zuletzt kotiges Erbrechen ein. Bei einer Brucheinklemmung muß man die Bruchstelle hoch lagern, Eisumschläge auf den Leib machen, Eispillen reichen und Klystiere von Seifen- oder Eiswasser geben, jedenfalls aber schleunigst zu einem Arzt senden.

Leberkrankheiten. Es wird vielerlei Leiden ohne Grund auf eine erkrankte Leber geschoben. Die Erkrankung der Leber ist sogar meist erst durch andere Leiden (Lungen- und Herzleiden) veranlaßt. Wenn sich Gallensteine in den Gallenwegen festklemmen oder, was häufiger der Fall, diese sich durch Entzündung schließen, wodurch der Abfluß der Galle verhindert wird, die sich dann aus dem Blut in der Haut ablagert — so entsteht Gelbsucht (Jaundice).

Harnkrankheiten. Krankheiten der Nieren fordern eine genaue Untersuchung des Harnapparates und eine chemisch-mikroskopische Prüfung des Harns und müssen also von einem wissenschaftlich gebildeten Arzte baldmöglichst behandelt werden. — Bei völliger oder teilweiser Harnverhaltung stellt sich der Blasenkrampf ein. Warme Breiumschläge auf die Blasengegend, Trinken von warmer Milch, ein warmes Vollbad, auch warme Sitzbäder sind zur Linderung anzuwenden. — Zu den häufigeren Harnkrankheiten gehören die Zuckerharnruhr (Diabetes) und die Bright'sche Nierenkrankheit (Bright's Disease). Bei ersterer enthält der Harn Zucker, bei letzterer Eiweiß. —

Zahnpflege. Schöne gesunde Zähne sind nicht nur ein Schmuck des Mundes, sie sind auch als wichtigste Kau- und Verdauungswerkzeuge von größtem Wert für die Gesundheit des ganzen Leibes. Ihre Pflege und Erhaltung ist daher von großer Bedeutung. Sie läßt sich in die beiden Worte zusammenfassen: Reinlichkeit und Schonung! und muß schon den Kindern zur andern Natur gemacht werden. Die Reinlichkeit verlangt, daß jeden Morgen gleich nach dem Aufstehen der Mund mit nicht zu kaltem Wasser ausgespült und die Zähne mit der Zahnbürste, die weder zu hart und scharf, noch zu weich sein darf, und einem guten einfachen Zahnpulver von Speichel und Speiseresten gereinigt werden. Nach jeder Mahlzeit und abends vor dem Schlafengehen benutze man einen nicht zu spitzen und nicht zu dicken Zahnstocher von Federpose, Horn, Holz, Knochen, und bürste die Zähne mit Wasser aus, in welches man einige Tropfen Alkohol oder Salicylsäure thun kann. Um das Zahnfleisch nicht zu verletzen, bürste man auch nicht quer über die Zahnreihe hinweg, sondern behutsam von den Zahnwurzeln an zu den Zahnkronen hinauf oder hinab. Beim Bürsten sind auch die Rückseiten der Zähne und die Zahnkronen nicht zu vergessen. Zur Zahnpflege gehört aber auch die vorsichtigste Schonung der Zähne. Schonungslos verfährt jeder mit seinen Zähnen, der sie zum Zerbeißen von Nüssen, Kirschkernen und anderen harten Gegenständen mißbraucht, indem dadurch gar zu leicht der Zahnschmelz Risse oder Brüche erhält und so der Fäulnis Eingang gewährt. Auch das Abbeißen der Nähfäden ist sehr schädlich. Schonungslos handelt man auch gegen seine Zähne, wenn man sie schnell aufeinander der Hitze und der Kälte aussetzt oder scharfe Säuren damit in Berührung bringt. Zucker ist den Zähnen nur schädlich, wenn er an diesen haften bleibt und sauer wird. Wer seine Zähne so pflegt, wird über Zahnweh wenig zu klagen haben. Wenn sich dasselbe aber dennoch bei sonst gesunden Zähnen einstellt, so lindert häufig warme Watte den Schmerz. Hohle Zähne lassen sich mitunter durch Einführung von betäubenden Tropfen auf Watte zur Ruhe bringen. Man nimmt hierzu Chloroform, Ammoniak, Alkohol, Kreosot, muß aber hierbei Vorsicht gebrauchen. Solche Zähne sollten aber baldmöglichst ausgezogen werden. Überhaupt wandere man, wenn man an schadhaften Zähnen leidet, von Zeit zu Zeit (etwa alle 6 Monate) zum Zahnarzt und lasse das Gebiß nachsehen.

Übler Mundgeruch. Es ist dies ein recht widerwärtiges und garstiges Übel vieler, die es gar nicht wissen, wiewohl sie damit ihre Umgebung sehr belästigen. Leider steht es ja auch so, daß selbst die intimsten Freunde und nächsten Verwandten sich scheuen („genieren"), den Anrüchigen darauf aufmerksam zu machen. Meist hat der üble Mundgeruch seinen Grund in einer Unreinlichkeit und falschen Behandlung der Mundhöhle, manchmal freilich auch in Störung der Verdauung oder der Atmung. Wer daran leidet, spüle und gurgle jeden Morgen und nach jeder Mahlzeit den Mund mit einer Lösung von übermangansaurem Kali (Potassium permanganate), wovon man ein Körnchen in einem Weinglas voll Wasser auflöst.

Gifte und Gegengifte siehe unter „Anhang".

VIII. Das Nervensystem.

„Wie jetzt“, so schreibt Bock, „fast alle civilisierten Länder von Telegraphendrähten durchzogen werden, so sind auf ähnliche Weise auch durch unsern ganzen Körper weiße Fäden ausgespannt, welche Nerven heißen. So wie nun die Telegraphendrähte für sich allein keinen Dienst leisten, sondern nur erst dann, wenn sie auf den verschiedenen Haupt- und Nebenstationen mit einem Apparate im innigen Zusammenhange stehen, der die Nachricht, welche die Drähte leiten, entweder empfängt oder aufgiebt, so verhält es sich gerade mit unsern Nerven. Diese sind nichts als Leiter und müssen durchaus, wie die Telegraphendrähte, an ihrem Anfange und ihrem Ende mit einem Apparate in Verbindung stehen, der entweder an die Fäden etwas zum Überbringen nach irgendwohin aufgiebt oder etwas von irgendwoher aufnimmt. Während aber ein und derselbe Telegraphendraht ebensowohl hin wie her von einer Station leitet, weil auf den verschiedenen Stationen ganz dieselben Apparate spielen, so ist dies bei den Nerven anders. Diese leiten immer nur nach einer Richtung hin. Übrigens versteht es sich wohl von selbst, daß, wie die Telegraphendrähte nicht durchschnitten sein dürfen, wenn sie nach einer Station Nachrichten überbringen sollen, auch die Nervenfäden mit ihren Apparaten an den Nervenenden in ununterbrochener Verbindung stehen müssen, wenn sie ihre Pflicht thun sollen.“

Bleiben wir bei diesem Bilde der Telegraphenleitung stehen, so können wir von zwei Haupt- und vielen Nebenstationen reden; jene sind das Gehirn und das Rückenmark, diese die im ganzen Körper verbreiteten Nervenknoten (Ganglien). Die Nerven leiten nun entweder zu ihnen hin — centripetal — oder von ihnen fort — centrifugal. Kein Nerv verrichtet beide Funktionen. Die centrifugalen Nervenfäden heißen Bewegungsnerven, weil sie in den Muskeln auslaufen und diese zur Kontraktion anreizen. Gehen dieselben von unserem Gehirn aus, so telegraphieren sie unseren Willen den Muskeln zu und dienen also der willkürlichen Bewegung; nehmen sie aber ihren Ursprung im Rückenmark oder in einem Nervenknoten, so veranlassen sie die Bewegung der unwillkürlichen Muskeln, wie der Herzzusammenziehung, der Magen- und Darmbewegung. — Die centripetalen Nerven hingegen bezeichnen wir, wenn sie sich im Gehirn ausbreiten, als Empfindungsnerven, da sie jede Empfindung diesem Organ mitteilen, wie z. B. der Augennerv jeden Lichteindruck dem Gehirn zuträgt.

Das Gehirn ist also der Sitz aller bewußten Empfindung und aller willkürlichen Bewegung, das Rückenmark und die Ganglien aber der Sitz der unwillkürlichen Bewegung.

Wir müssen uns an diesen allgemeinen Bemerkungen über die Nervenfunktionen genügen lassen — die Nervenphysiologie ist noch ein wenig geklärtes Gebiet. Die Empfindungs- und Bewegungsnerven sind in ihrem Verlaufe miteinander gemischt. Wer kann sie entwirren? Müßte man doch 1200 bis 50,000 der feinsten Nervenfäden zusammenlegen, ehe sie den Raum eines Zolles bedecken würden! Welches Auge, wenn auch mit dem Mikroskop bewaffnet, und welche Hand, wenn auch noch so geschickt, könnte die vielen Tausend Fäden eines einzigen Nervenstranges entwirren? —

Eine interessante Erfahrung lehrt, daß die Ausläufer der Nerven allein Empfindung übermitteln.

Wenn durch einen Unglücksfall, durch Verwundung oder Schuß ein Nerv an einer Stelle, etwa am Oberschenkel, zerstört worden ist, so hat der Kranke das Gefühl in den Teilen des Unterschenkels und Fußes verloren, nach welchen der Nerv hingeht. Wade und Fuß sind unempfindlich geworden. Gesetzt aber, dem Kranken müßte infolge der Verwundung der Fuß oberhalb der verwundeten Stelle abgenommen werden. Unserem Kranken verursacht die Operation nur wenig Schmerzen; er wird von dem ohnehin schon gefühllosen, ihm lästigen Gliede befreit. Die Wundfläche am operierten Beinstumpf beginnt unter der Pflege des Arztes allmählich zu heilen, es bildet sich eine zusammenschrumpfende Narbe. Da auf einmal empfindet der Kranke Schmerzen in seinem Fuße, in demselben Fuße, der ihm abgenommen wurde und der längst begraben ist. Der Kranke weiß das — nichts destoweniger klagt er über ziehende Schmerzen an der Stelle, an welcher sich der Fuß ehemals befand. Er verlangt, daß zur Nachtzeit warme Kissen auf das

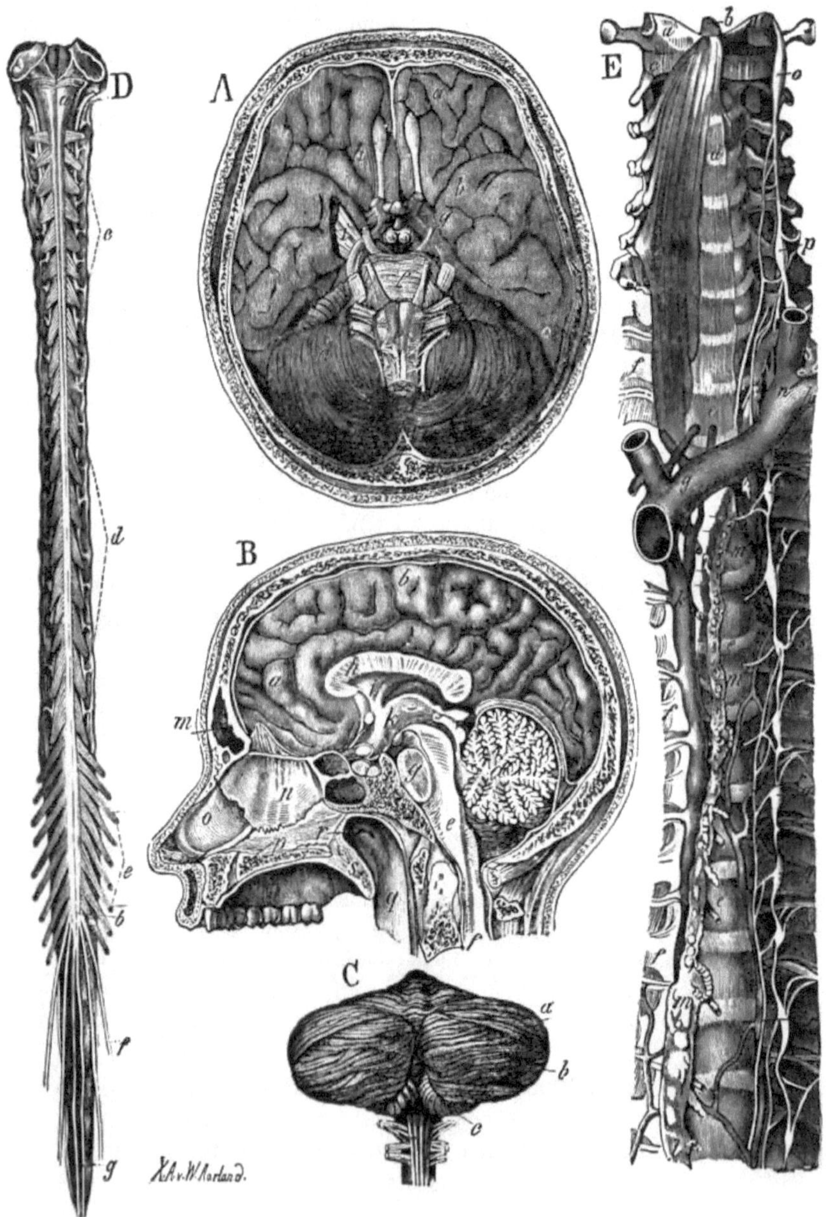
A
B
C
D
E

nur in seiner Einbildung vorhandene Bein gelegt werden, weil er an diesem gegen Kälte ganz besonders empfindlich sei. Erst, wenn die Wunde völlig vernarbt ist, hört diese Täuschung auf. — Auch der Gesunde kann ähnliche Erfahrungen machen. Wenn wir mit dem sogenannten „Trompetenknochen", das ist mit einer Stelle des Ellbogens, gegen eine scharfe Kante stoßen, so fühlen wir den Schmerz nicht auf der gestoßenen Stelle, sondern am kleinen Finger und am Ringfinger. — —

Das Gehirn, dessen Bau wir zunächst unsere Aufmerksamkeit zuwenden wollen, liegt in der Schädelhöhle in sehr ähnlicher Weise, wie die Wallnuß in ihrer Schale. Wie diese, so besteht auch das Gehirn aus zwei in der Mitte von vorn nach hinten durch einen Spalt getrennten Hälften, die von einer Haut getrennt werden. Drei Häute umschließen das Gehirn und schließen auch eine spärliche Menge Wasser ein. Wie die Wallnuß auf ihrer Oberfläche Erhöhungen und Vertiefun-

---

A. Das Gehirn an seiner unteren Fläche. a. Vorderer, b. mittlerer und c. hinterer Lappen des großen Gehirns. d. Kleines Gehirn. e. Verlängertes Mark (oberes Ende des Rückenmarks). f. Die Varolsbrücke. g. Die Sehnervenkreuzung. h. Der Riechnerv. i. Der Hirnstiel.

B. Das Gehirn, in der Mitte seiner Länge senkrecht durchschnitten; die große Hirnsichel fehlt. a. Vorderer, b. mittlerer und c. hinterer Lappen des großen Gehirns. d. Kleines Gehirn mit dem Lebensbaum. e. Verlängertes Mark. f. Rückenmark. g. Varolsbrücke. h. Der Balken. i. Das Gewölbe. k. Der Sehhügel (dahinter die Vierhügel und die Zirbeldrüse). l. Das von der harten Hirnhaut gebildete Hirnzelt (zwischen großem und kleinem Gehirn). m. Die Stirnhöhlen. n. Die knöcherne und o. die knorplige Nasenscheidewand. p. Der harte Gaumen. q. Der Schlundkopf. r. Die Mündung der Ohrtrompete. s. Weicher Gaumen (Zäpfchen).

C. Das kleine Gehirn, von hinten gesehen. a. Die obere und b. die untere Hälfte. c. Das Rückenmark.

D. Das Rückenmark, von hinten gesehen. a. Das verlängerte Mark. b. Der Rückenmarkszapfen (das untere Ende), mit dem Rückenmarksfaden und Pferdeschweif. c. Der Halsteil. d. Der Brustteil. e. Der Lendenteil. f. Die Kreuzbein- und g. Steißbeinnerven.

E. Der Hals- und Brustteil der Wirbelsäule, von vorn gesehen, mit dem sympathischen Nerven- (Sympatikus) und Milchbrustgange. a. Erster und b. Zahnfortsatz des c. zweiten Halswirbels. d. Halswirbel. e. Brustwirbel. f. Rippenköpfchen. g. Obere Hohlader. h. Linke Schlüsselbeinblutader. i. Drosselader. k. Unpaarige Blutader. l. Anfang des m. Milchbrustganges. n. Einmündung dieses Ganges in die Blutader. o. Oberster und p. unterster Halsknoten. q. Brustknoten. r. Eingeweidenerv und s. Verbindungsfäden des sympathischen Nervs mit Rückenmarksnerven.

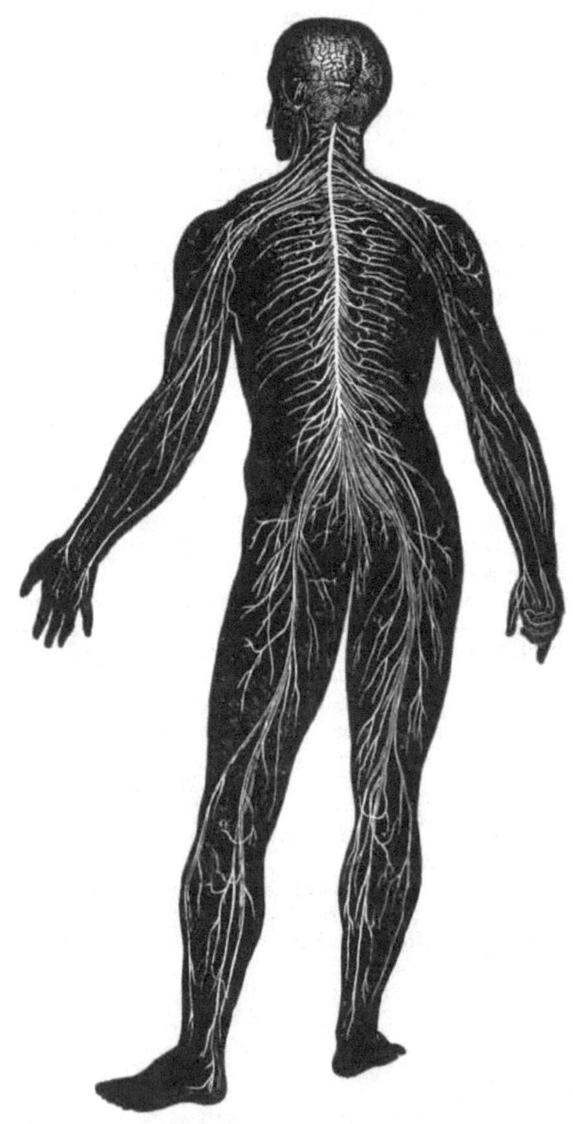

Nervensystem des Menschen
(vom Rücken aus gesehen).

gen hat, so zeigt uns das Gehirn eine gefaltete Oberfläche der sogenannten Windungen. Die Gehirnmasse ist weißlich, weich, sehr blutreich und hat ein Gewicht von etwa 50 Unzen. Allerdings ist Größe und Gewicht bei verschiedenen Personen sehr ungleich. Das schwerere Gewicht eines Gehirns entspricht aber keineswegs immer einer bedeutenderen Leistungsfähigkeit desselben. Das Hirn eines krätigen Mannes wiegt etwa 1424 Gramm (453.6 Gramm = 1 Pfund). Dagegen wog das Gehirn des berühmten Naturforschers Cuvier 1861 Gramm, — des Dichters Lord Byron 1807 Gramm, — des Mathematikers Gaus 1492 Gramm, — des Philologen Hermann nur 1358, — während das Gewicht des Gehirns des Gelehrten Hausmann, eines hochgewachsenen Mannes, sogar nur 1226 Gramm betrug. — Das Gehirn der Frauen ist etwa um ein Zehntel leichter als das der Männer, die Masse ist etwa um einen Tassenkopf voll geringer. — Unter dem Gesichtswinkel bei den verschiedenen Menschenrassen und bei den Säugetieren, von der die Größe des Gehirns abhängt, versteht man den Winkel der zwei Linien, von denen die eine, an einem von der

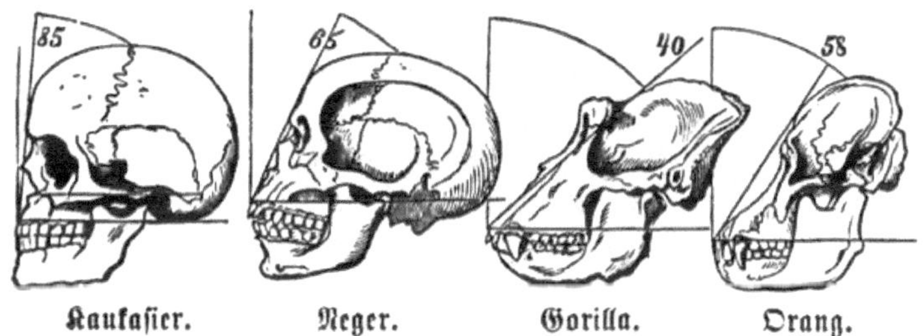

Kaukasier. Neger. Gorilla. Orang.

Seite gesehenen Kopfe, von dem hervorragendsten mittleren Teile der Stirn gerade über die Nase abwärts bis zu den hervorstehendsten mittleren, vor den inneren Schneidezähnen liegenden Punkten des Oberkiefers gezogen ist, während die andere nach Camper am äußeren Gehörgang anfängt und längs des Bodens der Nasenhöhle zur ersten Linie vorläuft oder nach Cuvier über die Zahnzellen der Oberkinnlade hingezogen wird. — Je spitzer der Winkel ist, unter welchem beide Linien zusammenstoßen, desto überwiegender ist das Kauwerkzeug über das Verstandesorgan, das Tierische über das Menschliche.

An dem hinteren Teile des großen Gehirns ist durch einen Querschnitt das sogenannte kleine Gehirn abgetrennt, das, weil es beim senkrechten Schnitt eine baumförmige Anordnung zeigt, der Lebensbaum genannt wird. Die Hirnsubstanz ist weiß, die Rinde jedoch hat eine graurötliche Färbung. Diese graue Hirnmasse scheint aber der eigentliche Sitz unseres Denkens und Empfindens zu sein. — Das kleine Gehirn scheint nur einen Einfluß auf die Bewegungen oder wenigstens auf ihre Regelung auszuüben. — Das verlängerte Mark, das ist der Übergang des Rückenmarkes in das Gehirn, scheint recht eigentlich „Sitz des Lebens" zu sein; denn jede tiefere Verletzung desselben hat den Tod zur Folge. Von hier aus werden die Atembewegungen, die Herzaktion, die Kau- und Schlingbewegungen reguliert. Daher wirkt der Genickfang des Jägers augenblicklich. Das war schon den Alten bekannt. Denn wenn in der Schlacht die scheu gewordenen Elefanten plötzlich vernichtend sich gegen ihre eigenen Linien wandten, dann griff — als letzte Rettung — der Führer zum Meißel und schlug ihn an jener tödlichen Stelle ein, um so mit einem Streiche den rasenden Koloß zu Boden zu strecken.

Das Rückenmark liegt in dem Kanale der Wirbelsäule. Von ihm aus lösen sich wie Schößlinge und Zweige eines Baumes die Nerven: zarte, glänzendweiße Fädchen, die den ganzen Körper durchziehen und umspinnen und so überall hin Leben verbreiten.

Die Nervenknoten oder Ganglien sind grau-weiße, erbsen- bis bohnengroße Knötchen, die hauptsächlich aus grauer Nervensubstanz bestehen. Sie bilden untereinander verbundene, formlose, lockere Geflechte, die um Lunge, Herz, Magen, Nieren und so fort ihr weiches Gespinnst ziehen. Man pflegt diese vereinigten Knoten und Geflechte auch das sympathische Nervensystem und den Nervenstrang zu beiden Seiten der Wirbelsäule den Sympathikus zu nennen, weil man ihm früher die Erregung von Sympathien zuschrieb, das heißt das Mitempfinden, wie das Herzklopfen bei Furcht, das Blaßwerden bei Schreck und Angst und dergleichen.

Pflege der Verstandesorgane. Der Mensch bedarf der Hirnpflege ebenso wie der Lungenpflege, der Muskelpflege und der Hautpflege. Richtig gewählte Ernährung, reine Luft, tägliche Übung, aber auch genügende Ruhe: diese Hauptfaktoren zur Erhaltung unserer Körperkräfte sind auch dem Gehirn durchaus nötig. In unseren Tagen wilder Erwerbshast wird dem Gehirn nicht selten mehr aufregende Arbeit zugewiesen, als es leisten kann. Beginnt dann seine Kraft zu erlahmen, so regt man nicht selten durch künstliche Erregungsmittel, namentlich durch geistige Getränke, das Gehirn zu erneuter Leistung an, um ihm dadurch die letzten Kräfte zu nehmen. Kein Wunder, daß die Irrenhäuser sich in erschrecklichem Maße mehr und mehr füllen.

Schon bei den Kindern läßt man's an der nötigen Hirnpflege und namentlich Hirnruhe mangeln. Die „Affenliebe" ruht nicht, bis sie aus dem Kind schon im ersten Lebensjahre durch Liebkosungen und durch unsinniges Abrichten allerlei vorzeitige Geistesarbeit herausgepreßt hat. Wie viel besser sind die Kinder der Eltern daran, die, weil sie andere Dinge zu thun haben, ihre Lieblinge in den ersten Lebensjahren still der Entwicklung überlassen und sie auch nicht vor dem siebenten Jahre an die Schulbank schmieden. Die Erfahrung lehrt es, daß die früh entwickelten (dressierten) Kinder später in der Regel hinter ihren Altersgenossen zurückbleiben.

Von der größten Wichtigkeit für die Hirnpflege ist ein gesunder Schlaf, das heißt ein naturgemäßer Zustand, in welchem das Gehirn seine Thätigkeit ganz eingestellt hat. Eines solchen erfreuen sich nur leiblich und geistig gesunde Menschen, wenn sie in geräumigen, gut gelüfteten Zimmern und auf bequemen, wenn auch einfachen Betten ruhen können. Das Schlafzimmer bedarf mehr als irgend ein anderes Zimmer der Lüftung (siehe darüber unter „Atmung"). Es muß geräumig sein und ängstlich sauber gehalten werden. Das Bett muß lang und breit, weder hart noch zu weich, weder zu warm noch zu kalt sein. Auch für das Bett gilt die alte Regel: „Füße warm; Kopf kühl!" Man sorge für eine gradweise, von den Füßen nach der Brust zu abnehmende Bedeckung und für ein kühles, festgestopftes schmales Kopfkissen, in das der Kopf nicht versinkt, sondern das nur für Hals und Unterkopf eine Stütze bietet. Die Kleidung des Schlafenden sei leicht und durchaus locker. Das Bett sollte, wenn irgend möglich, frei stehen. —

Die in unserer Zeit so häufige Schlaflosigkeit ist oft durch die Sorgen und Mühen des Tages veranlaßt, die uns nicht zur Ruhe kommen lassen. Aber auch körperliche Ursachen können uns den Schlaf rauben: Schmerzen, ein zu reiches Abendessen, ein dürftiges Bett und eine dadurch verursachte unbequeme Lage, oder ein mangelhafter allgemeiner Gesundheitszustand. Häufig erweist sich schon ein nasses Handtuch, das man dem Hinterkopf unterschiebt, als Schlafmittel. Meist aber gilt es, die eben genannten Schädlichkeiten zu meiden.

Zeigen sich Störungen der geistigen Thätigkeiten bei einem fiebernden Kranken, so redet man von Phantasieren, Delirieren, stellen sich aber solche ohne Fieber ein, so spricht man von Geisteskrankheiten, Seelenstörungen, Wahnsinn. Die Ursachen, die diese Störungen veranlassen, können geistiger und auch leiblicher Natur sein, sind aber meist immer uns nicht erkennbar. Wahnsinnige sollten immer streng beobachtet und, wo dies in der Familie nicht thunlich, abgesondert und einem Irrenhause zur Behandlung übergeben werden. Die Umgebung des Wahnsinnigen kann, schon ehe der Wahnsinn eintritt, aus dem veränderten Verhalten des Kranken auf den kommenden Irrsinn schließen und sollte gleich ärztliche Hilfe suchen. Wird ein sonst lebhafter Mensch plötzlich still, oder ein sonst stiller plötzlich lebhaft, ändert jemand überhaupt plötzlich sein Temperament, wird er, der sonst fleißige, plötzlich nachlässig u. s. w. — so sind das wohl zu beachtende Vorboten. Man warte nicht, bis der starre Blick, das düstere Hinbrüten, oder gar das offenbare Irrereden und Irrehandeln eintritt.

Die Nervenschwäche, Nervosität oder das Nervössein ist ein Charakteristikum unserer zivilisierten Welt, das ererbt oder durch unpassende Lebensweise erworben wird. Übrigens gleichen die Nerven den ungezogenen Kindern: sie werden um so eigensinniger, je mehr man ihnen nachgiebt. Hysterie, Melancholie, Hypochondrie — Formen der Nervenschwäche, denen man so häufig begegnet — verlangen neben einer körperlichen Behandlung von seiten eines in Nervenkrankheiten erfahrenen Arztes und einer strikten hygieinischen Lebensweise auch der aufmunternden, tröstenden, auch strafenden geistigen Behandlung.

Der Veitstanz (Chorea) charakterisiert sich durch unwillkürliche, fratzenhafte Bewegungen. Es ist vorwiegend eine Krankheit des Jugendalters und befällt am häufigsten schwächliche Knaben und Mädchen. Auch hier ist die diätische Behandlung die zweckmäßigste. Da der Veistanz mittels des Nachahmungstriebes ansteckend wirkt, so sind Kinder, die mit demselben behaftet sind, aus der Schule fernzuhalten.

Die Epilepsie oder Fallsucht (Fits) ist ein dunkles und schweres Leiden. Die medizinische Wissenschaft steht vor ihr als vor einem Rätsel und hat noch keine befriedigende Heilmittel kennen gelernt.*) Ist man Zeuge eines epileptischen Anfalls, so versuche man nicht, die krampfhaften Bewegungen zu verhindern oder die krampfhaft geschlossenen Fäuste aufzumachen, weil dadurch die Krämpfe nur verstärkt werden. Man suche nur zu verhindern, daß der Kranke sich verletze, lege ihn auf Decken, stütze den Kopf durch etwas Weiches, stecke einen Pfropfen oder ein Taschentuch zwischen die Zähne, um das Zerbeißen der Zunge zu verhindern, und warte im übrigen den Anfall ruhig ab.

Kinder, die von Krämpfen (Convulsions) befallen werden, bringe man so schnell wie möglich in ein warmes Bad und hülle sie dann in Decken. Oft genügt schon ein naßkalter Umschlag auf Stirn und Hinterkopf.

Bewußtlosigkeit. Von welcher Art eine Bewußtlosigkeit ist, ist selbst für den besten Arzt oft schwer gleich zu entscheiden. Es handelt sich auch hier nur darum, das Verhalten des Laien kennen zu lernen, ehe der Arzt kommt, der immer möglichst schnell herbeizurufen ist.

Die Ohnmacht tritt ein nach Schreck, Schmerz, Erschöpfung, großem Blutverlust, Aufenthalt in heißen Räumen und dergleichen. Der Ohnmächtige ist niederzulegen, tief mit dem Kopfe, wenn das Gesicht blaß, hoch, wenn dieses vollblütig ist, alle beengenden Kleider (namentlich die Halstücher, Kragen, Hemdenknöpfe) sind zu lösen, frische Luft ist zuzufächeln, das Gesicht ist mit kaltem Wasser zu besprengen, Stirn und Schläfe sind mit Essig zu waschen. Unter die Nase halte man Ammoniak oder angebrannte Federn oder Haare. Man bürste auch die Fußsohlen.

Beim Anwandeln einer Ohnmacht (Flauwerden) setze oder lege man sich, löse die Kleidungsstücke, atme tief in frischer Luft und trinke kaltes Wasser oder lasse sich mit solchem bespritzen.

---

*) Wir raten Epileptische, sich an die Anstalt für Epileptische zu Bielefeld in Deutschland zu wenden, von wo aus ihnen unentgeltlich die Heilmittel mitgeteilt werden, mit denen man in dieser großen Anstalt, wo man mehr als anderswo Erfahrungen sammeln kann, die besten Erfolge erzielt hat.

Auch bei Trunkenheit in hohem Grade stellt sich Bewußtlosigkeit ein. Man muß aber auch hier, wo das Kennzeichen des nach Alkohol riechenden Atems vorhanden ist, vorsichtig sein, da in diesem Zustande ein Schlagfluß eintreten kann. Man hört nicht selten, daß Trunkene, die noch in das Gefängnis geworfen wurden, und um die sich niemand kümmerte, am andern Tage tot gefunden wurden. Man löse die Kleider, befördere das Erbrechen durch warmes Wasser, lege eine Eisblase an den Kopf, gebe Essig-Wasser-Klystiere, schwarzen Kaffee und übergieße bei fortdauernder Betäubung den Oberkörper mit kaltem Wasser.

Einem vom Schlage Getroffenen — Schlagfluß (Appoplexy) — löse man die engen Kleider, man lagere ihn mit möglichst erhöhtem Kopf, mache Eisumschläge oder naßkalte Umschläge auf den Kopf und führe frische und kühle Luft zu.

Bei Gehirnerschütterung durch Sturz oder Fall verfahre man ebenso.

Der Sonnenstich, der während unserer heißen Sommer so häufig ist, wird nicht nur durch die Einwirkung der Sonnenstrahlen veranlaßt, sondern befällt auch Personen, die in geschlossenen, engen, stark erhitzten Räumen arbeiten müssen. Der Betroffene wird meist erst schwindelig oder stürzt auch ohne Vorboten plötzlich zusammen, die Haut ist heiß und trocken, der Atem schnarchend, die Augen sind glänzend und blutunterlaufen. Man trage den Patienten sofort an den nächsten schattigen Platz und sende zum Arzt. Inzwischen lege man den Kranken auf den Rücken, wobei man Kopf und Schulter etwas erhöht, und übergieße Kopf, Nacken und Brust mit kaltem Wasser. Man reibe den Körper mit Eis, wenn solches zu haben ist. Bei erwachender Lebenskraft reiche man etwas verdünnten Whiskey oder Wein.

Um sich vor dem Sonnenstich möglichst zu schützen, vermeide man thunlichst die schwere Arbeit in großer Hitze, kleide man sich leicht, trinke fleißig Wasser, um das Schwitzen zu befördern, lebe mäßig, sonderlich in Rücksicht auf geistige Getränke. Die Kopfbedeckung sei leicht, aber so breitkrämpig, daß auch Gesicht und Nacken beschattet sind. Unter der Kopfbedeckung trage man einen feuchten Lappen oder Schwamm oder auch ein frisches Kohlblatt.

Vom Blitz Getroffene entkleide man und hülle sie an Ort und Stelle in warme Decken. Im übrigen verfahre man wie bei Ertrunkenen.

Tritt bei Bewußtlosen Erbrechen ein, so muß man den Kopf sofort auf die Seite drehen, damit das Gebrochene nicht in die Lungen geatmet wird.

Tritt Stillstand der Atmung ein, was man durch Vorhalten einer glatten Metall- oder Glasfläche, welche nicht beschlägt, oder einer Flaumfeder, welche sich nicht bewegt, erkennt, so schreite man zur künstlichen Atembewegung (siehe unter „Atmung").

IX. Die Sinne.

Es kann nicht geleugnet werden, daß der Mensch von vielen Geschöpfen an Schärfe einzelner Sinne übertroffen wird. Hört doch der Adler auf seinem Felsenhorst noch den Tritt des Hirschkalbes in den Waldtiefen, wittert doch das Kamel aus beträchtlichen Fernen den Dunst des Wassers, folgt doch der Hund Tagereisen hindurch der Spur des verlorenen Herrn. Und doch ist keinem Tiere eine solche harmonische und allseitige Entwicklung der Sinne verliehen als dem Letztling der Schöpfung. Kein Sinn erscheint bei uns verkümmert, keiner zeigt sich knapp und eng bemessen, keiner auf Kosten anderer entwickelt. Gott gab allein dem Menschen den denkenden, vernünftigen Geist und hat nun auch sonderlich dafür gesorgt, daß die Brücken, welche unsere Seele mit der äußeren Welt verbinden, einen allseitigen und leichten Verkehr mit dieser gestatten. — Unsere Sinne sind auch keineswegs immer einzeln thätig, sondern sie ergänzen, ja ersetzen zuweilen einander. Lernt doch der Blinde durch Betastung Größe und Form der Gegenstände kennen. Auch unterstützen sich Geschmack und Geruch; der mit einem Schnupfen Behaftete verliert auch den Wohlgeschmack an den besten Speisen. Dennoch können wir nie zwei Sinne zu gleicher Zeit voll gebrauchen. Niemand kann gleichzeitig sehen und hören. Wenn wir mit großer Aufmerksamkeit lesen, so hören wir das in unserer Nähe geführte Gespräch nicht, und wenn wir umgekehrt mit Spannung dem Gespräch lauschen, so blicken wir gedankenlos ins Buch und wissen nicht, was wir lesen. Auch die Kunst, „gleichzeitig" ein Buch zu lesen und einen Brief zu diktieren, beruht nur auf einem schnellen Wechsel zwischen beiden Sinnesthätigkeiten.

Unsere Sinne ermüden auch gleich unseren Muskeln, wenn wir sie anhaltend anstrengen. Wenn wir einen blühenden Resedastrauch vor die Nase halten, so werden wir bei den ersten Atemzügen den feinen

Wohlgeruch der Reseda wahrnehmen, aber dieser Geruch wird bald schwächer und schwächer werden und endlich völlig schwinden. Wenn man mit verbundenen Augen nach einander Wasser, Milch, Rotwein und Weißwein schluckt und dann die Reihenfolge ändert, so hört sehr bald die Fähigkeit auf, diese Getränke durch den Geschmack zu unterscheiden. Wir verlieren ja auch, wenn wir einen und denselben Gegenstand scharf und anhaltend betrachten, sehr bald die Fähigkeit, die Einzelheiten des Gegenstandes zu erkennen.

Daß sich unsere Sinne trotz ihrer Schärfe auch täuschen können, bedarf wohl kaum des Beweises; jeder erfährt dies ja täglich an sich selber. Läuft uns doch, wenn wir von guten Speisen hören, der Speichel im Munde zusammen, und ruft doch die Erinnerung an unangenehm riechende und schmeckende Stoffe eine Ekelempfindung hervor! Und wie häufig täuscht sich das Auge! „Augenschein trügt!" sagt das Sprichwort. Sind die Nerven überreizt und abgespannt, dann treten allerlei höchst lästige Sinnestäuschungen ein. Der Philosoph Moses Mendelssohn litt an Gehörtäuschungen; auf quälende Weise schien ihm alles das, was er den Tag über gehört hatte, am Abend noch einmal von starker Stimme vorgesprochen zu werden. Der Physiker Lichtenberg hielt nach angestrengtem Arbeiten und übermäßigem Genuß schwarzen Kaffees ein kleines Geräusch für Donner, das Pfeifen des Windes für Hohngelächter; er erschrak, wenn er ein Buch vom Tisch fallen sah, früher als er den Schall hörte, den der fallende Gegenstand beim Auftreffen auf den Fußboden hervorbrachte. Hier in Amerika, wo so viele in ihrer Hast nach reichlichem Erwerb oder durch anhaltendes Sinnen auf technische Verbesserungen ihr Nervensystem überspannen, sind diese dauernden Sinnesstörungen etwas sehr häufiges.

Wir nannten vorhin die Sinnesorgane die Brücken, welche unsere Seele mit der äußeren Welt verbinden. Und dieses Bild ist auch deshalb zutreffend, da wir nicht eigentlich mit dem Auge sehen oder mit dem Ohre hören, sondern da diese Thätigkeit im letzten Grunde vom Gehirn ausgeht. Ein Mensch, dessen Gehirn erkrankt ist, kann auch mit seinem gesund gebliebenen offenen Auge nicht sehen, mit seinem gesunden Ohre nicht hören. Auge und Ohr dienen der Sinnesempfindung, nicht der Sinneswahrnehmung. Dieser zwiefache Vorgang, das Empfinden und das Wahrnehmen, zeigt sich recht deutlich bei einem Menschen, der mit Lesen beschäftigt war, während die Uhr die Stunde angab, und der erst, nachdem der Stundenschlag verklungen ist, die

Anzahl der Schläge nachrechnet. Das mechanische Hören geschah hier durch das Ohr, während die Uhr die Stunde anschlug, die eigentliche Vorstellung gewann der Lesende erst später durch Nachdenken, durch das Gehirn.

A. Das Auge.

Wenn auch vom Menschen allein die äußere Erscheinung in Rede kommt, so ist doch auch diese so viel edler und vollkommener als irgend ein anderes Gebilde, daß schon darum jede Verwandtschaft mit dem Tiere zurückgewiesen werden muß. Frei aufrecht steht der Mensch da, eine Herrschergestalt, welche die Erdenschwere überwunden hat. Entschlossen dringt die Brust heraus, richtet das Haupt sich auf und zeigt dem Himmel das freie Angesicht. Und dennoch, was wäre alles Ebenmaß des Leibes und aller Reiz des Antlitzes ohne das Auge! „Man sehe es", sagt Masius, „wie es voll klarer Ruhe um sich blickt, wie es mit dem siegenden Ausdrucke des Wissens das Fremde ergreift und sich zu eigen macht, wie vor seiner Gewalt des Geheimnisses Riegel springen und die Leidenschaft bezwungen in ihre Fessel zurückkehrt. Man sehe es, wenn es zürnend aus seiner Höhle tritt und den Feind durchbohrt, oder wenn es begeistert wie ein überirdischer Strahl zum Himmel fliegt, oder wenn es vom Schmerz ergriffen sich selbst verhüllt und der Quell der Thränen hervorquillt." „In den Augen liegt das Herz", sagt der Volksmund. Liebe und Haß, Milde und Strenge, Angst und Entschlossenheit leuchten aus ihm uns entgegen. — Auch hat längst der Sprachgebrauch die vorherrschende Wichtigkeit des Auges charakterisiert, indem er das Öffnen und Brechen der Augen auf Geburt und Tod des Menschen anwendet. So erscheint das Organ des Gesichts in der That als das „Licht des Leibes", wie die heilige Schrift sagt, und aus keinem Teil des Körpers tritt uns das Geheimnis der Seele so nahe und faßbar an, als aus diesem magischen Spiegel.

Aber nicht nur das äußere Auge entzückt, auch der meisterhafte Plan und Bau desselben weckt unsere Bewunderung. Wie unerreichbar ist dieses optische Kunstwerk dem Mechanikus oder Optiker! Die krystallene Kugel, aus den zartesten Häutchen in einander gewebt, ruht in einer eigenen, von Knochen gebildeten Höhle in einem schützenden Fettpolster. Wenn wir einen zarten, zerbrechlichen Gegenstand durch die

Post versenden wollen, so verpacken wir ihn in eine Kiste mit festen Wänden und füllen die Zwischenräume mit weichen Stoffen aus. Genau in derselben Weise ist das Auge in unserer Augenhöhle verpackt: auf allen Seiten von Fett umgeben, liegt es wohlverwahrt in seiner Knochenhöhle. Über dem Augapfel wölbt sich dachartig die Braue, während die wimperbesetzten Lider den Stern bald in sicherem Schlusse verhüllen, bald ihn in seiner ganzen Schönheit aufdecken. Das untere Lid ist fast unbeweglich, das obere hingegen können wir außerordentlich schnell bewegen, indem wir „blinken". Reden wir doch auch vom „Augenblick" als der kleinsten Zeiteinheit! — Unterhalb der Augen-

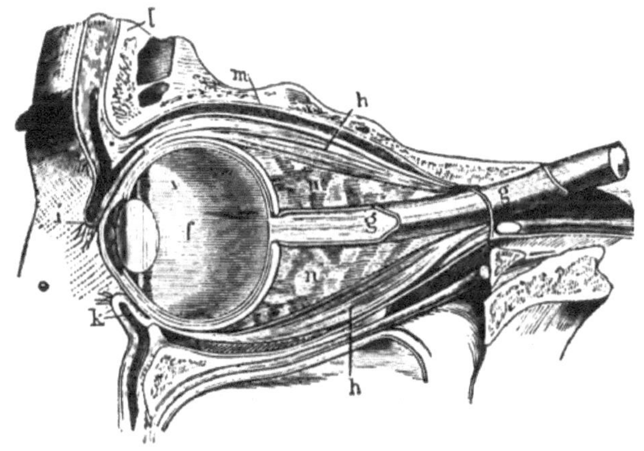

f. Augapfel. g. Sehnerv. h. Augenmuskeln. i. Oberes Lid. k. Unteres Lid. l. Stirnbein. m. Dach der Augenhöhle. n. Fettpolster der Augenhöhle. o. Nase.

brauen guckt das Auge hinaus in die Welt, oder besser, die Welt scheint in das Auge hinein durch ein rundes Fenster, die Pupille oder das Sehloch. Dieses Sehloch hat nicht immer dieselbe Größe: es erweitert sich bei schwacher und verengt sich bei starker Beleuchtung, es läßt immer so viel Licht in das Auge treten, als diesem dienlich ist. Nur bei krankhaften Zuständen des Gehirns ist die Pupille unveränderlich und zieht sich, auch wenn eine Lichtflamme genähert wird, nicht zusammen: ein wichtiges Symptom für den untersuchenden Arzt. Sehen wir jemandem in das Auge, so gewahren wir um die schwarze Pupille einen meist blau, graublau, grün, braungelb oder braun erscheinenden Ring: es ist dies die Regenbogenhaut oder Iris. Diese ist eine Fortsetzung der an Blutgefäßen reichen Aderhaut. Die Regenbogenhaut teilt den inneren Raum des Auges in eine vordere — zwischen Iris und Hornhaut — und in eine hintere Kammer — zwischen Iris und Linse. Die erstere enthält eine klare Feuchtigkeit. Hinter der Pupille liegt die nach beiden Seiten gewölbte Krystalllinse, die

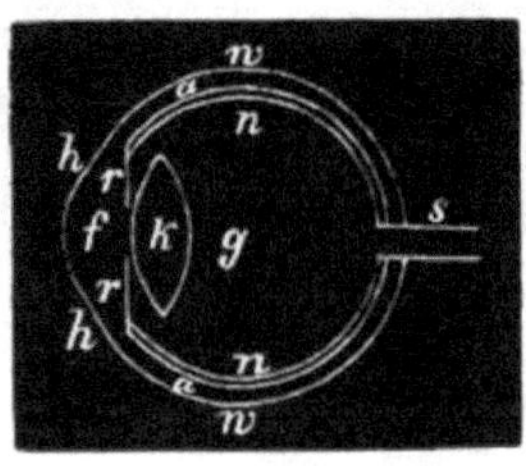

w, w. Harte oder weiße Hornhaut. h, h. Durchsichtige Hornhaut. a, a. Aderhaut. r, r. Regenbogenhaut. n, n. Netzhaut. k. Krystalllinse. f. Vordere Kammer. g. Glaskörper, hintere Kammer. s. Sehnerv.

aus gallertartiger, wasserklarer Masse besteht. Die große Augenhöhle wird von dem, geschmolzenen Glase ähnlichen Glaskörper erfüllt. Um diesen liegt die Netzhaut oder Retina, welche eine Ausbreitung des vom Gehirn kommenden Sehnerven ist, der von hinten her in schiefer Richtung alle Häute des Auges durchdringt.

Zu den Hilfsorganen des Auges gehören außer dem Augenlide und den Augenmuskeln auch die Thränendrüsen, die unausgesetzt Thränenflüssigkeit absondern, welche das Auge rein, und durch einen Kanal, welcher vom inneren Augenwinkel in die Nase führt, diese feucht erhält. Durch äußere Reize oder beim Weinen scheidet sich ein solcher Überfluß von Thränenflüssigkeit aus, daß der Kanal dieselbe nicht abzuleiten vermag, also eine „Überschwemmung" entsteht.

Die Teile des Auges kann der Leser, wenn er selber beobachten will, vortrefflich am frischen Ochsen- oder Schweinsauge sehr leicht kennen lernen. Vorteilhaft ist es, wenn man das Auge, welches man zerschneiden will, vorher gefrieren läßt.

Haben wir nun den Bau des Auges kennen gelernt, so drängt sich die Frage auf: Wie sieht das Auge?

Wer den Kasten des Photographen kennt, weiß, daß infolge der in einer Röhre angebrachten Glaslinse auf der Rückwand ein verkehrtes und verkleinertes Bild entsteht. Gerade so im Auge! Wer sich hiervon überzeugen will, nehme ein Ochsen- oder Schweinsauge und entferne mit Hilfe eines schmalen, scharfen Messers zunächst die weiße Hornhaut an der Hinterfläche des Auges. Ist diese abgeschnitten, so kann man die darunter liegende Aderhaut mit einer Pinzette oder kleinen Schere fassen und mit dem Messer wegschneiden, ohne daß man die Netzhaut verletzt. Ist die Operation das erstemal mißglückt, so wird sie doch an einem zweiten Exemplare gelingen. Nun stelle man das so präparierte Auge so auf, daß die Pupille frei wird, und halte in einiger Entfernung eine Lichtflamme vor das Auge, so wird man ein kleines umgekehrtes Bildchen durch die bloßgelegte Stelle der Netzhaut durchschimmern sehen. — Warum sehen wir aber trotz dieser verkehrten Bilder die Welt und was darin ist aufrecht? Man hat darüber viel philosophiert. Man bedenke, daß die Netzhaut nicht sieht, sondern das Gehirn, wo sich also erst durch Vermittlung der Seele eine Vorstellung über Form, Gestalt und Lage der Außenwelt bildet. Übrigens sehen wir ja auch bei schief gehaltenem und herabhängendem Kopfe die Gegenstände aufrecht. —

Daß das Auge in Beurteilung der Größe, Lage und Entfernung sich irrt, ist bekannt. Scheint nicht der Mond eilend durch die Wolken zu jagen? Laufen nicht dem auf der Eisenbahn Fahrenden die am Wege liegenden Felder, Bäume, Häuser und dergleichen in entgegengesetzter Richtung davon? Scheint nicht dem von der Brücke in den rauschenden Strom Schauenden das Wasser zu ruhen und er selber samt der Brücke rückwärts zu enteilen? Wie sehr irren wir auch, wenn wir mittels des Auges die Größe der Gegenstände abmessen wollen. Ein auf einem 100 Fuß hohen Turme stehender Mensch scheint uns viel kleiner, als wenn wir ihn auf der Ebene 100 Fuß von uns entfernt stehen sehen. In gleicher Weise erscheinen uns auch Sonne und Mond, wenn sie aufgehen, weit größer als wenn sie oben am Himmelsgewölbe glänzen. Hingegen erscheinen uns in der Nähe befindliche Menschen in ihrer natürlichen Größe, während doch ein in geringem Abstand vor das Auge

gehaltener Finger sie uns völlig verdeckt. — Die vorstehende Linie hat eine geteilte und eine ungeteilte Hälfte. Dem Auge erscheint die geteilte Hälfte größer als die ungeteilte. Die beiden umstehend abgebildeten Liniengruppen sind auch genau gleich hoch und breit; dennoch erscheint No. 1 mehr in die Breite, No. 2 mehr in die Höhe gezogen.

Ein quergestreiftes Kleid läßt demnach eine kleine, dicke Dame etwas höher und schlanker erscheinen, wobei noch zu ihrer Vergrößerung ein sehr leichter Grund am Stoff beitragen kann. — Bei der nachstehenden Figur wird man die obere Schräglinie als eine Fortsetzung der unteren Schräglinie ansehen; das angelegte Linial belehrt uns indes, daß die punktierte und die obere Linie eine gerade Linie bilden. So halten wir auch die von oben nach unten laufenden Linien der unten stehenden Figur für in der Mitte gebrochen; es sind dies aber durchaus gerade Linien. Die beiden Bogen endlich der nächsten Figur scheinen uns durchaus nicht gleich groß zu sein; es ist, nach unserem Auge, der untere entschieden länger. Dennoch sind der untere und obere Bogen, wie man mit einem Zirkel leicht nachmessen kann, genau gleich groß.

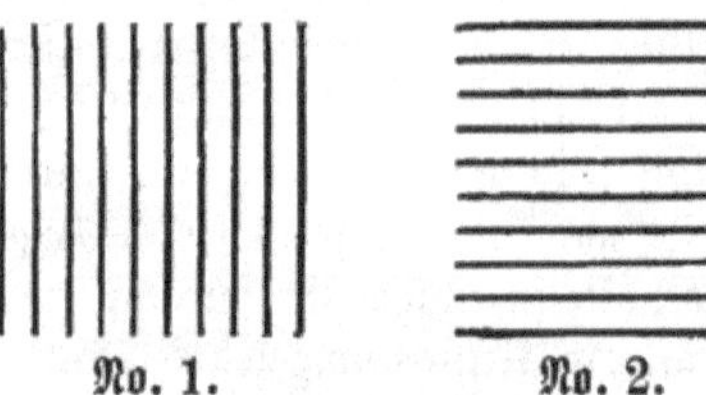

No. 1. No. 2.

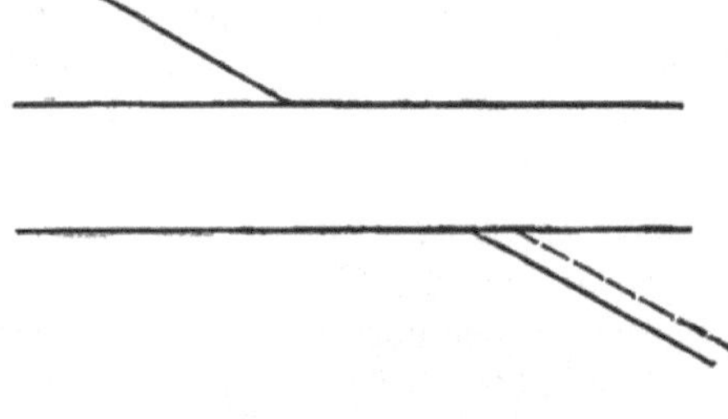

Übrigens giebt es auch eine Stelle im Auge, mit der wir nichts zu sehen vermögen. Es ist dies die Stelle, wo der Sehnerv von hinten in das Auge tritt, die man den „blinden Fleck“ genannt hat. Man kann sich hiervon in folgender Weise überzeugen: Man schließe das rechte Auge und sehe unverwandt nach Punkt B. Hierauf entferne man unsere, dem Auge nahe gehaltene Figur langsam von dem ersteren; es wird sich bei einer

Entfernung vom Auge, welche viermal so groß als die Entfernung von A nach B ist, herausstellen, daß man Punkt A nicht mehr sieht. Bei weiterer Entfernung des Buches vom Auge kommt Punkt A wieder zum Vorschein. Natürlich ergiebt sich dasselbe, wenn man das linke Auge schließt und Punkt A unverwandt anschaut; es wird dann Punkt B zeitweilig unsichtbar werden. —

Ein gesundes Auge kann Gegenstände in jeder Entfernung innerhalb der Sehgrenze deutlich sehen. Daß es hierzu imstande ist, verdankt es der sogenannten Akkomodation, das heißt der Fähigkeit der Linse, sich stärker und schwächer zu krümmen. Beim Sehen in der Nähe verengt sich nämlich die Pupille, und die vordere Linsenfläche nimmt eine stärkere Wölbung an. — Hiermit im Zusammenhang steht auch die Kurzsichtigkeit und die Fernsichtigkeit. Kurzsichtige Augen sind solche, deren Sehweite, das heißt Entfernung, bei der sie noch deutlich sehen, geringer als 8 bis 10 Zoll ist, die also einen innerhalb dieser Entfernung gebrachten Gegenstand noch scharf sehen. Weitsichtig hingegen ist ein Auge, dessen Sehweite erst über 8 bis 10 Zoll hinaus, oft mehrere Fuß vom Auge entfernt, beginnt. Bei kurzsichtigen Augen ist die Linse beständig für die Nähe akkomodiert, also stark gewölbt; bei weitsichtigen Augen hingegen beständig für die Ferne akkomodiert, also schwach gewölbt. Die kurzsichtigen Augen gebrauchen also der hohl geschliffenen, die fernsichtigen der erhaben geschliffenen Brillengläser. —

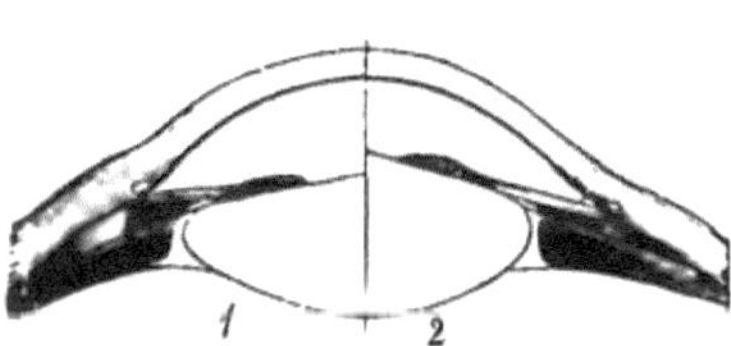

Durchschnitt des vorderen Augenabschnitts
mit der Akkomodation für die Ferne (1) und für die Nähe (2)

Die Pflege des Auges. Wenn das Auge für den Lebensbedarf und für die ganze Lebenszeit ausdauern soll, so bedarf es der Schonung. Die *Lichtmenge*, bei der das Auge seine Funktion verrichten soll, darf weder zu *gering*, noch auch zu *groß* sein. Zu geringes Licht bieten die Stunden der Dämmerung, und man lasse sich ja nicht verleiten, das Lesen, Nähen oder Sticken in dieser Zeit fortzusetzen. Gerade im „Schummern" läßt sich's so gemütlich plaudern, da lege man Buch und Handarbeit beiseite. — Zu grelles Licht ist dem Auge nicht nur durch Überreizung schädlich, sondern es verwöhnt auch das Auge, so daß es bei schwächerem Licht seinen Dienst nicht gehörig verrichten kann. Unser durch das grelle Gas- oder Petroleumlicht verwöhntes Auge würde bei der geringen Leuchtkraft des Talglichtes oder der Öllampe, mit denen sich unsere Voreltern begnügen mußten, schwerlich ausdauern. — Immer stelle man die Lampe hoch genug, damit das Licht von oben

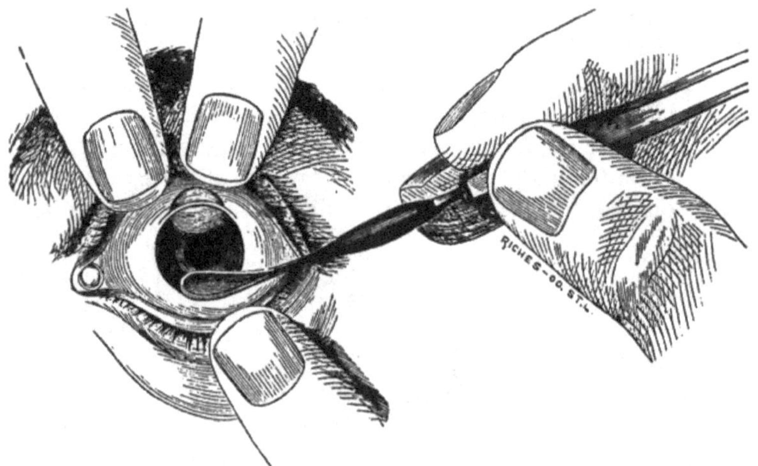

Der letzte Akt der Staaroperation. Die getrübte Pupille wird durch Druck gegen den Augapfel entfernt.

her in unser Auge fällt und damit unser Auge im Schatten des Augenlids und der Wimpern ruht. Man schreibe und lese auch nicht mit dem Antlitz gegen das Fenster gerichtet, sondern setze sich so, daß man die Seite dem Fenster zuwendet. Kurz, man beleuchte den *Gegenstand*, aber *nicht das Auge*! Ferner sorge man für Dämpfung der Lichtstrahlen durch Milchglas oder durch einen Schirm. Anhaltendes Lesen kleiner Druckschrift, namentlich bei schlechter Beleuchtung, Arbeiten mit vorgebeugtem Kopf gelten mit Recht als ein die *Kurzsichtigkeit* steigerndes Moment. Und doch, wie wenig kümmern sich viele um die Vermeidung dieser Schädlichkeiten! Lehrbücher und Zeitschriften mit zu kleinem Druck lege man ungelesen beiseite. Wer an einer höheren Schule arbeitet, weiß, wie die Anzahl der Kurzsichtigen sich mit den aufrückenden Klassen steigert. Nun ist ja freilich die Anlage zur Kurzsichtigkeit meist angeboren, aber wie mancher Kurzsichtige könnte sich wenigstens vor einer Zunahme seines Leidens bewahren. Ein von Natur Kurzsichtiger sollte auch auf alle Gewerbe verzichten, die vorzugsweise ein Sehen in die Nähe erfordern, z. B. Uhrmacherei, Gravier- und Buchdruckerkunst, dagegen sich der Gärtnerei oder der Landwirtschaft widmen.

Allerdings ist eine Brille ein vorzügliches Mittel, auch dem Kurzsichtigen das Sehen in die Ferne zu ermöglichen; doch sollte man die Wahl der Nummer derselben immer einem Augenarzt und nicht einem hausierenden optischen Juden überlassen. Man bedenke auch, daß eine Kurzsichtigkeit, die sich steigert, häufig in völlige Blindheit übergeht. Und wie beklagenswert ist das Los eines Blinden! —

Professor Cohn in Breslau, einer der bedeutendsten Augenärzte, hat unter 1000 von ihm untersuchten Blinden 102 gefunden, die ihr Augenlicht durch den sogenannten schwarzen Staar verloren hatten. Es besteht diese Krankheit in der Vertrocknung des Sehnervs, gegen welche die heutige Kunst leider keine Waffen besitzt. Der graue Staar besteht in einer Trübung der Linse

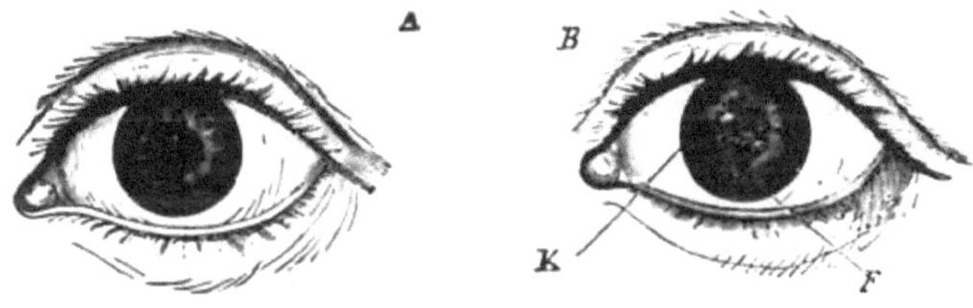

Trübung der Hornhaut.
A. Vor der Operation. B. Nach der Operation. F. Flecken vor der Pupille. K. Künstliche Pupille.

des Auges und ist durch Operation heilbar. Die Aufgabe des Operateurs besteht darin, die getrübte Linse aus dem Auge zu entfernen, damit das Licht wieder ungehindert eintreten kann. Früher verschob man die Linse, das heißt, man fuhr mit einer Nadel ins Auge — daher der Ausdruck: den Staar stechen — und drückte die Linse nach unten. Jetzt aber macht man von oben her einen Schnitt ins Auge, drückt, wie es unsere Abbildung zeigt, mit einem flachen Messer gegen den Augapfel und drängt dadurch die getrübte Linse hinaus. Und so weit ist die segensreiche Kunst der Augenärzte gediehen, daß von 100 Staaroperationen kaum 2 bis 3 mißlingen. Die ganze Operation dauert nur ein paar Minuten und ist durchaus nicht sehr schmerzlich. In vier bis fünf Tagen heilt der Schnitt zu. Die größte Vorsicht ist freilich nötig, um während dieser Zeit jede Erschütterung oder Berührung des Auges zu vermeiden. Der Kranke muß darum ganz ruhig auf dem Rücken liegen, darf nicht sprechen, muß jeden Husten- oder Niesreiz unterdrücken und darf auch nur leichte Kost genießen. Während der Nacht werden die Hände leicht an das Bett gefesselt, damit ja nicht ein bewußtloser Griff nach dem Auge die Operation störe. — Da die Linse aus dem Auge entfernt ist, so muß natürlich für einen Ersatz Sorge getragen werden, und einen solchen bietet die Staarbrille.

Von den von Professor Cohn untersuchten 1000 Blinden waren 93 durch Entzündung der Horn- und Regenbogenhaut um ihr Augenlicht gekommen. Scharlach, Masern, Rheumatismus, Skrofeln führen häufig bei Kindern solche Erkrankungen herbei, und manche Eltern sind fahrlässig genug, erst dann zum Augenarzt zu gehen, wenn dieser ihnen mit dem vorwurfsvollen Ausruf kommen muß: „Warum so spät?" Und doch feiert gerade auch hier die Augenheilkunde so schöne Triumphe. Auch wenn die Trübung, wie in unserer Abbildung (Seite 173), die Pupille gänzlich verdeckt, hilft der Operateur noch dadurch, daß er durch Ausschneiden eines Stückchens der Regenbogenhaut ein künstliches Sehloch herstellt.

Äußere Verletzungen des Auges führen auch nicht selten zur Blindheit. Unter den 1000 oben angeführten Blinden hatten 242 auf diese Weise ihre Sehkraft verloren. Es ist überaus traurig, wenn ein liebes Kind durch irgend eine Unvorsichtigkeit sein Augenlicht einbüßt. „Gabel, Messer, Schere, Licht geb' man kleinen Kindern nicht!" heißt es mit Recht. Mehr als eine Erblindung ist auch durch jenes übermütige Kinderspiel hervorgerufen worden, bei welchem jemandem von hinten die Augen zugehalten werden, während er raten soll: wer es ist, der ihm die Augen verdeckt. Je mehr das Opfer des Scherzes sich sträubt, je mehr drückt der andere zu — und dabei kann es dann geschehen, daß, wenn endlich der lästige Frager losläßt, das gedrückte Auge blind ist und auch — bleibt, denn keine Macht der Erde ist imstande, die zerstörte Nervenhaut des Auges wieder zu heilen.

Eine für das Auge gleichfalls verhängnisvolle und doch bei rechtzeitiger Hilfe abwendbare Krankheit ist die Entzündung der Augen bei Neugeborenen. 111 solcher Erkrankungen hatten bei den 1000 untersuchten Blinden mit Erblindung geendigt. Bei dieser Krankheit erscheinen bereits am zweiten oder dritten Tage nach der Geburt die Lider angeschwollen und eiterig. Die Eiterung pflanzt sich bald auf den Augapfel fort, und in raschem schrecklichen Lauf ist das Auge erblindet. Und doch kann man diesem Übel Einhalt thun, wenn man rechtzeitige und ersprießliche Hilfe leistet. Man rufe den Arzt und gebrauche nicht, nach alter Muhmen Weise, Milch oder warmen Kamillenthee, wodurch das Übel nur verschlimmert wird, sondern reinige die Augen mit Wasser mittels weicher Schwämmchen und mache kalte Umschläge.

Überhaupt sind Augenentzündungen auch bei Erwachsenen durchaus nicht immer ungefährlich. Man vermeide darum staubige und mit Rauch erfüllte Luft. Überdies sind manche entzündliche Zustände des Auges — namentlich die sogenannte ägyptische Augenentzündung — in hohem Grade ansteckend. Man gebe darum jedem Augenkranken ein besonderes Waschbecken und Handtuch! —

Ist ein fremder Körper ins Auge gelangt, so öffne man mittels der Finger das Auge, rolle dasselbe und wasche es mit kaltem Wasser. Auch das Aufheben des oberen Lides ist oft von Nutzen. Nützt dies nichts, so suche man den fremden Körper vor dem Spiegel mit dem Zipfel eines leinenen Tuches zu entfernen oder bitte einen andern um diesen Liebesdienst. Gelingt auch dann die Entfernung nicht, so rufe man den Arzt, mache bis zu seiner Ankunft nasse Umschläge und hüte sich vor dem Reiben. — Ist eine Säure oder Kalk, Asche, Tabak, siedendes Wasser ins Auge gekommen, so mache man kalte Umschläge, bis der Arzt kommt.

Nicht ernstlich genug kann vor den Zündhütchen (Caps) in irgend welcher Form gewarnt werden. Mögen nun die Kinder sie durch kleine Pistolen (Toy Pistols) oder durch Schlag mittels Hammer oder Stein zum Explodieren bringen, immer ist es möglich, daß kleine Teilchen dem Kinde ins Auge springen und hier bösartige Entzündung und auch Erblindung hervorrufen. Da die Explosivmasse giftig ist, so kann auch ein abspringender und irgendwo in die Haut eindringender Splitter den Tod durch Blutvergiftung und Mundsperre herbeiführen, wie dies leider zahlreiche Fälle bekunden.

Ein sonderbarer Fehler mancher Augen ist ihre sogenannte Farbenblindheit, von der in letzter Zeit in den Zeitschriften vielfach die Rede war und die keineswegs selten ist. Manche Personen vermögen nämlich einzelne bestimmte Farben nicht von einander zu unterscheiden. Dem einen erscheint z. B. das Rot eines Ziegeldaches genau dieselbe Farbe zu sein, wie das saftige Grün des Frühlingslaubes der Bäume — und wenn er Landschaften malen soll, so malt er vielleicht die Dächer maiengrün und die Bäume ziegelrot! Schon im Jahre 1811 schrieb Dr. Brandis: „Mehrere Glieder meiner Familie leiden an diesem Übel. Ein Schwestersohn war in eine gute Seidenhandlung als Lehrling gegeben; man war zufrieden mit ihm und er mit seiner Lage; er mußte aber diesen Beruf verlassen, weil er den Käufern Himmelblau für Rosenrot verkaufte. Ein mitleidiger Clerk der Handlung hoffte, durch die Gelehrigkeit des jungen Mannes den Fehler zu ersetzen. Es wurden Farbentafeln von Seidenband gemacht, unter jeder Farbe der Name geschrieben, und nun saß der arme Knabe tagelang und lernte, hoffte freudig, die Sache ergründet zu haben, und das Resultat der Gelehrsamkeit war, daß der nächste Käufer Rosenrot für Himmeblau erhielt.“ Dem Arzt John Dalton — nach dem die Farbenblindheit wohl auch Daltonismus genannt wird — erschien die Rose ebenso gefärbt wie das Veilchen, das Blut glich dem dunklen Grün der Flaschen, reines Rot kam beinahe dem Aschgrau gleich, und die geröteten Wangen fröhlich spielender Kinder sahen wie Tintenflecke aus, auf die man ein Löschblatt gedrückt hatte. Nun wäre ja diese eigentümliche Farbenblindheit ohne besondere Bedeutung, wenn sie nicht sehr häufig vorkäme und wenn sie nicht bei manchen Gewerben, bei den Matrosen, bei den Weichenstellern, bei Verkäufern von farbigen Gegenständen überaus hinderlich, ja gefährlich wäre. Die Signale für die Ozeanschifffahrt und den Eisenbahnbetrieb bestehen in farbigen Laternen oder Flaggen, es hieße also einen Bock zum Gärtner setzen, wollte man einem Farbenblinden ein derartiges Amt anvertrauen. Es ist aber von je 25 Menschen einer farbenblind! Und zwar finden sich weitaus mehr Farbenblinde unter den männlichen Personen. Unter den 10,378 Schulkindern in den öffentlichen Schulen Bostons fand Dr. Jeffries 431 Farbenblinde, also unter 100 etwa 4! Dem zu Prüfenden wird ein Korb gegeben, in welchem eine Anzahl verschiedenfarbiger Strähne bunter Stickwolle gut durch einander gemischt liegen. Während nun der Normalsehende die verschiedenfarbigen scheiden und die gleichfarbigen über einanderlegen kann, vereinigt der Farbenblinde rosa zu maigrün, rot zu blau u. s. w. —

B. Das Ohr.

Die beiden geistigsten Sinne, die von jeher um den Vorrang stritten, sind das Gehör und das Gesicht. Wenn man aber zugiebt, daß das Wort das engste Band ist und das Hauptmittel aller Wechselbeziehung zwischen den Menschen, dann muß man wohl dem Gehör vor dem Gesicht den Vorzug geben. Sind doch auch die Blinden, die hören und sprechen, den Taubstummen, die das Auge allein mit der Außenwelt verbindet, weit überlegen. Sitzt auch der bedauernswerte Blinde in finsterer Nacht, so ist doch auch der Taubstumme, wenn ihm auch das Auge die Wunder und Schönheiten der Natur zuträgt, ohne genügenden Verkehr mit der Außenwelt. Ihm tönt nicht die liebliche Weise der Vögel, ihn erfreut die Musik nicht, ihn grüßt und warnt, schmeichelt und droht die Stimme nicht. Und darum ist er unzugänglicher, mürrischer, unempfänglicher für Bildung des Geistes als der Blinde. Ja, bejammernswert ist das Los des Taubstummen! Leser, der du dich des Vollgenusses deiner Sinne erfreust, hast du auch schon bedacht, wie dankbar du deinem Schöpfer dafür sein solltest, mit wie freudigem Herzen du bekennen solltest: „Ich glaube, daß mir Gott alle Sinne gegeben hat, und noch erhält" ? — Ach, die Zahl derer, die kein Ton erreicht, ist gar nicht so gering. Und mancher, der sich heute des trefflichsten Gehörs erfreut, verliert dasselbe oft nur deshalb, weil er mit dieser Gabe nicht haushält. Die Erkrankungen des Hörorgans sind gar nicht selten und üben einen viel verderblicheren Einfluß auf den allgemeinen Gesundheitszustand, ja auf die Lebensdauer als z. B. die Augenkrankheiten. Trotzdem kümmert man sich in der Regel sehr wenig um das Ohr, hausmittelt und pfuscht und pfuscht — bis es zu spät ist, bis der endlich herbeigeholte Ohrenarzt wohl noch einige Dollars aus seinem Patienten herausschlagen, aber ihn nicht mehr kurieren kann. Möchte darum der freundliche Leser seiner Ohren wegen seine Augen vor den folgenden Zeilen nicht verschließen! — —

Zu beiden Seiten des Kopfes stehen die Ohren, die Pforten, durch welche die Töne dringen wie unsichtbare Boten aus der umgebenden Natur. Zwar können dieselben auch auf anderen Wegen zu unserem Bewußtsein kommen. Wir können z. B. auch durch die Zähne hören. Halten wir eine gehende Uhr in einiger Entfernung von unserem Gesicht, so hören wir ihr Ticken nur leise; nähern wir sie so weit, daß sie die vorgestreckten Lippen berührt, so wird die Gehörsempfindung nur wenig deutlicher; bringen wir sie aber in den Mund, so daß die oberen und unteren Zähne sie berühren, so hören wir den Gang der Uhr aufs deutlichste. Es hat Taube gegeben, die durch die Herzgrube hörten: so jene Frau, die ihre Magd verstand, wenn diese ihr die Hand auf den Magen legte. Aber der gewöhnliche Weg, den die Töne nehmen, ist doch der Gehörgang. Es wird darum wohl nötig sein, daß wir uns zunächst mit dem Bau des Ohres ein wenig bekannt machen.

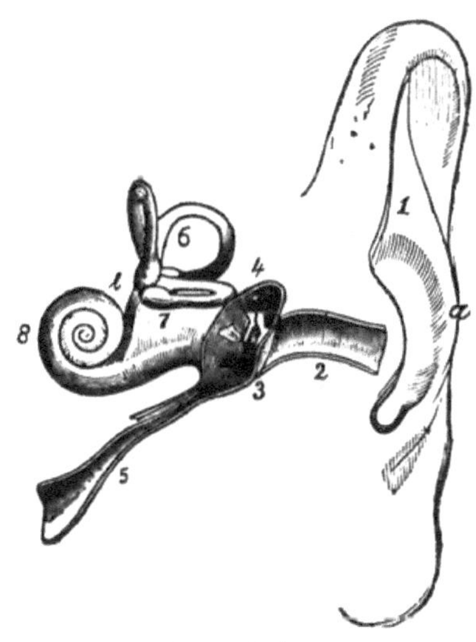

Das Ohr.

1. Ohrmuschel. 2. Äußerer Gehörgang. 3. Trommelfell. 4. Paukenhöhle. 5. Ohrtrompete. 6. Bogengänge. 7. Vorhof. 8. Schnecke.

Beim Menschen zerfällt das Gehörorgan in drei Abteilungen: das äußere Ohr, das mittlere und das innere Ohr. Das äußere Ohr besteht aus der Ohrmuschel, dem äußeren Gehörgang und dem Trommelfell. Bei vielen Tieren sind die Ohren beweglich: sie spitzen dieselben, um besser zu hören. Das mittlere Ohr ist vom äußeren durch das Trommelfell getrennt, eine dünne, elastische Haut, welche die Paukenhöhle schließt. Ist diese darum auch durch das Trommelfell vor Kälte, Staub und Wasser geschützt, so steht sie doch durch die Ohrtrompete mit der Mundhöhle in Verbindung. Man kann sich von dem Vorhandensein dieser Mund und Ohr verbindenden Röhre sehr leicht dadurch überzeugen, daß man, während man Nase und Mund schließt, kräftig ausatmet. Man fühlt dann, daß die gepreßte Luft von innen gegen das Trommelfell stößt. Leute, die durch Krankheit oder durch Unfall ihr Trommelfell verloren haben, können darum auch durch das Ohr atmen. Schwerhörige und Horchende öffnen darum auch instinktmäßig den Mund, wenn sie besser hören wollen, weil dann der Schall auch durch die Mundhöhle zum inneren Ohr gelangen kann. —

Bei der ärztlichen Behandlung des inneren Ohres ist die Ohrtrompete von großer Wichtigkeit, weil man durch dieselbe dem inneren Ohre Medikamente zuführen kann. Es ist auch eine alte und längst geübte Vorsicht, in unmittelbarer Nähe von sich entladenden Kanonen oder von Explosionen und dergleichen den Mund zu öffnen, damit der Luftdruck ebensowohl durch den äußeren Gehörgang als durch die Ohrtrompete gegen das Trommelfell schlagen könne. Hierdurch wird also ein Zerreißen desselben verhindert.

Im Innern der Paukenhöhle liegen die vier Gehörknöchelchen, die wir im vergrößerten Maßstabe besonders abgebildet haben. Es sind

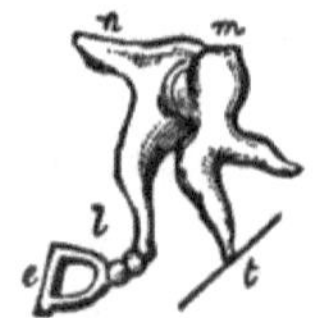

Die Gehörknöchelchen.
t. Trommelfell. m. Hammer. n. Ambos. l. Linsenbein. e. Steigbügel.

dies der Hammer, der Ambos, das Linsenbein und der Steigbügel. Sie sind in der Weise miteinander verbunden, daß die Erschütterung des Trommelfelles vom Hammer auf den Ambos, von diesem auf den Steigbügel und hierdurch endlich auch dem inneren Ohre mitgeteilt wird. Dieses, welches wegen seiner Vielgestaltigkeit auch den Namen Labyrinth führt, enthält den verästelten, vom Gehirn ausgehenden Gehörnerven. Wir unterscheiden an dem innern Ohr den Vorhof, die drei Bogengänge und die Schnecke, die alle mit dem sogenannten Gehörwasser angefüllt sind. Soll also ein Schall zu unserer Auffassung gelangen, so muß derselbe durch das äußere und mittlere Ohr so in das innere geleitet werden, daß er die hier ausgebreiteten Enden des Hörnerven trifft.

Doch ist der Vorgang beim Hören noch wenig bekannt, und es bieten sich dem Arzte eine Menge von höchst seltsamen Fehlern im Gehörorgan. Es giebt z. B. Harthörige, die nur dann leise Gesprochenes hören, wenn dabei großes Geräusch gemacht wird. So kannte der Arzt Willis eine Dame, die sich immer von ihrer Magd mit einer Trommel begleiten ließ, um sich unterhalten zu können. Eine andere Person hörte nur, wenn die Glocken geläutet wurden. — Bei vielen Personen sind die Ohren ungleich empfindlich. Gewöhnlich hört man besser links; vielleicht ist daran die Gewohnheit, auf der rechten Seite zu schlafen, schuld.

Wie geschieht es aber, daß der Schall, der durch das Ohr uns zum Bewußtsein gebracht wird, bis zu diesem bringt? Wo ist die unsichtbare Brücke, auf der der Laut jeden Zwischenraum überschreitet? Die Antwort ist leicht. Die Luft, in der der Schall erregt wird, trägt auch die zitternde Bewegung der schallenden Körper fort bis an unser Ohr. Klirren doch die Fensterscheiben und erzittern doch die Häuser, wenn ein Kanonenschuß in der Nähe abgefeuert wird. Auf hohen Bergen, wo die Luft eine geringere Dichtigkeit besitzt, werden alle Geräusche bedeutend schwächer und scheinen aus größerer Entfernung zu kommen als wirklich der Fall ist. Auf dem Gipfel des Mont Blanc, etwa 16,000 Fuß über dem Meeresspiegel, macht ein Pistolenschuß nicht mehr Lärm als in der Ebene ein Peitschenknall. In verdichteter Luft hingegen wird der Schall sehr verstärkt und das Gehör weit lebhafter als sonst angegriffen. Bei Wasserbauten, wo die Arbeiter sich in eisernen, mit verdichteter Luft gefüllten Räumen aufhalten, haben alle Töne einen metallischen, gehirnerschütternden Klang; während man spricht, fühlt man im Schädel ein Dröhnen wie in einer Trompete. Eine andere, nicht weniger unangenehme Wirkung der verdichteten Luft besteht in dem Druck, den dieselbe auf die Lippen ausübt; man stammelt beim Sprechen und keiner vermag zu pfeifen.

Auch im Wasser pflanzt sich der Schall und zwar sehr kräftig fort. Franklin hörte das Zusammenschlagen zweier Steine unter Wasser auf mehr als eine halbe Meile. Die vorzüglichsten Leiter des Schalls sind aber die festen Körper. Zwei Personen können sich, wenn sie einen langen Holzstab oder einen gespannten Faden zwischen die Zähne klemmen, auf große Entfernungen verständigen. Darum ist auch der Kanonendonner sehr weit hörbar, weil der feste Boden die Erschütterung fortpflanzt. Im Jahre 1792 wurde die Kanonade von Mainz auf der Hube bei Einbeck, etwa 150 Meilen weit, sehr deutlich gehört. Am 4. Dezember 1832 wurde sogar die Kanonade von Antwerpen im sächsischen Erzgebirge, 350 Meilen weit, verspürt! —

Die Pflege des Ohres. Kein Körperteil ist der Unbill der Witterung so sehr ausgesetzt als das äußere Ohr, die Ohrmuschel, die, namentlich wegen ihrer Blutarmut, leicht erfriert. Sie ist dann weiß, gefühllos und sehr spröde; man darf dieselbe darum in diesem Zustande weder stark reiben noch sie auch plötzlich erwärmen. Ein gelindes Reiben mit Schnee oder Eis führt am schnellsten und sichersten einen frischen Blutstrom in das Ohr, hebt die Gefühllosigkeit auf und beseitigt damit jede Gefahr. Durch warme Umschläge würde das Ohr sich entzünden. — Um das Erfrieren der Ohren zu verhüten, schütze man dieselben durch einen lose angelegten Schleier oder Shawl.

Wer der barbarischen Unsitte des Durchbohrens der Ohrläppchen noch huldigt, der sorge dafür, daß die Löcher mit einer sorgfältig gereinigten, noch ungebrauchten Nadel gestochen werden, um nicht zur Entzündung oder gar zur Blutvergiftung Veranlassung zu geben. Die durch etwaiges Ausreißen des Loches entstandene Wunde lasse man von einem Arzte geschickt verpflastern oder nähen, um eine entstellende Narbe zu vermeiden.

Das Ohrfeigen, mehr noch das Ohrenzupfen, ist eine ganz polizeiwidrige Art der Bestrafung, und nur gedankenlose Eltern und Schulmeister können eine solche in Anwendung bringen. Wir Menschen besitzen ja einen ganz vortrefflichen Platz für die kunstgerechte Applikation einer Strafe — die Verlängerung des Rückens. Durch Ohrenzupfen kann man eine Entzündung des Ohres, ja, völlige Taubheit hervorrufen!

Ganz besonderer Pflege bedarf der äußere Gehörgang, doch ist diese Pflege eine passive, deren oberste Regel lautet: Laß die Ohren in Ruhe! Bohre, grabe und wühle nicht darin herum! — Der äußere Gehörgang ist nämlich mit einer sehr empfindlichen Haut ausgekleidet, die beständig das Ohrenschmalz absondert, das nicht etwa ein Schmutz ist, den man so oft wie möglich entfernen sollte. Das Ohrenschmalz hat einmal die Aufgabe, kleine Insekten von dem inneren Ohre fern zu halten, zum andern aber die noch wichtigere Aufgabe, eine Schimmelbildung im Gehörgang zu verhindern. Nun wächst aber die innere Haut des Gehörganges nach außen und schiebt also selber das überflüssige Ohrenschmalz zum Ohr hinaus. Darum ist ein Graben mit Stecknadeln, Ohrenlöffeln, Federhaltern, Bleifedern nicht nur überflussig, sondern auch schädlich, weil solche „reinlichen" Personen bei ihren Bohrversuchen einen Teil des Ohrenschmalzes auch nach innen drücken. Diese zurückgedrängten Teilchen ballen sich zusammen, verhärten nach und nach und geben zur Schwerhörigkeit Veranlassung. Zudem reizt das unsinnige Auskratzen des Ohres die zarte Schleimhaut bis zur

Entzündung. Eine entzündete Haut aber verursacht Jucken, und das Jucken verführt zu neuem Kratzen und Schaben, und eine noch hochgradigere Entzündung ist die natürliche Folge. Wieder greift man zum Federhalter oder zur Stecknadel, um das lästige Jucken zu — vermehren. Nun endlich holt man sich den erfahrenen Rat einer guten Nachbarin oder einer alten Tante ein und malträtiert das Ohr mit Glycerin oder gar mit ätzenden Stoffen, bis es zu spät ist. Es ist kaum glaublich, zu welchem unsinnigen Mittel der kranke Mensch greift, zu welcher Blüte daher auch der Patentmedizin-Schwindel gediehen ist. Wer klug ist, lasse sich warnen! Bei allen Entzündungen des äußeren Gehörganges, bei laufenden Ohren, bei irgend welchen Schmerzen im Ohr gebrauche der Laie nur dieses **eine** Mittel: er nehme eine kleine Hartgummispritze, fülle diese mit lauwarmem Wasser, ziehe die Ohrmuschel etwas nach oben, halte die Spritze an die Ohröffnung und spritze das Ohr aus. Das wieder ablaufende Wasser sammle man in einem untergehaltenen kleinen Gefäß. Merke es wohl, lieber Leser: Dies ist das einzige gefahrlose Mittel, welches du je anwenden solltest! Nicht gar selten ist es, daß ein fremder Körper in den äußeren Gehörgang eindringt. Kleine Bohnen, Erbsen, Perlen, kleine Steinchen werden von Kindern zuweilen in das Ohr gesteckt. Und da heißt es dann wieder: Laß die Finger davon! Verzichte auf jeden Versuch, den eingedrungenen Körper hervorzuholen! Diese Versuche drängen fast immer den Gegenstand nur noch tiefer in das Ohr hinein, ja, stoßen ihn wohl gar durch das Trommelfell in das mittlere Ohr. Man sende zum Arzte, dem es gelingen wird, den Gegenstand mit den dazu geeigneten Instrumenten zu Tage zu fördern. Ist ein Arzt nicht in der Nähe, so spritze man, wie vorhin gezeigt, Wasser in das Ohr. Das Wasser sammelt sich alsdann zwischen dem Trommelfell und dem eingedrungenen Körper und schwemmt denselben meist wieder heraus.

Noch eines ist zu erwähnen. Gehörleidende haben nicht selten die üble Gewohnheit, mit einem großen, dicken Baumwollenpfropfen den äußeren Gehörgang zu verschließen. Hierdurch wird das Ohr übermäßig erhitzt. Zur Winterszeit ist es wohl zweckmäßig, mit ein wenig lockerer Baumwolle das Ohr zu schützen, allein sobald man das Zimmer betritt, ist dieser Verschluß zu entfernen und darf innerhalb der Wohnräume nicht getragen, auch nicht Tag und Nacht unausgesetzt im Ohr behalten werden! Mit gleichem Rechte könnte man einen schweren Winterüberzieher, der draußen uns vor der grimmigen Kälte vortrefflich schützen mag, nun auch im warmen Zimmer tragen. Eine arge Zurücksetzung des Ohres ist es aber, wenn man, um Zahnweh zu heben, einen Baumwollenpfropfen mit ätzender Flüssigkeit in den Gehörgang steckt. Man hebt vielleicht das unschädliche Zahnweh und verschafft sich dafür ein bedenkliches Ohrenleiden.

C. Geruch und Geschmack.

Geruch und Geschmack lassen sich wohl als Brüder bezeichnen: sie dienen und unterstützen, sie ergänzen einander. Geht uns doch bei einem heftigen Schnupfen, der den Riechnerven lähmt, auch der Wohlgeschmack der Speisen verloren, können wir doch bei geschlossener Nase selbst stark schmeckende Stoffe nicht von einander unterscheiden. Man lasse sich ein und dieselbe Speise, z. B. einen Mehlbrei, einmal mit Zimmet, ein andermal mit Knoblauch, ein andermal mit Vanilla, und wieder ein andermal gar nicht würzen und koste dann, bei verbundenen Augen und festgeschlossener Nase, einen Brei nach dem andern, und man wird sich vergeblich bemühen, die Art des Gewürzes und die ungewürzte Speise zu erkennen! Wir schmecken also, wie dies Beispiel es deutlich zeigt, auch mit der Nase.

Sind nun Geruch und Geschmack ihrer Zusammengehörigkeit wegen Brüder zu nennen, so ist ihnen auch insofern ein gleiches Los geworden, als sie beide von uns recht stiefmütterlich behandelt werden. Man bildet wohl das Auge von früh an durch Kunstobjekte, man erzieht auch das Ohr durch die Musik, aber für die Ausbildung des Geruchs und Geschmacks geschieht wenig oder gar nichts. Die Feinschmecker besitzen wohl ein verwöhntes, aber nicht ein wohlerzogenes Organ in ihrer Zunge, und die Schnüffler vollends gelten uns als ekelhaft. Nur bei den Naturvölkern, namentlich bei den Indianern, findet sich noch ein Geruchsvermögen, das fast an die Witterung mancher Tiere, der Kamele, Hunde und Hirsche, streift. Und doch ist die Nase ein wichtiges Organ, sie ist, oder sollte doch sein ein Prüfungsmittel für das, was wir einatmen! Wie die Zunge die Speise für den Magen, so sollte die Nase allezeit die Speise für die Lungen prüfen. Wir haben darum wirklich alle Ursache, uns zu Feinriechern, zu Luftfeinschmekkern auszubilden, die nur frische und reine Luft als eine „Delikatesse" begrüßen. Und der einzige Sinn, der uns jede Luftverderbnis sofort anzeigen kann, ist der Geruchssinn, und sein Behälter ist die Nase, die darum auch den Namen eines Luftgaumens verdient. In diesem Sinne haben wir Recht und Pflicht, unsere Nase prüfend „in alles zu stecken". Es ist wirklich eine alberne Zimperlichkeit, wenn wir manches als „riechend" oder höchstens als „übelriechend" bezeichnen, von dem wir doch mit Fug und Recht einfach sagen könnten und sollten: „Es stinkt!"

Eine Luft, die da „riecht“, ist eine stinkende, gesundheitsschädliche Luft, auf die uns die Nase warnend aufmerksam machen sollte. Aber leider ist vielen unter uns die Empfindlichkeit für verdorbene Luft verloren gegangen. Wer's in einem tabaksdurchqualmten, menschenerfüllten Raum lange aushalten kann, ohne daß ihm die Nase ein gebieterisches: Fliehe! zuruft, der ist zu seinem eigenen Schaden kein Feinriecher mehr. Man glaube nicht, daß man einer wohlerzogenen Nase durch eine Übertünchung verdorbener Luft mit wohlriechenden Mitteln Flausen vormachen kann; sie merkt sehr wohl, daß man ihr doch nur an Stelle eines Gestanks einen andern gesetzt hat. Es giebt nur einen wahrhaft guten Geruch, und der ist — gar keiner. Sogenannte wohlriechende Stoffe befriedigen nur vorübergehend; sie kitzeln nur den Luftgaumen, wie eine pikante Speise den Mund. Wenn einem ein nach einer ganzen Apotheke duftendes Menschenkind in den Weg läuft, so wird man immer an den durch das Parfüm verdeckten Gestank erinnert.

„Für den Augenblick freilich“, sagt der treffliche Niemeyer, „wird man den Feinriecher, der sich an der Leckerspeise einer ganz geruchlosen Atemspeise ergötzt, irgend welchen ‚Geruch‘ aber als Gestank verwirft, weil er ihm ‚den Atem benimmt‘, unter den Erwachsenen mit der Laterne suchen müssen. Als geborner Feinriecher will der Säugling behandelt sein, der sicherlich sehr oft nur deshalb (wie die Muhme wähnt) rätselhafterweise schreit, weil ihm die verdorbene, unreine Binnenluft, mit der man ihn peinigt, schlecht schmeckt, weil sie ihm stinkt, weil er von dieser verfälschten Atemspeise — was er ja in Worten nicht aussprechen kann — Kopfweh, Beklemmung, innere Hitze bekommt. Mit der Zeit jedoch wird ihm diese Feinriecherei gewaltsam derartig ertötet, daß er schon als Schulkind ‚keine Nase‘ mehr hat. Ganz und gar im Geruchsinne demoralisiert sehen wir die Erwachsenen: derselbe Feinschmecker, der den ihm vorgesetzten Trunk Bier einer Kennerprüfung unterzieht, ist so wenig Feinriecher, daß er eine Kneipenluft atmet, deren Geruch den von draußen Eintretenden wie Kloakenduft anwidert. — Aber nicht nur in Kneipen, sondern auch in Wohnräumen findet sich neben holländischer Sauberkeit der äußeren Einrichtung die unreinste, verdorbenste Binnenluft, besonders da, wo Polster, Teppiche, Vorhänge den Dunst von Wochen in sich aufgesogen haben und langsam wieder von sich geben. Nimmt man nun einmal, vielleicht bei Vorbereitung zu einer Gesellschaft, in solchen ‚Salons‘ auch auf Anfrischung der Luft Bedacht, so öffnet man nicht etwa die Fenster, sondern spritzt Kölnisches

Wasser, verbrennt Essig oder Räucherpulver, eine Verirrung, welche Miß Florence Nightingale mit der treffenden Bemerkung abthut: die besten Räucherkerzen wären die, welche einen solchen Gestank verbreiten, daß man notgedrungen alle Fenster aufsperren müßte." — —

Solche ersprießliche Dienste vermag also eine gut geschulte Nase zu leisten. Dennoch bieten wir undankbaren Menschen ihr nur wenig. Der Schnupfer allein führt ihr direkt etwas zu.

Die Nase kann eine Zierde, aber auch eine Unzierde des menschlichen Gesichts werden. Sie zeigt sich in der mannigfaltigsten Gestalt. Welcher Abstand zwischen der schmalen, mehr oder weniger gebogenen Nase der Kaukasier und der kleinen, dicken, breiten, oben eingedrückten, aufgestülpten Nase der Neger! Welcher Abstand auch innerhalb der Rasse zwischen dem kecken Stumpfnäschen und dem gewaltigen „Gesichtskolben", dem „Gesichtserker", dem „Promontorium", von dessen erschrecklicher Länge der Dichter singt:

„O aller Nasen Nas'!
Ich wollte schwören,
Das Ohr kann sie nicht schnauben hören!" —

Der Riechapparat ist weit einfacher als der Hör- und Sehapparat eingerichtet. Die äußere Nase besteht aus dem Nasenbein, an das sich nach unten Knorpel fügen. Die Nasenscheidewand bildet zwei Kanäle, die mit einer Schleimhaut ausgekleidet sind, in deren oberen Teile sich der Riechnerv ausbreitet. Die Nasenhöhle ist in ihrem Innern mit verschiedenen Vorsprüngen, den sogenannten Nasenmuscheln, versehen, weshalb die einströmende Luft sich durch sehr enge Zwischenräume hindurchzwängen und also mit den Wänden und den Riechnerven in Berührung kommen muß.

Die Pflege der Nase. Die Empfindlichkeit der Nasenschleimhaut macht dieselbe auch zur Entzündung, das heißt zum Schnupfen geneigt, von dem schon früher die Rede war.

Ist irgend ein fremder Körper in die Nase gelangt, was bei Kindern leider häufig genug vorkommt, so schiebe man eine kleine Schere in das betreffende Nasenloch, öffne dieselbe, um den Raum zu erweitern, und versuche dann den Körper mit den Fingern nach unten zu schieben. Gelingt dies nicht, so entferne man die Schere und kitzele das Innere der Nase oder gebe eine Prise Schnupftabak, um Niesen zu verursachen.

Unter allen Sinnen scheint der **Geschmack** die tiefste Stelle einzunehmen, wie sein Wirkungskreis auch der engste ist. Dennoch übertrifft gerade in der erheblichen Entwicklung dieses Sinnes der Mensch das Tier. Das Organ des Geschmacks ist die Zunge, die freilich auch noch anderen Zwecken, so namentlich dem Sprechen und Schlingen dient. Sie bildet den Boden der Mundhöhle, ist aus zahlreichen, verschlungenen Muskeln gebildet und eben deshalb äußerst beweglich. In der die Zunge überziehenden Schleimhaut befinden sich unzählige Hügelchen und Fäden, welche Zungen- oder Geschmackswärzchen heißen. In den dieselben umgebenden Furchen haben die Enden des Geschmacksnerven ihren Sitz. Schmecken können wir begreiflicherweise nur solche Stoffe, die bereits aufgelöst sind oder sich doch im Speichel des Mundes lösen. Die trockene Zunge, wie sie der Fieberkranke hat, schmeckt nichts. Durch Einziehen des Atems, durch das Schlürfen, bringen wir den Geschmack uns schärfer zum Bewußtsein. Der rechte Weinkenner führt deshalb erst prüfend die Nase über das Glas, nimmt dann einen kleinen Schluck Wein in den Mund und zieht dann schlürfend etwas Luft in den hinteren Teil des Rachens.

Wir schmecken die meisten Speisen am deutlichsten im Augenblick des Schluckens, wenn also die Speise die Zungenwurzel passiert. Die Zungenspitze ist vornehmlich ein Taster, der aber auch auf unser Urteil über schmackhaft und schmacklos einen nicht zu verkennenden Einfluß ausübt. Wie könnten wir sonst von einem kühlenden, brennenden, stechenden, kratzenden, zusammenziehenden Geschmack reden? „Ein großer Teil der von uns genossenen Nahrungsmittel", sagt Reclam, „ist uns angenehm oder unangenehm nicht durch ihren eigentümlichen Geschmack, sondern durch die Tastempfindung, welche sie in der Zunge erregen, und durch die Begleitung des Geruchs. — So schmeckt z. B. frisches Brot genau so wie altes; aber in frischem Brote ist der eigentümliche aromatische Geruch des Brotes weit stärker wahrnehmbar, als wenn es mehrere Tage gelegen hat; das frische Brot ferner ist weich und giebt daher der Zunge beim Kauen eine angenehme Tastempfindung, während das altbackene Brot gehärtet und krümelich geworden ist und in den kleinen harten Krümeln, in die es zerfällt, rauhe oder spitze Ecken der Zunge liefert, welche für die Tastempfindung unangenehm wirken. Das mit Butter bestrichene Brot ist viel angenehmer beim Kauen und Tasten als das trockene und wird gewiß aus diesem Grunde ebenso bevorzugt, als der größeren Ernährungsfähigkeit wegen."

Reine Geschmacksempfindungen, an welchen der Geruch und der Tastsinn nicht teilnehmen, giebt es nur wenige; sie beschränken sich auf Süß, Sauer, Salzig und Bitter.

D. Der Tastsinn.

Der Tastsinn belehrt uns nicht nur über Form, Ausdehnung und Gewicht der Gegenstände, sondern auch über die Wärmeunterschiede oder die Temperatur derselben und ist zugleich auch der Träger der schmerzlichen und angenehmen Empfindungen. Ungleich den andern Sinnen hat derselbe aber seinen Sitz nicht in einem bestimmten Organ, sondern ist durch die ganze, unsern Körper gewandähnlich umschließende Haut verbreitet, wiewohl diese auch nicht überall gleich empfindlich ist. Denn nirgends erscheint das Gefühl so konzentriert als in der tastenden, greifenden Hand. Allein die wunderbar bewegliche Gliederung der Hand und die Zartheit der sie bekleidenden, nervenreichen Haut genügt, den Menschen von allen andern Geschöpfen zu sondern. Kein Tier kann sich eines solchen Tastorgans rühmen, wenn auch die Vierhand des Affen, der Rüssel des Elefanten, die Zunge der Schlange und die Fühler der Insekten ein äußerst feines Getast verraten. Allerdings ist auch unser Tastsinn vielen Täuschungen unterworfen. Wenn wir z. B. den Mittelfinger über den Zeigefinger schlagen und zwischen beiden eine Erbse oder ein kleines Brotkügelchen hin und wieder rollen, so daß also dasselbe gleichzeitig vom Daumenrande des Zeigefingers und dem Kleinfingerrande des Mittelfingers berührt wird, so glauben wir nicht, ein, sondern zwei Kügelchen zu fühlen. — Tauchen wir eine Zeitlang die eine Hand in eine Schüssel mit heißem, die andere in eine solche mit kaltem Wasser, heben wir dann beide heraus und tauchen sie in eine dritte Schüssel mit lauwarmem Wasser, so wird die im heißen Wasser gewesene Hand das Gefühl der Kälte, die im kalten Wasser gewesene aber das Gefühl der Wärme empfinden, während doch beide einer gleichen Temperatur ausgesetzt sind — eine Lehre dafür, daß man sich bei Prüfung der Temperatur der Luft in einem Krankenzimmer oder der Temperatur eines Bades nicht auf das Gefühl, sondern auf das Thermometer verlassen muß.

Die Lederhaut trägt, wie unter „Haut" dargelegt, kleine, kegelförmige Hügelchen, die sogenannten Hautwärzchen. Diese sind die

Organe des Tastsinns. Sie sind da am zahlreichsten, wo die Haut am empfindlichsten ist, z. B. an den Fingerspitzen. An der Innenfläche unserer Finger, welche bekannnlich für Tasteindrücke sehr empfindlich ist, enthält die Haut unseres Zeigefingers auf einem Raum wie der Querdurchschnitt eines Weizenkornes auf dem ersten, der Hand zunächst befindlichen Gliede 15, auf dem zweiten oder mittleren Gliede 40, auf dem dritten Gliede, welches die Fingerspitze bildet, 108. Infolge der ungleichen Verteilung der Hautwärzchen ist auch die Feinheit des Tastsinns an den einzelnen Körperstellen sehr verschieden. Man kann sich hiervon durch einen sehr einfachen Versuch überzeugen. Zwei stumpfe Zirkelspitzen werden gleichzeitig und mit gelindem Druck auf die Haut gesetzt, während die Augen geschlossen werden. Sind die Spitzen weit genug von einander entfernt, so wird man beide empfinden, sind sie näher, so wird man nur einen Druck wahrnehmen. Die Zungenspitze zeigt sich bei diesen Versuchen am empfindlichsten, da auch die nur um 1/20 Zoll von einander entfernten Spitzen noch getrennt wahrgenommen werden. Auch die Beugeseite des dritten Fingergliedes, die Lippen, die Nasenspitze zeigen noch eine sehr feine Empfindung. Am Oberarm und Unterarm hingegen kann man die Spitze gegen zwei Zoll von einander trennen und man empfindet doch nur einen Druck. Auch Rückgrat, Hals und Brust besitzen keine zarte Tastempfindung.

Der Fall, daß bei einem sonst gesunden Menschen der Tastsinn ebenso fehlt wie z. B. dem Blinden der Sinn des Gesichts, ist noch nicht beobachtet worden. Wohl aber kann der Tastsinn da, wo andere Sinne fehlen, dienend und helfend eingreifen — der Blinde sieht mit dem Stocke, sagt man — ja, er vermag sogar alle Sinne bis zu einem gewissen Grade ersetzen. Es sind einige Fälle von Einsinnigen bekannt, von armen Wesen, für die die Sonne kein Licht, die Luft keinen Schall, die Blumen keinen Geruch, die Speisen keinen Geschmack hatten, denen also nur der eine Sinn, der Tastsinn, geblieben war und die dennoch mittels dieses einzigen Sinnes eine Kenntnis der Dinge um sie her erlangen konnten. Diese Fälle sind so interessant und so ergreifend, daß wir einen solchen ausführlich mitteilen wollen.

Max Noack, geboren in Leipzig am 1. Januar 1844, war der Sohn eines Advokaten und hatte von diesem, der ein verkommener Mensch war, einen schwächlichen und siechen Körper geerbt. Seine Mutter starb früh, und so erfuhr denn das im höchsten Grade skrofulöse Kind die gröbste Vernachlässigung von seiten des Vaters. Im 10.

Lebensjahre raubte eine heftige Augenentzündung dem Knaben das Augenlicht, er erblindete, und durch einen eitrigen Ausfluß aus dem Ohre wurde er schwerhörig, so daß man nur mit Hilfe eines Hörrohres mit dem Knaben verkehren konnte. Man übergab ihn einer Blindenanstalt, wo er rege Wißbegierde und gutes Gedächtnis zeigte. Es war rührend, zu sehen, daß dieses arme Kind die innigste Hingabe an seine Lehrer zeigte und nie mürrisch war über seine Lage. Es wurde im Lesen der erhaben ins Papier gepreßten Blinden-Druckschrift geübt, und wandte sich nach seiner Konfirmation der Erlernung des Korbmacherhandwerks zu. In diesem machte es ungewöhnlich rasche Fortschritte. Leider brach das vom Vater geerbte Übel von neuem aus, und im April 1862 hatte sich die Schwerhörigkeit in völlige Taubheit umgewandelt und in deren Folge auch Sprachlosigkeit eingestellt. Zudem sank auch der Nasensattel so tief ein, daß der Geruch aufgehoben und in Folge hiervon der Geschmack fast ganz zerstört wurde. Mit 18 Jahren war der Bedauerungswürdige blind, taub, stumm, unfähig zu riechen und zu schmecken; nur ein einziger Sinn war ihm geblieben, der Tastsinn, das Gefühl.

Als der Direktor der Blindenanstalt, in der der Knabe aufgewachsen war, diesen aus dem Krankenhause abholte, um ihn in Stösitz bei Riesa unterzubringen, begriff er bald, daß er seinen Aufenthaltsort vertauschen sollte. Er ordnete selbst seinen Anzug, packte seine wenigen Effekten zusammen und verabschiedete sich stumm und leise Thränen vergießend mit Händedruck von seinem bisherigen Wohlthäter. Wer aber sein Begleiter sei, wohin die Reise gehen sollte, welche Verhältnisse ihn erwarteten, — wer hätte ihm dies mittels des Tastsinnes begreiflich machen können? — Er weinte im Wagen leise fort, schmiegte sich an seinen Begleiter an, drückte ihm die Hand, um sein Vertrauen zu erkennen zu geben, — verriet aber durch kein Zeichen, daß er den Direktor der Anstalt wiedererkenne, in welcher er jahrelang glücklich und froh gelebt hatte. —

In Stösitz machte man ihm mit Mühe begreiflich, daß er sich unter Korbmachern befinde, und daß er an ihrer Arbeit sich betheiligen solle. Er begriff nur das Letztere, seine Umgebung blieb ihm unbekannt. Er hatte schon längst den Faden verloren, der ihn an die Außenwelt knüpfte. Er kannte nicht den Ort, an welchem er sich befand, — die Personen, mit denen er lebte und unter welchen sich drei seiner früheren Schulkameraden befanden, — er kannte nicht mehr den Wochen- und

Monatstag, die Tages- und Jahreszeit; — alle Vorgänge des Lebens gingen spurlos an ihm vorüber. Mitten im Wogenschlage der Zeit lebte er wie ein durch einen Bergsturz Verschütteter, wie ein lebendig Begrabener. Selbst die Blinden wurden von der Vorstellung dieser qualvollen Abgeschiedenheit von allen Regungen des Lebens tief ergriffen und zu Thränen gerührt. Ihre Bemühungen, den beklagenswürdigen Genossen durch Liebkosungen und Freundlichkeitserweisungen aller Art zu erfreuen, waren ungemein rührend. Doch schien auch in diese tiefe Nacht zuweilen ein leiser Schimmer zu dringen. In Mußestunden und auch bei der Arbeit zeigte der Arme durch lächelnde Mienen, ja sogar hörbar durch leises, stillvergnügtes Lachen seine stille Freude an. Doch wagte er es nicht, vom Hause sich weiter zu entfernen, als auf Armeslänge, um fortwährend die Wand mit den Fingern erreichen zu können. Dagegen verschaffte er sich im Hause selbst bald vollkommene Lokalkenntnis, sogar in Bezug auf die Stellung der meisten Stubengeräte und der Orte, wo er Kleider und kleine Besitztümer untergebracht hatte. Dennoch schien es, als sollte es nie gelingen, das Grabgewölbe des armen Gefangenen zu durchbrechen. Immer noch hatte er keine Ahnung davon, wo er sich befinde und wer seine Genossen seien. Da er jedoch einen Rest seiner früheren Sprechfähigkeit behalten hatte und die Worte: „Ich danke“ hörbar aussprach, — da er ferner auch des morgens beim Betreten des Arbeitslokales seine Genossen mit einem „Schönen guten Morgen“ begrüßte, — so machte man einen Versuch, ob er die Punktierschrift der Blinden noch lesen könne. Man schlug ihm den 27. Psalm auf, und er las vom 8. Verse an. Bei den Worten des 9. Verses: „Laß mich nicht, und thu nicht von mir die Hand ab, Gott, mein Heil“, — tropften stille Thränen. Gott hatte sein Gebet erhört — er hatte gelesen und das Gelesene begriffen. Nach einiger Zeit gelang es auch, ihm verständlich zu machen, daß er das Gelesene sprechen solle, und nun zeigte es sich, daß er, zwar nur leise lispelnd, aber doch vernehmbar die einzelnen Worte aussprach.

Jetzt druckte man, um sich mit ihm zu verständigen, in der Blindenanstalt zu Dresden einige Zettel in der Blindenschrift. Der erste Zettel lautete: „Lies recht laut, lieber Noack. Mit Gott!“ Nachdem er eine halbe Druckseite in den Psalmen gelesen hatte, wurde das Buch zugeschlagen und ihm schnell dieser Zettel untergeschoben. Langsam und leise las er die Worte bis zu seinem Namen, den er nicht aussprach. Hier hielt er inne, mit lächelnder Miene, und wurde vor freudiger Überraschung rot im

Gesichte, — ein Zeichen, daß er das Gelesene begriffen und auf sich angewendet habe. Man reichte ihm nun den folgenden Zettel: „Du bist in Stösitz bei Riesa bei dem blinden Korbmacher, Herrn Brandt und seiner Frau. Sein kleiner Knabe, der dich führt, heißt Anton. Deine übrigen Hausgenossen sind deine Freunde, die Blinden" u. s. w. Er gab nun auf die rührendste Weise seine innige Freude über das Wiedererkennen kund. Er schloß sich brüderlich an die Blinden an, spazierte mit ihnen, unterhielt sich mit ihnen, so weit dies ihm möglich war, und spielte mit ihnen. Besonders war er ein geschickter Damespieler. Sein Geschmacksinn blieb nach wie vor beschränkt. Er unterschied nicht mehr die verschiedenen Fleischsorten, das Obst nur nach der Gestalt und zog Brot und Semmel dem Kuchen vor. Man machte auch den Versuch, ihm mit den Fingern Buchstaben auf den flachen Rücken zu zeichnen, und er erkannte auch die Schriftzeichen sofort, verband sie zu Worte und antwortete auf einfache Fragen sofort. — Allein dieser günstige Erfolg dauerte nicht lange. Der elende, sieche Körper, der von Jugend an hinfällig war, versagte bald seinem Dienst. Am 10. Oktober 1863 nahm ihn der HErr zu sich und öffnete für immer seine Sinne.

Reinhard, Direktor der königlichen Blindenanstalt zu Dresden, hat das Leben des Max Noack gezeichnet. Ein entsprechender Fall wurde auch in dem Blindenasyl des Staates Massachusetts beobachtet. Laura Bridgeman hat ein gesundes und intelligentes Aussehen, aber es fehlen auch ihr alle Sinne, mit alleiniger Ausnahme des Tastsinnes, der aber überraschend scharf ist. In dem Flügel der Blindenanstalt, in welchem sie sich befindet, leben etwa 40 Bewohnerinnen, mit welchen allen Laura bekannt ist. Wenn jemand in ihrer Nähe vorbeigeht, streckt sie ihren Arm aus, und in dem Augenblick, wo sie eine Hand faßt oder nur einen Teil des Anzuges, kennt sie die Person! Sie kann von ihrem Sitze aufstehen, in geradem Wege nach einer Thüre gehen, zu richtiger Zeit ihre Hand ausstrecken und die Klinke, gerade wie ein Sehender, mit Genauigkeit ergreifen. Bei Tische gebraucht sie Tasse, Löffel und Gabel wie andere. Sie schreibt, strickt und häkelt.

Die Pflege des Tastsinns fällt mit der Pflege der Haut zusammen, von der an der betreffenden Stelle bereits die Rede war.

X. Anhang.

A. Die Hauskrankenpflege.

Über den Wert einer ersprießlichen Krankenpflege zu schreiben, möchte schon deshalb für unnütz erachtet werden, weil es nachgerade sattsam bekannt ist, daß der Arzt, er habe noch so gewissenhaft die Art der Krankheit erforscht und sein Heilmittel bestimmt, nur dann auf Erfolg rechnen kann, wenn am Bett des Kranken das Auge der Liebe wacht, eine linde Hand das Lager glättet und den Lechzenden erquickt, ein aufmerksames Ohr auf jeden Atemzug, auf jede Bewegung lauscht. Man bedenke doch: nur kurze Zeit weilt der Arzt am Krankenbett, aber die Pflege umgiebt ihn beständig. Nun lehrt ja freilich die Liebe zum Kranken mancherlei, was sich sonst gar nicht erlernen ließe. Wer kann besser pflegen als die Mutterhand, wer besser wachen als das Mutterauge? Und doch können Vorurteile oder mangelnde Erfahrung auch diese linde Hand verkehrt leiten, und es mag deshalb geboten erscheinen, daß wir uns über die Erfordernisse der Hauskrankenpflege eingehend unterhalten.

Gar mannigfach sind die Anforderungen, die die Krankenpflege stellt, Anforderungen, die namentlich von Frauen der rechten Art erfüllt werden können. Mögen wohl manche Männer gerade so sanft und rücksichtsvoll und vielleicht überlegter als Frauen im Krankenzimmer handeln können, so bleibt es doch wahr, daß Gott gerade den Frauen ganz besondere Gaben, dem Kranken zu dienen, verliehen hat. Unerschrockenheit und Umsicht, Sanftmut und Geduld und Reinlichkeit — sind das nicht Tugenden, die wir sonderlich am Weibe finden? — Will Schreck und Sorge die Hand der Pflegerin erlahmen, sie versteht es, von Gott sich Stärke zu erflehen, daß nicht

Rat- und Thatlosigkeit dem lieben Kranken schaden oder seine Unruhe mehren. Aber Unerschrockenheit ist nicht Rücksichtslosigkeit, jene kann sich sehr wohl mit der nötigen Sanftmut paaren. Wie freundlich und herzgewinnend kann die Pflegerin dem Kranken nahen, wie beruhigend kann die sanfte Hand dem Leidenden die Furchen des Mißmuts oder des Schmerzes aus dem Gesicht glätten! Und wer kann die Geduld genugsam rühmen, mit der eine treue Pflegerin alle Widerwärtigkeiten trägt, mit der sie den Launen des aus der Thätigkeit plötzlich zum Stillehalten bestimmten Kranken begegnet! —

Wo solche treue Augen wachen und solche linde Hände am Bette walten, da darf der Arzt auch die besten Erfolge erwarten. Aber, lieber Leser, so treu und lind ist eben nicht eine jede Pflegerin, auch dann nicht immer, wenn sie den besten Willen hat. Da ist die ungeschickte Pflegerin! Wenn sie irgend etwas ins Krankenzimmer bringt, so kann man sicher sein, daß sie trotz aller Vorsicht den Kranken durch ihr Gepolter jäh aufschreckt, vielleicht aus einem gesunden Schlaf, den er nicht wieder erlangen kann. Sie wird mit der größten Behutsamkeit das Feuer schüren wollen, dabei aber die Ofenthür heftig zuschlagen und Feuerhaken und Kohlenschaufel fallen lassen. Sie wird dem Kranken bei dem Versuch, ihm einen Trunk Wasser zu reichen, die Hälfte über Gesicht und Brust schütten. — Da ist ferner die allzu eifrige Pflegerin. Niemand leugnet, daß sie das Beste will; aber sie hat eine Quecksilbernatur. Der Kranke kommt bei ihr gar nicht zu der Ruhe, die ihm so not thut. Sie quält den Kranken mit allerlei Fragen: ob er wohler fühle, ob er noch Schmerzen empfinde, ob er nicht Appitit nach diesem oder jenem habe, ob er so oder anders liegen wolle. Sie erzählt jedem Besucher die ganze Leidensgeschichte ihres Patienten. — Da ist ferner die sorglose, unachtsame Pflegerin, die die Verordnungen des Arztes vergißt, die Medizin nicht zur Zeit reicht, und die dann das Versäumte durch doppelte Dosen zur Unzeit wieder gut zu machen sucht — oder die superkluge Pflegerin, die alles besser weiß als der Doktor, selbst entscheidet, ob die Medizin einzugeben ist, auch wohl einen Teil der Arznei wegschüttet, um den Arzt zu täuschen, die aber allerlei unsinnige Hausmittel an die Stelle setzt. —

Ganz besondere Beachtung verdient das Krankenzimmer. Es ist eine berechtigte Klage der Ärzte, daß unter allen Wohnzimmern das Schlafzimmer in der Regel den Anforderungen der Gesundheitspflege am wenigsten entspricht. Anstatt dazu das hellste und geräumigste der

Gemächer zu wählen, verkriechen wir uns mit unsern Kindern in die engste und dunkelste Kammer, wo die Sonne kaum hinblickt, die Luft stockt und sich mit den Ausdünstungen der Schlafenden füllt. Ist dieses für Gesunde schon verwerflich, wieviel mehr für Kranke, deren üble Ausscheidungen die Luft so schnell verderben! — Neben Größe und Lage des Raumes sind die Herstellung einer zweckmäßigen Lufterneuerung und die Beleuchtung und Heizung von besonderem Wert.

Die Lufterneuerung oder Ventilation erzielt man durch Öffnen der Thüren und Fenster, wobei aber der Kranke sorgfältig vor Zug geschützt werden muß. Verbietet der Zustand des Patienten das Öffnen der Fenster in dem Krankenzimmer selbst, so durchlüftet man einen Nebenraum und öffnet dann die Thüre desselben. Im Sommer kann man die Fenster eines Krankenzimmers meistenteils Tag und Nacht offen lassen. Auch in der kühleren Jahreszeit ist ein mehrmaliges stundenlanges Öffnen der Fenster dringend zu empfehlen, besonders wenn man währenddessen den Kranken in ein benachbartes Zimmer bringen kann. Geht das nicht an, so bedecke man den Kranken während der Lüftung mit einem Blanket. Gewöhnlich ist die Luft in Krankenzimmern morgens am schlechtesten und die Lüftung daher um diese Zeit am nötigsten.

Wird man einmal im Krankenzimmer zum Räuchern gezwungen, so besprenge man das Zimmer mit Essig oder gieße diesen oder gemahlenen Kaffee auf eine glühende Kohlenschaufel. Eau de Cologne oder andere wohlriechende Essenzen verdecken nur den üblen Geruch und sind dem Kranken fast immer sehr zuwider.

Hinsichtlich der Beleuchtung des Krankenzimmers beachte man, daß man die Kranken zwar vor zu grellem Lichte bewahren muß, aber auch nicht das Zimmer zu dunkel halten darf, es sei denn, der Kranke leide an den Augen oder am Gehirn. Auch die Nacht darf des milden Lichtscheins nicht entbehren. Petroleumlampen brennen entweder zu hell oder hauchen, wenn niedergeschraubt, einen übelriechenden und schädlichen Kohlendunst aus. Am besten eignet sich ein Glas mit einem auf Öl schwimmenden sogenannten Nürnberger Nachtlichtchen, neben welchem für das etwa nötige Herumleuchten ein Stearinlicht bereit zu halten ist. Ein kleiner, dunkelfarbiger Lampenschirm halte die Lichtstrahlen von dem Gesichte des Kranken ab.

Daß die Krankenstube möglichst ab vom Straßenlärm liegen muß, ist selbstredend. Musikalische Nachbarn, wie Klavierspieler, Blechmusiker und Geiger, bitte man freundnachbarlichst unter dem Versprechen der Gegenseitigkeit um einstweilige gütige Zähmung ihrer Kunstliebe.

Von großer Wichtigkeit ist auch die Heizung des Krankenzimmers durch einen leicht zu regulierenden Ofen, auf dem ein Gefäß mit Wasser Platz haben muß, damit die Luft nicht zu trocken wird. Eine Temperatur von 65° F. wird im allgemeinen dem Kranken am zuträglichsten sein. Im Sommer muß durch Luftzug oder Aufwischen und Sprengen mit Wasser, auch wohl durch aufgehängte nasse baumwollene Tücher die Temperatur möglichst herabgehalten werden. Ein Kaminfeuer ist allen anderen vorzuziehen, da es am vorzüglichsten ventiliert.

Werfen wir nun einige kritische Blicke auf die Dinge, die in ein Krankenzimmer gehören. Wir nennen von diesen billig zuerst das allernotwendigste Möbel, nämlich das Bett. Dasselbe darf nicht zwischen Thür und Fenster, aber auch nicht zu nahe am Ofen stehen. Überdies muß es an beiden Längsseiten frei zugänglich sein. Man stelle es mit dem Kopfende der Wand zu, lasse aber so viel Raum, daß ein kleiner Durchgang bleibt. Man erzielt dadurch einen mehrfachen Nutzen: eine größere Reinlichkeit um das Bett wird ermöglicht, der Kranke ist von allen Seiten zugänglich und wird von den kalten, an den Wänden herabsinkenden Luftströmen nicht getroffen. Bedingt das Zimmer eine Stellung des Bettes zwischen zwei gegenüberliegenden Fenstern oder zwischen Fenster und Thür, so muß der Kranke durch einen Bettschirm vor Zug geschützt werden. Ein solcher Bettschirm leistet auch sonst zur Abhaltung zu grellen Lichtes oder der Zugluft beim Reinigen des Zimmers gute Dienste. Er ist leicht anzufertigen. Man füge einen hölzernen Rahmen, etwa 5 Fuß hoch und 3 Fuß breit, zusammen, setze ihn auf hölzerne Querstücke und überspanne ihn mit Zeug. Die geschickte Hand der Hausfrau oder der Töchter kann ja diesem Überzug durch eine kleine Stickerei ein recht freundliches Aussehen geben. — Die beste Lagerstätte ist immer eine Roßhaarmatratze, die entweder auf Sprungfedern oder auf einem Drahtgewebe ruht. Aber eine solche ist ihrer Kostspieligkeit halber nicht in jedermanns Besitz. Man setze dann einen mit gutem, gerissenem Kornstroh fest gestopften Strohsack an ihre Stelle. Federbetten sind zu vermeiden, da sie das Durchliegen und Ansteckungen begünstigen; sie sind nur dann zulässig, wenn der Patient daran gewöhnt ist. Über die Matratze kommt eine Decke und dann das Leintuch, das oben und unten durch starke Sicherheitsnadeln stets glatt erhalten wird. Als Bedeckung diene im Sommer eine baumwollene, im Winter eine oder mehrere wollene Decken. Neben diesem Bett enthalte das Krankenzimmer zum Zwecke des Umbettens noch ein anderes Bett oder ein Sofa (Lounge).

Von sonstigem Möblement stelle man nur das Notwendigste in das Krankenzimmer, also eine Kommode (Bureau) für das Bettzeug und die Leibwäsche, zwei Tische, und zwar einen größeren in eine Zimmerecke und einen kleineren an das Kopfende des Bettes. Wenn der letztere schrankartig verschließbar ist, kann er das unter allen Umständen immer gleich zu leerende Nachtgeschirr aufnehmen. Auf demselben, so daß sie der Kranke leicht erreichen kann, stehe eine Klingel. Beim Kopfende des Bettes befinde sich auch der Spucknapf, der häufig und gründlich mit Seifenwasser oder Sodaauflösung zu reinigen ist, namentlich wenn die Kranken auswerfen. Mehrere Stühle, ein Thermometer, eine Wasserkaraffe (Pitcher) (mit frischem Wasser!), ein Wasserglas, eine Waschschüssel vervollständigen die Ausrüstung für das Krankenzimmer. — Ist der Kranke voraussichtlich längere Zeit bettlägerig, so ist am Kopfende des Bettes oder an der Decke ein Tau zu befestigen, damit der Kranke imstande ist, sich selbst aufzurichten.

Auch von den Dingen, die nicht in das Krankenzimmer gehören, wollen wir hier reden. Zu den „ungehörigen" Dingen gehört der Teppich (Carpet), der sich leider so sehr bei uns eingebürgert hat, daß wohl auch diese Worte ein Kampf wider Windmühlenflügel sein werden. Doch soll es gesagt sein: Der Teppich ist nicht nur ein Staubsammler, sondern, was schlimmer ist, wie alle wollenen Stoffe ein Herd für ansteckende Krankheitsstoffe. Alle Polster und Decken sollten aus gleichem Grunde aus dem Krankenzimmer fernbleiben.

Endlich gehört gleichfalls nicht in das Krankenzimmer die gute und gesprächige Frau Nachbarin mit ihrem „Ach, wie geht's denn heute? Sie haben wohl recht viele Schmerzen? Ja, ja, Sie sehen recht schlecht aus! Der Herr Schmidt hat auch die Krankheit und ist auch recht elend! Sie sollten einmal einen andern Arzt nehmen" u. s. f. u. s. f. (denn das geht sehr lange so fort, der „string" reißt der Frau Nachbarin nicht so bald ab). — Schon solcher Ausbrüche von Unverstand wegen sollte man niemand ins Krankenzimmer lassen, bevor nicht der Arzt ausdrücklich die Erlaubnis dazu erteilt hat. Die beste Erholung für den Kranken ist — die Langeweile. Genesende selbst sind durch die mit Besuchen immer verbundene Aufregung häufig genug wieder erkrankt. —

Die **Reinhaltung** des Krankenzimmers fordert gleichfalls alle Sorgfalt der Pflegerin. Sie gewöhne sich, dieselbe ganz geräuschlos vorzunehmen. Ist das Zimmer nun einmal mit einem Teppich belegt und kann man den Kranken nicht in ein anderes Zimmer bringen, so benutze man einen der jetzt so verbreiteten „Carpet sweepers", die wenig Staub aufwirbeln und doch alles auf dem Boden Liegende aufheben. Den Staub wische man mit einem **feuchten** Lappen ab.

Nicht weniger wichtig ist das **Bettmachen**. Sind die Kranken transportabel, können sie im Stuhle sitzen oder sich auf das Sofa legen, so sind alle Kissen, Decken und dergleichen herauszunehmen und in einem Nebenzimmer vor den geöffneten Fenstern, solange es der Zustand des Kranken irgend erlaubt, gut ausgebreitet zu lüften. Jeder, der Kranke gepflegt hat, weiß, wie wohlthätig das frische, natürlich gehörig gewärmte Bett auf den Patienten einwirkt. — Bei **Schwerkranken** muß man sich allerdings mit dem **Umbetten** begnügen. Man beachte hierbei, daß Kranke nicht umgebettet werden dürfen, solange sie noch nüchtern sind; man muß ihnen wenigstens zuvor etwas Wein reichen. Hier kommt nun ein zweites, fertig vorgerichtetes Bett sehr zustatten. In dieses wird der Schwerkranke von mehreren kräftigen Personen gehoben. — Hat man kein zweites Bett, so ist die Benutzung eines zweischläfrigen Bettes zu empfehlen. Man kann dann die freie Hälfte desselben mit frischer Bettwäsche versehen, den Kranken darauf niederlegen, dann die alte Wäsche entfernen und auch die andere Hälfte herrichten. Ist auch das Umbetten nicht zulässig, wie bei schweren Verwundungen, so erneuert man die Bettwäsche folgendermaßen: Zwei Pflegerinnen nehmen das frische Betttuch, treten jede auf eine Seite des freistehenden Bettes und ziehen entweder vom Kopfe herunter oder von den Füßen herauf, immer von dem Teile des Körpers an, der am wenigsten leidend ist, das alte Betttuch heraus, aber auch zugleich das frische hinein. Braucht man eine wasserdichte Unterlage, so muß diese ganz glatt liegen; am besten ist es, sie an die Matratze oder den Strohsack mit Sicherheitsnadeln oder mit großen Stichen anzuheften. Man bedecke diese Unterlage mit Watte oder Charpie, damit die Flüssikeiten leicht aufgesogen werden.

Nimmt man's mit der Herrichtung des Bettes recht genau, so wird man auch das gefürchtete **Auf- oder Durchliegen**, selbst bei langem Krankenlager, meist vermeiden können. Durchgelegene Stellen zeigen sich vorzugsweise am Kreuz, an den Hacken, den Hüften und den Schulterblättern. Man sehe diese Stellen häufig nach. Röte und Geschwulst, mit brennendem Schmerz verbunden, gehen gewöhnlich dem eigentlichen Durchliegen voraus. Zur Verhütung des Aufliegens sind kalte Waschungen und darauf folgendes Einreiben mit Spiritus zu empfehlen; wenn die Haut sich bereits gerötet hat, ist eine Einreibung mit Zinksalbe, so viel als möglich Wechseln der Lage, auch der Gebrauch von Luftkissen (in Ermangelung derselben von gut mit Leinwand oder weichem Leder umwundenen Strohkränzen, oder besser, mit Öltuch umwundenen Roßhaarkissen) anzuwenden. Man legt selbstverständlich die Kränze so unter, daß die entzündete Stelle hohl liegt.

Was die so überaus wichtige Ernährung der Kranken angeht, so fordere man vom Arzt die eingehendste Instruktion und — befolge dieselbe. Man huldige nicht dem thörichten Wahn, man müsse dem Kranken recht viel und recht kräftige Nahrung aufdrängen. Bringt schon das, was einem Grobschmied frommt, einen Schneider um, wieviel mehr einen Kranken! Man bedenke doch: der Kranke darf nur das genießen, was er verdauen kann, denn nur das stärkt ihn. Man muß wissen, daß ein Kranker wohl zum Essen aufgemuntert, aber nie dazu gezwungen werden darf. Andererseits darf man dem Verlangen eines Kranken nach gewissen Speisen, die ihm unzuträglich sind, nicht nachgeben. Man setze dem Kranken nie mehr vor, als er voraussichtlich essen wird. Sein Appetit ist ohnehin sehr schwach und wird durch den Anblick zu großer Portionen erfahrungsgemäß nur noch mehr geschwächt. Man richte auch die Speise geschmackvoll an. Überhaupt soll ja der Kranke nicht viel auf einmal, sondern nur kleine Portionen und in Pausen genießen. — Solange der Kranke zu schwach ist, um Fleisch gut kauen zu können, muß ihm dasselbe ganz klein geschnitten oder gehackt werden; man kann es ihm auch in der Suppe mit leichtem Gemüse anrichten. Durch das allzulange Kochen verliert das Fleisch bedeutend an Nährwert.

Es seien nun noch Ratschläge über das Einnehmen von Arzneien gegeben. Kindern namentlich sind schlecht schmeckende Arzneien nicht leicht einzugeben; sie sträuben sich mit Händen und Füßen. Da versuche man es denn mit sanftem Zureden, mit Versprechungen und gebrauche die Gewalt nur im alleräußersten Notfalle. In diesem Falle halte einer die Hände des kleinen Unbandes zusammen und die Nase zu; auf diese Weise muß das Kind den Mund öffnen, und ein anderer kann diesen Augenblick benutzen und den Inhalt des Löffels möglichst tief in die Mundhöhle gießen.

Besonders widerwärtig schmeckende Medizinen, wie Chinin, nehme man in Pillenform, und wenn auch das nicht angeht, nehme man ein genäßtes Stück Oblate, das in jeder Apotheke billig zu haben ist, schütte das Pulver darauf und lege die vier Zipfel kreuzweis übereinander. Es nimmt dadurch die Arznei die Gestalt eines Bissens an und kann leicht verschluckt werden.

Die flüssigen Heilmittel müssen vor dem Eingeben umgeschüttelt werden, weil einige Bestandteile entweder zu Boden sinken oder sich von einander scheiden. Pulver kann man in einem Löffel oder Tassenkopf mit Wasser oder Thee einrühren. Es darf hierbei nichts von dem Einzugebenden zurückbleiben; etwaige Überbleibsel müssen noch einmal eingerührt und verabreicht werden. Ricinusöl (Castor Oil) oder überhaupt ölige Arzneien werden am leichtesten genommen, wenn der Kranke den Mund mit Branntwein (Brandy oder Whiskey) ausspült und dann das Öl in einem vorher erwärmten Löffel nimmt, sich aber gleich nachher wieder den Mund mit Branntwein ausspült. Ist der Kranke indessen zu schwach oder gar bewußtlos, so giebt man das Öl in etwas warmem Wasser oder Pfeffermünzthee oder auch in warmer Milch. —

Muß der Hals *gepinselt* werden, so lasse man, wenn der Patient unruhig ist, von jemandem den Kopf zwischen die Hände nehmen, drücke mit einem Löffel die Zungenwurzel tief hinunter und fahre mit dem Pinsel tief genug und allseitig im Schlundkopf herum. Man überzeuge sich *vorher, daß der Pinsel festsitzt!* Nach dem Gebrauch werde derselbe sofort gründlich in heißem Seifenwasser gereinigt.

Ein wichtiges Kapitel in der Krankenpflege ist das *Klystiersetzen*, das man inzeiten üben muß. Soll das Klystier *ausleerend* wirken, so gebrauche man zu demselben warmes Wasser oder lauwarmes Seifenwasser. Bei hartnäckiger Verstopfung nehme man eine Mischung von Kamillenthee und Seife, oder Kamillenthee und Ricinusöl, oder Kamillenthee, einen Eßlöffel voll Speiseöl und einen halben Eßlöffel voll Kochsalz. Will man durch das Klystier bei starkem Blutandrang nach dem Kopfe, den Lungen, dem Herzen Ableitung herbeiführen, so nimmt man 2 Teile Wasser und 1 Teil Essig. Es giebt auch *stopfende* Klystiere, deren Zusammensetzung meist vom Arzt zu bestimmen ist. Man wende beim Klystiergeben den Kranken hart am Bettrand auf eine Seite, lasse ihn die Kniee anziehen, führe die geölte Spitze behutsam ein bis drei Zoll tief in den Mastdarm und spritze ruhig und gleichmäßig den Inhalt ein. — Wenn der Kranke in der Rückenlage bleiben muß, müssen die Kniee möglichst in die Höhe gezogen und das Kreuz durch Unterlagen erhöht werden. —

Sind trockene Erwärmungsmittel nötig (bei kalten Füßen, Leibschmerzen), so benutze man erwärmten Flanell, erwärmte Watte, blecherne oder steinerne mit warmem Wasser gefüllte Flaschen, oder mit Salz, Kleie oder Kornmehl gefüllte erwärmte Säcke. Nur nicht zu heiß!

Um kalte Umschläge zu machen (bei Kopfweh, während des Fiebers und bei vielen anderen Gelegenheiten), nehme man ein Handtuch oder eine Serviette, tauche sie in eiskaltes Wasser, ringe sie tüchtig aus, falte sie mehrmals zusammen und lege sie auf den leidenden Teil. Nie entferne man den alten Umschlag, ehe man nicht den neuen schon zur Hand hat. Bei Umschlägen um den Hals bei Halsentzündungen überwickle man dieselben mit leichtem Tuch, um eine Durchnässung des Bettes zu vermeiden. — Sollen Eisumschläge gemacht werden, so zerstoße man das Eis in kleine Stücke und fülle diese in eine Schweins- oder Gummiblase.

Zu warmen Umschlägen nehme man warmes Wasser oder Kamillenthee.

Eine sehr ausgedehnte und heilsame Anwendung finden die Breiumschläge (Poultices). Ihre Bereitung ist folgende: Leinsamen (Linseed-meal), auch Hafergrütze (Oat-meal) oder Kleie (Bran) werden mit Wasser oder Milch und Wasser zu einem so dicken Brei gekocht, daß ein Löffel darin stehen bleibt. Dieser Brei wird heiß auf grobe, aber nicht dichte Leinwand gethan; diese wird zusammengelegt und auf den leidenden Teil gelegt. Auch hier beachte man streng die Vorsicht, den alten Umschlag nicht zu entfernen, bevor der neue zur Hand ist.

Das Senfpflaster (Mustard Plaster) wird aus Senfmehl bereitet, welches man mit lauem Wasser oder auch mit etwas Essig zu einem dicken Brei rührt, den man 1/6 Zoll dick auf Leinwand streicht und mit Mull oder Gaze (Gauze) bedeckt, um das Ankleben zu verhindern. Bei Erwachsenen läßt man dasselbe etwa 15 Minuten, bei Kindern nur 8 bis 10 Minuten liegen. Es darf keine Blasen ziehen! Man hält jetzt in den Apotheken sehr gute Senfpflaster vorrätig. Dasselbe ist ein vorzüglicher Schmerzensstiller und ein wertvolles Reizmittel.

Kalte Einwicklungen werden zuweilen von den Ärzten angeordnet. Man lege auf die Matratze ein Blanket, darüber ein trockenes Betttuch und auf dieses ein nasses, gut ausgewundenes Betttuch. Der Kranke wird nun darauf gelagert, daß ihm das Tuch bis an den Hals reicht. Dieses schlägt man fest um den Körper, indem man die Arme dicht anlegt und so mit einwickelt, Beine und Schenkel aber möglichst einzeln einschlägt. Auch halbe Einpackungen werden verordnet, werden aber ganz in derselben Weise, nur mit mehreren Handtüchern ausgeführt.

Von weitgehendster Bedeutung für die Krankenpflege sind die Bäder, die leider, weil es in vielen Häusern an den Vorrichtungen dazu fehlt, nicht immer angewandt werden können. Temperatur und Art des Bades lasse man sich vom Arzt genau angeben. Das Einheben des Kranken in die Wanne muß ruhig und geschickt geschehen. Der Kranke wird, sobald er aus der Wanne genommen, abgetrocknet, in erwärmte wollene Decken gehüllt, ins inzwischen hergerichtete Bett gebracht und in größter Ruhe erhalten. —

Abreibungen mit kaltem oder Essigwasser werden häufig bei Krankheiten mit lebhaftem Fieber angeordnet. Der Patient wird, während er im Bett verbleibt, mit großen, stark ausgerungenen Schwämmen tüchtig abgerieben (Sponging) und dann schnell getrocknet. Man darf dabei das Bett nicht nässen. —

Die Ausscheidungen eines Kranken: der Schweiß, der Lungenauswurf, der Harn, die Stuhlentleerung und das Erbrochene verdienen besonderer Beachtung.

„Der Schweiß", schreibt Dr. Dyrenfurth, „hat öfters eine wahrhaft kritische Bedeutung, indem bei manchen Krankheiten, z. B. Lungenentzündung, Rheumatismus, Katarrh, Scharlach, Masern, mit seinem Eintritt die schwersten Symptome nachlassen und der erste Schritt zur Genesung erfolgt. In anderen Fällen aber wird der Schweiß vom Arzt weniger willkommen geheißen; als allzu treuer Gefährte langwieriger und auszehrender Krankheiten wirkt er schwächend und hilft die Auflösung beschleunigen. Kalte klebrige Schweiße pflegen oft den Todeskampf zu begleiten.

„Beginnt die Haut, nachdem sie bis dahin brennend und trocken gewesen, zu schwitzen, so decke man den Kranken zu, lasse ihn die Arme unter die Decke nehmen und gebe ihm Limonade zu trinken. Ein zu starker Schweiß dagegen muß möglichst gehemmt werden; man trockne die schwitzenden Teile mit warmen, trocknen Tüchern ab und bringe den

Kranken, nachdem man ihm die triefenden Kleider sanft vom Körper gezogen und neue, wohlerwärmte übergeworfen, in ein rein überzogenes, etwas erwärmtes Bett.

„Sowohl bei hitzigen als auch bei langwierigen Lungenleiden giebt der Lungenauswurf wesentlichen Aufschluß über den Zustand der Atmungsorgane und über Fort- und Rückschritte der Krankheit. Deshalb soll der Auswurf des Kranken nicht in den Spucknapf, sondern in ein zur Hälfte mit Wasser gefülltes Glas kommen, welches dem Arzt zu zeigen ist.

„Der Urin ist bald wolkig, schleimig, blutig, bald enthält er Eiter, rötlichen Satz, Steinchen, Zucker, Eiweiß; manchmal gewährt schon sein äußerer Anblick einen Anhalt zur Erkenntnis der Krankheit und ihrer verschiedenen Stadien, häufig aber bedarf es einer eingehenden chemischen und mikroskopischen Untersuchung. Darum sollte der Urin dem Arzt in einem reinen, hellen Gerät aufgehoben werden.

„Das Kapitel der Stuhlentleerung bildet eines der wichtigsten der Krankenpflege. Bei ernsthaft Kranken, Fiebernden, mit schwerem Husten Geplagten gebe man nie zu, daß sie einen im Hofe belegenen Abort aufsuchen. Solche Gänge haben schon manchem den Tod gebracht. Stark Fiebernde oder sehr Schwache sollten das Geschäft nur im Bett auf einem vorher gut erwärmten Nachtgeschirr oder Steckbecken verrichten und müssen dabei gut gestützt und vor Erkältung geschützt werden. Natürlich ist sofort, nachdem der Kranke wieder ordentlich gebettet worden, für Luftverbesserung zu sorgen. Abgänge von ansteckenden Kranken (zumal bei Typhus, Cholera, Ruhr) sind schleunigst aus dem Zimmer zu entfernen und jedesmal durch zwei tüchtige Lagen Chlorkalk, von denen die eine auf den Boden des Gefäßes, die andere, in Wasser gelöst, über den Inhalt geschüttet wird, zu desinfizieren. Die unreine Leib- und Bettwäsche in solchen Krankheiten ist keinesfalls für die nächste Wäsche aufzuheben, sondern muß alsbald in kochendes Laugenwasser geworfen werden."

Muß ein Kranker sich erbrechen, so bringe man ihn in eine sitzende Stellung, indem man ihm einige Kissen in den Rücken legt. Man legt einen Arm um den Hals des Kranken und läßt seine Stirn in der Hand ruhen, während man mit der andern das nötige Gefäß hält. Nach dem Erbrechen spüle sich der Patient mit kaltem Wasser den Mund.

Die Desinfektion oder die Zerstörung der Krankheitskörper

ansteckender Krankheiten und die Zersetzung der Verwesungsstoffe, ist im allgemeinen leicht ausführbar und von so großer Wichtigkeit, daß wir hier die besten und einfachsten Methoden angeben wollen. Äußerste Reinlichkeit, fleißige Lufterneuerung und schleunigste Beseitigung aller Auswurfstoffe ist die Grundbedingung aller Desinfektion. Die Chemie macht uns aber auch mit einer Reihe von Stoffen bekannt, die energisch zersetzend wirken, und diese sind es, die man Desinfektionsmittel (Disinfectants) nennt. Wann das eine oder das andere anzuwenden ist und in welcher Weise dies zu geschehen hat, soll das Nachstehende zeigen.

Aborte und Abzugsräume (Vaults, Cesspools). Man löse 4 Pfund Eisenvitriol (Copperas, Green Vitriol) und 4 bis 5 Unzen roher Karbolsäure (Crude Carbolic Acid) in einer Gallone Wasser und gebrauche von dieser tüchtig umzurührenden Lösung etwa 1 Pint per Kubikfuß Auswurfstoffe. — Oder man hänge einen mit Eisenvitriol gefüllten Sack in die Jauche und rechne dabei 6 Unzen auf den Kubikfuß. — Die den Abzugsräumen (Cesspools, Drains, Sewers) entströmenden Gase muß man, wie schon früher unter „Heim" gezeigt, durch Wasserabschluß vom Gebäude fernhalten.

Abzüge und Waterclosets (Sinks, Water-closets) geben nicht selten Anlaß zur Verpestung der Luft, wenn sich Fett in den Röhren ansetzt. Man schütte in einem solchen Falle eine siedendheiße Lösung von Kali oder Natron (Potash, Soda) in das Rohr, spüle mit Wasser nach und lasse dann ein Pint der oben beschriebenen Lösung folgen. Ein zweites und drittes Pint schüttet man im Laufe des Tages hinterher.

Keller, Ställe und dergleichen. Man streue frischen gebrannten Kalk (Quick-lime), reinige mit Wasser, das in 3 Gallonen 4 bis 5 Unzen rohe Karbolsäure enthält, und tünche die Wände mit Weiße, die gleichfalls in jeder Gallone 4 bis 5 Unzen Karbolsäure enthält.

Zimmer. Wenn man ein Zimmer, in dem sich Personen befinden, desinfizieren muß, so bringe man in dasselbe auf einer Untertasse etwas Chlorkalk, den man alle zwei oder drei Stunden erneuern muß. Der entstehende Geruch nach Chlor darf aber nicht zu stark werden. Wenn man die Personen aus dem Zimmer entfernen kann, dann räuchere man mit schwefliger Säure (Sulphurous Acid). Ehe man dies thut, breite man Betten und Vorhänge aus, hebe den Karpet etwas auf, indem man ihn an einer Stelle loslöst und einen Gegenstand darunterschiebt. Dann fülle man einen eisernen Kessel mit Schwefelstücken (etwa 1 Pfund auf 1000 Kubikfuß Raum), stelle ihn in die Mitte des Zimmers auf Mauersteine, gieße über den Schwefel etwas Alkohol, zünde diesen an, oder lege eine glühende Kohle darauf und setze das Zimmer, dessen Thüren und Fenster gut geschlossen sein müssen, den Schwefeldünsten aus. Nach zehn Stunden kann das Zimmer geöffnet und gründlich gelüftet werden. Es ist dies ein Verfahren, das sonderlich für Räume paßt, in denen ansteckende Kranke lagen.

Spucknäpfe, Nachtgeschirre und dergleichen. Nachtgeschirre sollten sofort nach dem Gebrauch aus dem Zimmer entfernt, draußen gründlich gereinigt, mit der oben angegebenen Karbollösung ausgespült und mit Wasser nochmals nachgespült werden. Auch eine Lösung von übermangansaurem Kali (Potassium permanganate) ist zum Ausspülen zweckdienlich. Siehe übrigens weiter vorn.

Bettzeug. Matratzen, auf denen ansteckende Kranke lagen, sollte man verbrennen. Bettlaken, Blankets, Handtücher und dergleichen koche man eine Stunde lang in einer Lösung von Kali oder Soda (Potash oder Soda) — eine Unze auf zwei Gallonen Wasser —, spüle sie dann in reinem Wasser aus und koche sie noch einmal eine Stunde lang in einer Lösung von schwefelsaurem Zink (Zinc sulphate) — 2 Unzen auf eine Gallone Wasser. — Wenn man die Wäsche nicht gleich so behandeln kann, werfe man sie in die letzte Lösung und spüle sie in reinem Wasser, ehe man das Kochen in der Sodalösung vornimmt. — Wertlose Wäschestücke sollte man ohne weiteres verbrennen. —

Eine ganz besondere Beachtung verdient die Pflege bei ansteckenden Krankheiten. Ein jeder Mensch hat die Pflicht, seinem Nächsten auch mit der Gefahr seines eigenen Lebens zu dienen — und kein nichtiger Vorwand soll ihn von diesem Dienst abhalten. Aber diese Pflicht hindert ihn gar nicht, sich vor der Ansteckung nach Möglichkeit zu schützen, und die drei Mittel, die ihm dazu helfen, sind: Furchtlosigkeit, Reinlichkeit und Mäßigkeit. Die erste erbitte er sich von Gott, der sein zaghaftes Herz aufrichten wird zur rechten Zeit, und die anderen erkenne er und übe er als die besten Mittel, die Gott ihm gab, die Ansteckungsstoffe von sich zu halten. Im übrigen gebe er sich ganz in die Allmachtshände Gottes, ohne dessen Willen ihm kein Haar gekrümmt werden soll. — Häufiges Wechseln der Wäsche, fleißige Waschungen des ganzen Körpers, gelegentlicher Spaziergang mit Tiefatmen, leichte, aber doch nahrhafte Kost, die womöglich außerhalb des Krankenzimmers einzunehmen ist, möglichste Meidung aller geistigen Getränke: das alles sind Mittel, der Krankheit zu wehren. Man entferne und desinfiziere alle Auswurfstoffe, meide, so weit als thunlich, die ausgeatmete Luft des Kranken, spüle sich den Mund mit dünner Lösung von übermangansaurem Kali oder mit verdünntem Essig. — — —

Versetzen wir uns nun einmal in den Kreis einer zahlreichen Familie. Vater und Mutter verstehen sich auf die körperliche Pflege ihrer Kinder und lassen sich dieselbe auch angelegen sein. Es herrscht Reinlichkeit im Haus, Wasser und Luft haben unbehindert Zutritt, der Tisch deckt sich regelmäßig mit einfachen aber guten Speisen, die Kinder haben völlige Freiheit, sich draußen zu tummeln, solange es nur irgend ihre Schulpflichten zulassen. Man sieht es ihren frischen Blicken und ihren rosigen Wangen an, daß im elterlichen Hause rechte Körperpflege getrieben wird — sie machen weder den Eindruck von verzärtelten, noch von verwahrlosten Kindern. Aber der ungebetene Gast — die Krankheit — hält doch Einkehr. Da ist bei dem einen Kinde eine gewisse Siechtumsanlage, die alle Sorgfalt wohl zu mindern, aber noch nicht zu heben vermocht hat; da ziehen sich auch einmal die unvorsichtigen Rangen eine ernste Erkältung, oder durch den etwas üppigen Geburtstags- oder Festtisch eine Verdauungsstörung zu. Da stürzt einmal ein Knabe vom Turnapparat oder vom Pferde, oder er schneidet sich recht derb in den Finger. Da hält wohl auch einmal eine bösartige ansteckende Krankheit ihren Einzug und macht das ganze Haus zum Hospital und bereitet den Eltern manche schlaflose Nacht und wohl gar manche bange Stunde. Lassen wir einmal solche Fälle an uns herantreten!

Unser kleiner Fritz, ein sonst munterer Bursche, kommt verspätet aus der Schule. Der Weg, meint er, sei ihm sehr sauer geworden; er empfinde ein schweres Gefühl in den Beinen, sein Kopf schmerze ihn. Kaum hat er den Schulranzen abgeworfen, da sucht er das Sofa auf. Seine heißen Hände belehren uns, daß er fiebert. Mag sein, daß er sich erkältet hat, mag auch sein, daß irgend eine ernstere Krankheit im Anzuge ist — das können wir nicht entscheiden, und ein Arzt könnte es auch noch nicht. Es ändert das auch gar nichts an unserer Behandlung des kleinen Patienten. Wir bringen ihn ins Bett, auch wenn er dazu keine Neigung verspürt, und handeln nach der goldenen Regel: Kopf kühl, Füße warm, Leib offen! Wir decken ihm die Füße gut zu und lassen die Bedeckung nach dem Kopf zu leichter werden. Sind die Füße kalt, so hüllen wir dieselben in warme Tücher, den schmerzenden, heißen Kopf kühlen wir durch regelmäßig gewechselte naßkalte Umschläge. Zu essen verlangt der Kranke nichts, wir hüten uns auch, ihm solches auch nur anzubieten. Hingegen verlangt er viel zu trinken, und da scheuen wir uns gar nicht, ihm recht kaltes Wasser zu reichen, es auch mit Citronensaft zu versetzen, wenn der kleine Patient es wünscht. Zeigt sich Frösteln, so reicht man eine Tasse leichten Thee. Es ist erstaunlich, wie oft schon diese einfache Behandlung in ruhiger Bettlage Genesung herbeigeführt hat. Sehr häufig stellt sich bei Abnahme des Fiebers gegen Morgen ein guter Schlaf ein, und die aufgehende Sonne begrüßt einen so wesentlich gebesserten Kranken, daß bei der begonnenen Methode nach einem oder zwei Tagen die Krankheit verschwunden ist.

Gab der kleine Patient auf Befragen an, daß er seit längerer Zeit keinen Stuhlgang hatte, so wird ein Klystier von lauem Seifenwasser ihm eine große Erleichterung verschaffen.

Ist Übligkeit oder ausgesprochene Brechneigung da, so unterstützen wir diesen Wink des kranken Magens, indem wir laues Wasser geben, und erleichtern dadurch oft ganz auffallend unsern kleinen Patienten.

Freilich geht's nicht immer so günstig ab. Das Fieber hält auch am Morgen noch an; der Kleine war während der ganzen Nacht unruhig, die Hitze steigerte sich wohl gar, der Atem flog, die Zunge war trocken, der Mund stammelte kaum verständliche, wohl auch verständnislose Worte. Will dieser Zustand nicht weichen, bei andauernd hoher Temperatur der Haut also, da hat man Grund, eine schwere Krankheit zu vermuten, und da säume man nicht und hole den Arzt! Möglich, daß man jetzt schon auf der Haut Ausschläge entdeckt, die auf Masern oder Scharlach weisen. Möglich auch, daß eine Lungenentzündung, Brustfellentzündung oder gar der Typhus im Anzuge ist.

Klagt eins unserer Kleinen über Halsweh, so gilt's sofort, den Hals zu untersuchen. Wie dies vorzunehmen ist und worauf dabei zu achten — das ist schon früher gezeigt. — Auch sonst sind ja in unserem Buche für mancherlei Krankheitszufälle die ersten Maßnahmen angegeben, und in unserer „Hausapotheke" wird der Leser, so hoffen wir, noch manchen guten Wink finden.

Die Ernährung der Kranken und Genesenden ist von so großer Bedeutung, daß wir nun einige Kochrezepte anfügen wollen. Mütter versehen es nicht selten bei der Bereitung von Krankenspeisen, indem sie eine gar zu kräftige Kost herstellen, die wohl einem gesunden Magen heilsam ist, aber von einem geschwächten gar nicht verdaut wird

---

1. Getränke.

Brotwasser (Toast-water). Einige Stückchen geröstetes Weißbrot bleiben in etwas kaltem Wasser zwei Stunden liegen; dann wird das Wasser abgegossen, Zucker und etwas Citronensaft zugesetzt. Ein sehr wohlthuender Trank während des Fiebers.

Hafergrütztrank (Oat-meal-water). Ein Eßlöffel Hafergrütze wird in einem Pint Wasser weichgekocht, durch ein Sieb gegossen und nach dem Erkalten Zucker, unter Umständen auch Rotwein zugesetzt.

Reiswasser (Rice-water). Zwei Eßlöffel Reis werden eine halbe Stunde in einem Pint Wasser gekocht, die Flüssigkeit durchgegossen, mit Zucker und etwas Citronensaft vermischt. Ebenso bereitet man Gerstenwasser (Barley-water).

Limonade von Rotwein (Lemonade and Red Wine). Ein Glas kaltes Wasser wird mit ein bis zwei Eßlöffel Rotwein, etwas Citronensaft und Zucker vermischt.

Eierpunsch (Egg brandy). Man nehme das Weiße und Gelbe von drei Eiern und schlage sie in etwa 1/3 Pint Wasser. Dann füge man nach und nach 6 Eßlöffel Brandy und etwas Zucker hinzu. Es ist dies ein wertvolles Stärkungsmittel bei schweren Fiebern. — Man kann auch Milch und Brandy reichen. —

2. Wassersuppen.

Hafergrützsuppe (Oatmeal-gruel). Man brüht 1/2 Tassenkopf voll Hafergrütze gut ab, setzt sie mit einem Pint kaltem Wasser ans Feuer, läßt sie 1 1/2 bis 2 Stunden ganz langsam kochen, gießt sie durch ein Sieb, thut Salz und frische Butter dazu und läßt sie noch einmal aufkochen.

Gerstenschleimsuppe (Barley-gruel). 1/2 Tassenkopf voll großer Gerstengraupen wird, gut abgebrüht, mit 1 Pint kaltem Wasser 1 1/2 bis 2 Stunden langsam gekocht, durch ein Sieb gerührt und mit Salz und frischer Butter aufgekocht.

Mehlsuppe (Flour-gruel). Ein reichlicher Eßlöffel gutes Weizenmehl wird mit kaltem Wasser angerührt, in 1/2 Pint kochendem Wasser gequirlt und unter beständigem Rühren mit Salz und frischer Butter noch einigemale aufgekocht.

Sagosuppe (Sago). Ein Theelöffel voll Sago wird in warmem Wasser 2 Stunden lang erweicht und dann, unter beständigem Umrühren, 15 Minuten lang gekocht. Man setze etwas Citronensaft und Zucker hinzu.

Tapiokasuppe (Tapioca). Wird wie Sago bereitet, doch bedarf es nur der halben Zeit zum Einweichen und Sieden.

Alle diese Suppen können auch anstatt der Butter einen Zusatz von Milch erhalten. —

3. Fleischsuppen.

Rindfleischbouillon (Beef Broth). 1 1/2 Pfund mageres Rindfleisch wird, in kleine Stücke geschnitten, mit 1 Quart kaltem Wasser, gut zugedeckt, ans Feuer gesetzt und 2 bis 3 Stunden lang gekocht. Die so gewonnene Bouillon gießt man durch ein Sieb, thut 2 Eßlöffel voll gut aufgequollenen Gries, Reis oder Sago und etwas Salz hinein und läßt es noch einmal damit aufkochen. — Ebenso bereitet man Kalbfleisch- und Hammelfleischbrühe.

Hühnersuppe (Chicken Broth). Ein Huhn wird gereinigt, mit 2 Quart kaltem Wasser angesetzt und 2 Stunden gekocht; dann nimmt man es heraus, löst das Fleisch von den Knochen, zerkleinert diese, thut alles in die Bouillon, läßt es noch 2 Stunden kochen und gießt es durch ein Sieb; das Fett wird rein abgeschöpft. Dann schmelzt man etwas frische Butter, rührt einen Eßlöffel feines Mehl darin klar, gießt allmählich, unter beständigem Rühren, von der Bouillon etwas dazu und läßt dann das Ganze noch einmal miteinander aufkochen.

Sehr kräftige Bouillon (Beef-tea). Ein Pfund mageres Rindfleisch (Round Steak) wird klein gehackt und mit 1 1/2 Pint kaltem Wasser in eine irdene Theekanne gethan. Dann lasse man den Inhalt 3 Stunden simmern, nicht kochen. Man erhält dann durch Sieben etwa 3/4 Pint kräftige Bouillon. — Noch stärker wird dieselbe, wenn man 1 Pfund mageres Rindfleisch in kleine Stücke schneidet, diese ohne Wasser in eine weithalsige Flasche thut, dieselbe gut verkorkt und in eine Pfanne mit kaltem Wasser stellt, das 6 Stunden lang gekocht wird. Dann seie man den Inhalt der Flasche durch, salze und reiche warm.

4. Gelees und andere süße Speisen.

Weingelee (Wine Jelly). Zwei gut gereinigte Kalbsfüße werden mit 1 1/2 Quart Wasser so lange gekocht, bis sie auseinandergehen und das Wasser zur Hälfte eingekocht ist, dann durch ein Sieb gegossen und mit 2 Eßlöffel Zucker, etwas Citronenschale und 1/2 Pint guten Weißwein langsam etwas gekocht. Dann gießt man die Masse durch ein feines Tuch und läßt sie erkalten.

Milchreis oder Milchgries, deren Bereitung allgemein bekannt ist, sind auch vortreffliche Krankenspeisen.

Reispudding (Rice Pudding). Zu 2 Eßlöffel voll Reis nimmt man 1 1/2 Pint Milch und läßt es simmern, bis der Reis weich ist. Nun nimmt man 2 ganze Eier, schlägt sie mit 1 Unze Zucker und fügt dies dem Reis zu, den man 3/4 Stunde lang im Backofen bäckt.

Tapiokapudding und Sagopudding (Tapioca Pudding, Sago Pudding) wird wie Reispudding bereitet.

B. Die Hausapotheke.

Daß wir alle Krankenbehandlung in die Hand eines tüchtigen Arztes gelegt wissen wollen, das kann niemandem, der dieses Buch gelesen, zweifelhaft sein. Man wird daher hier nicht eine Anzahl von Rezepten erwarten, die in dieser oder jener Krankheit zur Anwendung kommen sollen. Das hieße den Arzt überflüssig machen wollen und dem Laien die Fähigkeit, Krankheiten und ihre einzelnen Phasen zu erkennen, zutrauen. Eine solche Fähigkeit hat aber der Laie nicht; sie kann nur durch jahrelanges Studium und durch Beobachtung gewonnen werden und ist eine schwere, ja seltene Kunst. Überdies ist viel eher, gerade in den wenig besiedelten Teilen unseres Landes, ein Arzt als eine Apotheke anzutreffen. Aber solche Hausmittel wollen wir hier nennen, die in schweren Krankheitsfällen bis zur Ankunft des Arztes, oder bei leichtem Unwohlsein, oder auch bei plötzlichen Unglücksfällen zur Hand sein sollten und die auch der Arzt gern in den Familien vorfindet.

Klystierspritze (Syringe). Es giebt wohl kaum einen treueren Freund in vielen Nöten des Leibes als die Klystierspritze, und sie sollte darum auch in keinem Hause fehlen. Gute Klystierspritzen sind freilich teuer, schlechte und billige sind aber noch teurer — man muß eine größere Ausgabe hier nicht scheuen. Neben der alten einfachen Spritze aus Hartgummi (Hard Rubber Syringe) und der billigen Spritze aus Zinn hat sich jetzt eine Spritze aus Weichgummi mit Schlauch, Gummiball und Ventilen (Bulb Syringe) eingebürgert, die vor der ersteren manchen Vorteil hat und es möglich macht, sich selbst ein Klystier zu setzen. Die einfache Spritze hat aber noch immer den Vorteil, daß sie da, wo es gilt, kleine, abgemessene Quantitäten einzuspritzen, also bei Kindern und bei stopfenden Klystieren, sicherer wirkt. Wir raten zur Beschaffung von beiden. — Die kleine, etwa ein bis zwei Unzen fassende Hartgummispritze kann auch als Ohrenspritze dienen. — Daß die Klystierspritze nach jedem Gebrauch gründlich zu reinigen ist, versteht sich von selbst. Man hüte sich dabei, die kleinen Ventile zu verlieren und füge dieselben auch wieder richtig ein. — Wirkungskreis: Derselbe ist schon unter „Hauskrankenpflege" besprochen. Das Klystier soll zunächst überall gebraucht werden, wo es gilt, Exkremente zur Ausscheidung zu bringen. Solche Fälle sind in unserem Buche wiederholt namhaft gemacht worden. Auch sind Klystiere anzuwenden, wenn man das Gegentheil bezweckt, wenn man nämlich Durchfälle anhalten will. Bei Kindern sonderlich ist dies oft erwünscht. — Dosis: Geeignete Mischungen finden sich unter „Hauskrankenpflege". Stopfende Klystiere bereite man aus Haferschleim oder gekochter Stärke. Hier genügt bei Kindern 1 Unze. Ob weitere Zusätze nötig sind, muß der Arzt entscheiden. Bei Säuglingen genügen zum ableitenden Klystieren etwa 2 Unzen Flüssigkeit, bei Kindern von 2 bis 5 Jahren nimmt man 4, bei Kindern von 12 Jahren 8 Unzen, bei Erwachsenen 1 Pint.

Bei dieser Gelegenheit wünschen wir für das bekannte Seifenzäpfchen ein Wort einzulegen. Es ist dies ein spitz zugeschnittenes Stück gelber Waschseife, das man, nachdem man's geölt hat, in den After schiebt und bei eintretendem Drange zurückzieht. Es macht bei kleinen Kindern sehr häufig das Klystier unnötig.

Bandagen und **Binden.** Zum Bandagieren halte man einige dreieckige Tücher aus Weißzeug vorrätig, die an der Basis etwa 40 Zoll, in der Höhe etwa 20 Zoll messen und deren Ränder umgenäht werden. Binden fertige man etwa 2 Zoll breit, möglichst lang und ungesäumt. Man rolle dieselben fest auf und stecke sie mit Sicherheitsnadeln (Safety Pins), von denen man immer einen kleinen Vorrat halten sollte, zusammen. Siehe unter „Wunden".

Pflaster. Heftpflaster (Sticking Plaster) ist ein unentbehrliches Stück der Hausapotheke. Es ist in den Apotheken billig zu kaufen. Es giebt solches, das durch Wärme, und solches, das durch Feuchtigkeit klebrig wird. In welcher Größe und Form es zu verwenden ist, hängt von der Gestalt, Größe und Lage der Wunde ab. Englisches Pflaster (Court Plaster) ist etwas eleganter, aber spröder, darum auch nur für kleine Verletzungen gut verwendbar.

Schwämme (Surgical Sponges). Einige kleine, weiche Schwämme halte man vorrätig zum Reinigen von Wunden. Dieselben müssen aber vor dem Gebrauch in reinem Wasser gereinigt und nach dem Gebrauch verbrannt werden. — Man nehme ja keine sonst zum Waschen verwendeten Schwämme!

Senfmehl und **Senfpflaster** (Mustard). Von der Bereitung eines Senfpflasters ist schon unter „Hauskrankenpflege" die Rede gewesen. Auch das fertige Senfpflaster ist schon erwähnt. Das letztere ist sehr praktisch, aber entbehrlich. Jedenfalls muß man neben demselben noch Senfmehl, das in einer gut schließenden Blechbüchse aufzubewahren ist, vorrätig halten. — Wirkungskreis: Der Senf ist ein recht treuer, altbewährter und vielseitiger Heilgehilfe, den wir schon wiederholt empfohlen haben. Bei heftigem Kopfschmerz, Schwindel, Blutandrang, tiefer Ohnmacht, Schlagfluß wirkt oft ein in den Nacken oder an die Waden gelegter Senfteig äußerst wohlthätig. Schmerzen in der Brust, Stiche beim Atemholen, mögen sie nun rheumatisch sein oder eine Brustfell- oder Lungenentzündung ankündigen, asthmatische Anfälle, Magenkrämpfe weichen oft der reizenden Wirkung des Senfmehls oder werden durch dieselbe gemindert. Wie lange man den Senfteig liegen lassen muß, siehe unter „Hauskrankenpflege". — Will man Senfmehl zu Fußbädern verwenden, um Blutandrang nach der Brust oder dem Kopf abzuleiten, so werfe man einige Hände voll Senfmehl in eine Schüssel mit sehr warmem Wasser und tauche in dieses 10 Minuten lang die Füße bis über die Knöchel.

Salben, Einreibungen (Liniments). Linimente sind äußerlich anzuwendende, schmerzstillende und geschwulst-beseitigende Mittel. Man lasse sich dieselben vom Apotheker nach den folgenden Rezepten bereiten.

1. Ein Liniment, das Öl enthält und schmierig ist:

Aqua ammonia	f ʒ VI.
Spirits Turpentine	f ʒ VI.
Olive Oil	f ℥ II.

Bei großen Schmerzen kann man diesem Liniment hinzufügen:

Chloroform	f ʒ IV.
Tinct. Aconite Root	f ʒ II.

2. Ein Liniment ohne Öl, nicht schmierig:

Chloroform	f ʒ II.
Oil of Sassafras	f ʒ II.
Tinct. Capsicum	f ʒ II.
Camphor	ʒ I.
Alcohol enough to make	f ℥ II.

Wirkungskreis: Diese beiden Linimente thun alle die Dienste, die man von solchen Medikamenten erwarten kann, sind ebenso gut, wie die vielen marktschreierisch angezeigten Salben und Öle und kaum halb so teuer. Liniment 1 findet gute Anwendung bei Verstauchungen, Quetschungen, auf entzündeten, angeschwollenen und schmerzhaften Stellen, bei rheumatischen Schmerzen. Man gießt etwas Liniment in die hohle Hand, reibt damit den kranken Teil schonend, aber tüchtig ein und bedeckt dann die Stelle mit einer leichten Bandage. Liniment 2 empfiehlt sich für neuralgische oder rheumatische Gesichtsschmerzen. Man befeuchtet damit etwas Watte oder Flanell, legt dies auf den kranken Teil und deckt, um einer schnellen Verdunstung vorzubeugen, mit einem Stück Wachstuch oder Ölpapier.

Vaselin (Vaseline). Vaselin ist ein gallertartiges, aus Petroleum bereitetes Fett, das nie schimmelt oder ranzig wird. — Wirkungskreis: Es ist ein ausgezeichnetes Deckmittel für Brand- und andere, auch eiternde Wunden; man schmiere es auf einen Lappen und decke es wie ein Pflaster auf die Wunde. Es ist auch ein gutes Mittel gegen aufgesprungene Hände und Lippen.

Leinsamen und Leinöl (Linseed Meal, Linseed Oil). Man kauft beides in der Apotheke. Wirkungskreis: Den Leinsamen gebraucht man zu warmen Umschlägen bei verschiedenen Gelegenheiten; siehe unter „Hauskrankenpflege“. Bei Verbrennungen (siehe dort) mischt man das Leinöl mit ebenso viel Kalkwasser.

Fenchel (Fennel), **Anis** (Anise), **Kümmel** (Caraway) geben, wenn man einen Theelöffel voll mit einem Tassenkopf heißen Wasser übergießt, einen Thee, der, namentlich bei Kindern, beruhigend und blähungstreibend wirkt.

Ammoniak (Aqua ammonia). Die wässrige Lösung des Ammoniak oder der Salmiakgeist muß sorgfältig in einer gut verschlossenen Flasche aufbewahrt werden. Man kaufe etwa 4 Unzen. — Wirkungskreis: Riechmittel bei Ohnmachten und ein gutes Mittel bei Insektenstichen und anderen vergifteten Wunden, wenn man diese mit verdünntem Ammoniak bestreicht.

Kalkwasser (Lime Water). Wenn man einen gehäuften Eßlöffel ungelöschten Kalk (Slaked Lime) in einer Flasche mit einem Quart Regenwasser überschüttet, zuweilen umrührt und dann stehen läßt, so hat man Kalkwasser, ein wertvolles Hausmittel, das man in der Flasche gut zugekorkt aufbewahrt. Beim Gebrauch muß man aber nur die überstehende klare Flüssigkeit benutzen. Man kann das Kalkwasser auch in den Apotheken kaufen, man fordere etwa 8 Unzen. — Wirkungskreis: Es ist ein vorzügliches Gurgelwasser bei Halsentzündungen, ein schätzenswerter Zusatz zur Milch bei sauren Stühlen der Kinder, ein Gegengift gegen Säuren und, zur Hälfte mit Leinöl gemischt, ein ausgezeichnetes Mittel bei Verbrennungen. Dosis: Zum Gurgeln mischt man einen Eßlöffel davon mit einer Tasse Wasser und gurgelt damit recht häufig. Als Zusatz zur Milch paßt ein Eßlöffel auf drei Eßlöffel Milch. Als Gegengift gebraucht man es unverdünnt.

Präparierte Kreide (Prepared Chalk). Man kaufe etwa eine Unze in der Apotheke. — Wirkungskreis: Ein gutes Mittel bei Säurebildung, namentlich auch bei Kinderdurchfällen. Dosis: Für Erwachsene ein Theelöffel voll mit etwas Wasser angerieben, für Kinder $1/3$ bis $1/2$ Theelöffel voll. Bei Durchfällen kann man dazu Paregorik (siehe dort) gebrauchen.

Magnesia (Magnesia). Gebrannte Magnesia kaufe man in der Apotheke, und zwar eine Unze. — Wirkungskreis: Ein wichtiges Gegengift bei Säuren und Arsenik. Gutes Mittel gegen Sodbrennen. — Dosis: Haselnuß- bis Hickorynußgröße.

Übermangansaures Kali (Potassium permanganese). Man kauft dies Mittel in der Apotheke, etwa eine Unze. — Wirkungskreis: Ein treffliches Waschmittel nach Berührung von Leichen, ansteckenden Kranken, Verwesungsstoffen. Auch ein gutes Mundwasser bei üblem Geruch aus dem Munde. — Dosis: Einige Körnchen in einem Glas Wasser.

Alaun (Alum). In der Apotheke gleich pulverisiert und etwa 4 Unzen zu kaufen. — Wirkungskreis: Brechmittel beim falschen Krupp, wenn Erstickungsanfälle eintreten. Auch gutes äußerliches Mittel bei Blutungen. — Dosis: Als Brechmittel: ein abgestrichener Theelöffel voll mit etwas Syrup gemischt. Kann, wenn die Wirkung ausbleibt, in 10 bis 15 Minuten wiederholt werden. — Bei heftigem Nasenbluten löse man zwei mäßig gehäufte Theelöffel in einer Obertasse Wasser und schnaube die Flüssigkeit in die Nase. Beim Nachbluten bei Blutegelbissen oder nach dem Zahnausziehen löse man so viel wie möglich von dem Alaun in heißem Wasser, tränke damit einen Baumwollenpropfen und drücke diesen auf die blutende Stelle.

Ipecacuanha-Wein (Ipecacuanha Wine). Man kaufe davon in der Apotheke 2 Unzen. Der Ipecacuanha-Syrup wird mit der Zeit sauer, darum ist der Wein vorzuziehen. — Wirkungskreis: Husten- und Brechmittel. — Dosis: Bei Husten gebe man 5 bis 10 Tropfen für Kinder und 10 bis 20 und mehr Tropfen für Erwachsene. — Als Brechmittel gebe man 1/2 bis 1 Theelöffel.

Ricinusöl (Castor Oil). Ricinusöl kaufe man in der Apotheke, etwa 4 Unzen. — Wirkungskreis: Da das Klystier nur die untere Darmpartie erreicht, so muß man zuweilen zu einem von oben her wirkenden Abführmittel greifen. In solchen Fällen erweist sich das Ricinusöl, namentlich auch bei Kindern, als ein ganz vorzügliches Mittel. — Dosis: Ein Theelöffel voll für Kinder, ein Eßlöffel voll für Erwachsene. Wie man das allerdings widrige Mittel am besten nimmt, siehe unter „Hauskrankenpflege".

Bittersalz (Epsom Salts). Ist in der Apotheke zu kaufen, etwa 4 Unzen. — Wirkungskreis: Ein einfaches, sicher wirkendes Abführmittel bei Verstopfung mit heißem Kopf und Kopfweh, auch auf oder nach einer Reise. — Dosis: Ein mäßig gehäufter Eßlöffel voll in Wasser gelöst früh nüchtern. Oft ist übrigens schon die Hälfte oder ein Viertel dieser Dosis hinreichend. — Warnung: Vor dem übermäßigen

Gebrauch von Abführmitteln ist schon früher gewarnt. Man merke indes, daß bei beginnender Unterleibsentzündung (kenntlich an der großen Schmerzhaftigkeit der Bauchdecke auch bei der leisesten Berührung) keine Abführmittel gereicht werden sollten, es sei denn, der Arzt verordne dieselben.

Paregorik (Paregoric). Paregorik enthält Opium, das in der Hand des Arztes ein vorzügliches Heilmittel ist, in der Hand des Laien aber beim Mißbrauch viel Unheil anrichten kann. Reicher an Opium (25 mal so stark) ist das Laudanum, welches wir deshalb unserer Hausapotheke nicht einverleiben. Schon bei dem Gebrauch des Paregorik sei man vorsichtig und halte sich genau an die unten vorgeschriebenen Dosen. Kindern unter einem Jahr reiche man es nur auf Vorschrift des Arztes. Man kaufe in der Apotheke 2 Unzen. — Wirkungskreis: Paregorik ist ein schmerzstillendes Mittel bei Durchfällen und ein Mittel bei quälendem Husten durch Erkältung. — Dosis: Bei Störungen des Verdauungsapparates gebe man es mit Kreide gemischt; z. B. für ein einjähriges Kind lege man ein Stück Kreide von der Größe einer Bohne in einen Theelöffel, füge 10 Tropfen Paregorik hinzu und mische es mit etwas Zuckerwasser zu einer rahmartigen Flüssigkeit. — Bei Störungen des Atmungsapparates mische man das Paregorik mit der Hälfte oder dem Drittel Ipecacuanha-Wein, also z. B. bei einem einjährigen Kinde 3 bis 5 Tropfen Ipecacuanha-Wein auf 10 Tropfen Paregorik. Tritt Erbrechen ein, was nichts schadet, so verringere man die Dosis Ipecacuanha, daß der Kranke es bei sich behält. Wenn man einige Stunden — oder bei heftigem Schmerz eine Stunde — gewartet hat und es ist keine Besserung eingetreten, so kann man die Dosis wiederholen. Bei Schlaf oder Schläfrigkeit darf Paregorik nicht gegeben werden. Man greift dazu am besten nur in Notfällen, wenn der Arzt nicht schnell genug erreicht werden kann. — Dosis für Kinder von 1 bis 3 Jahren 10 bis 30 Tropfen, 3 bis 6 Jahren 30 bis 60 Tropfen, 6 bis 12 Jahren 60 bis 120 Tropfen und so fort für jedes Jahr 10 Tropfen mehr. Dosis für Erwachsene 1 bis 2 Theelöffel voll. —

Diese Hausmittel kaufe man bei einem zuverlässigen Apotheker, sie sind alle billig. Die flüssigen Mittel nehme man in enghalsigen, am besten mit gläsernen Pfropfen versehenen Flaschen (Tincture Bottles), die festen Mittel in weithalsigen Flaschen (Wide-mouthed Bottles). Um diese Medizinen genau abmessen zu können, kaufe man in der Apotheke ein graduiertes Maß für 2 Unzen (Two ounces Graduate). Man wird darauf die Zeichen ʒ und ℥ finden. Ersteres bedeutet Drachme, letzteres Unze. Es gehen aber 8 Drachmen auf eine Unze. Überhaupt gilt die Tabelle:

8 Drachmen (drachm) = 8 ʒ = 1 Unze (ounce) = 1 ℥. 16 Unzen = 1 Pint.

Da Thee- oder Eßlöffel sehr verschieden sind, so mißt man in diesem Maß die Medizinen ab, ehe man sie dem Kranken reicht. Man beachte, daß

1 Drachme (ʒ) = 1 Theelöffel,
4 Theelöffel = 1 Eßlöffel,
1 Eßlöffel = 1/2 Unze = 4 Drachmen (4 ʒ).

Zum Tropfenzählen bedient man sich des Tropfenzählers (Dropping Tube), den man für wenige Cents in jeder Apotheke kaufen kann. — Alle Medizinen verschließe man sorgfältig, damit nicht die Kinder darüber kommen. Auch lasse man nicht Reste von Medizinen, die der Arzt verschrieb, umherstehen, sondern verschütte dieselbe.

C. Gifte und Gegengifte.

Gifte nennt man Stoffe, die, innerlich genommen, das Leben zerstören. Man teilt sie in zwei Gruppen: in scharfe und betäubende Gifte. Zu den scharfen, fressenden, ätzenden Giften zählen wir Arsenik, Phosphor, Säuren und Laugen. Sie verursachen heftige Schmerzen im Magen und Unterleib und Erbrechen. Die Säuren und Laugen verbrennen außerdem Lippen und Mundhöhle. Zu den betäubenden oder narkotischen Giften zählen wir Opium, Morphium, Strichnin, Blausäure, Tabak, Alkohol. Sie verursachen Betäubung, Irrereden, Bewußtlosigkeit, schnarchendes Atmen.

Hat man einen Vergifteten zu behandeln, so erforsche man die Art des Giftes, schicke sofort zum Arzt und zur nächsten Apotheke. — Bis zur Ankunft des Arztes handle man nach folgenden Grundsätzen: Sind scharfe Säuren verschluckt, so gebe man Laugen zu trinken: Magnesia, Kalkwasser. Sind Laugen verschluckt, so gebe man Säuren: Essig, Citronensaft, saures Eingemachtes. In beiden Fällen reiche man zum Schutz des Schlundes und Magens schleimige und ölige Flüssigkeiten zu trinken: Öl, Eiweiß, Milch, Mehl und Wasser, Ricinusöl.

Um das Gift aus dem Magen zu schaffen, suche man Erbrechen zu erregen durch Reizung des Schlundes mittels des Fingers oder einer

Feder, oder durch Trinken von vielem warmen Wasser, dem man einen Thelöffel Salz oder Senf zusetzt, oder durch Brechmittel, wenn solche zur Hand sind (Ipecacuanha).

War das Gift ein betäubendes, so suche man den Patienten wach zu halten, indem man ihn im Freien auf- und abführt, ihn starken schwarzen Kaffee trinken läßt und ihm solchen als Klystier giebt, lege eiskalte Umschläge auf den Kopf und Senfteige auf den Magen und die Waden und mache kalte Übergießungen.

Im Nachstehenden geben wir nun noch ein spezielles Verhalten bei den am häufigsten vorkommenden Vergiftungen.

Arsenik (Arsenic). Arsenik findet sich in manchen grünen Farben, in Rattengiften, im Pariser Grün, das zur Vertilgung der Kartoffelkäfer gebraucht wird, wird wohl auch, weil es dem Mehl ähnlich ist, mit diesem verwechselt. — Symptome: Erbrechen, großer Durst, Magen- und Leibschmerz, Schlingbeschwerden, schmerzliche Durchfälle. — Behandlung: Gebrannte Magnesia mit der 20fachen Menge Wasser vermischt, viertelstündlich 4 bis 6 Eßlöffel. Oder auch mit diesem: Man löse 1/2 Unze Eisenvitriol (Green Vitriol, Copperas) in 1/2 Pint kochendes Wasser und 1/2 Unze Pottasche oder 1 Unze Soda gleichfalls in 1/2 Pint kochendes Wasser und schütte beide Lösungen zusammen. Davon gebe man, gut umgeschüttelt, dem Patienten alle 10 Minuten 1 bis 2 Eßlöffel voll, später halbstündlich. In der Apotheke hat man das beste Gegenmittel vorrätig. Man fordere 4 Unzen „Dialysed Iron" und gebe davon alle 15 Minuten einen Eßlöffel voll.

Blausäure (Prussic Acid). Dieses bei größerer Dosis blitzschnell wirkende Gift findet sich in den bitteren Mandeln, im Cyankalium (das von den Photographen gebraucht wird) und in manchen in der Technik verwendeten Körpern. — Symptome: Schwindel, Ohnmacht, röchelndes Atmen, Krämpfe, Geruch nach bitteren Mandeln. — Behandlung: Salzwasser, kalte Begießungen, schwarzer Kaffee.

Karbolsäure (Carbolic Acid). Diese Säure wird oft zur Desinfektion gebraucht. — Symptome: Brennen im Mund und Magen, Übelkeit, Erbrechen, Schwindel, Bewußtlosigkeit; der Atem riecht nach Teer. — Behandlung: Gebrannte Magnesia, oder Kalkwasser, laues Bad mit kalten Übergießungen. Kein Alkohol!

Blei (Lead). Bleivergiftungen sind meist chronischer Art und stellen sich nach anhaltendem Genuß bleihaltigen Wassers oder nach Einatmen von

Bleistaub (Malerkolik) ein. — Symptome: Heftige Leibschmerzen und hartnäckige Stuhlverstopfung, verlangsamter Puls. — Behandlung: Bei plötzlicher Bleivergiftung gebe man Bittersalz, bei chronischer Bleivergiftung Behandlung durch den Arzt. Bleiarbeiter und Maler sollten gute, fette Kost, besonders viel Milch, genießen und gelegentlich Abführmittel (Bittersalz) nehmen. Sie sollten in den Arbeitsräumen nicht essen und fleißig Hautpflege treiben.

Kupfer (Copper). Kupfer findet sich manchmal in sauren Speisen, die in kupfernen Gefäßen gekocht sind, auch in sauren Gurken, die man durch Kupfer grün färbte. — Symptome: Kupfergeschmack, trockene Zunge, Leibschmerzen, blutige Stühle. — Behandlung: Viel Milch und Eiweiß, Magnesia. Kein Öl!

Lauge (Lye). Pottasche, Soda, Kalk, Ammoniak, Riechsalz — dies sind die häufigsten Alkalien oder Laugen. — Symptome: Ätzen des Mundes, Erbrechen blutiger Massen, blutige Stühle, Krämpfe. — Behandlung: Essig, Citronensaft, Apfelsinen und andere saure Früchte, sauern Cider. Später Öl.

Salpetersäure oder **Scheidewasser** (Nitric Acid), **Salzsäure** (Muriatic Acid), **Schwefelsäure** oder **Vitriol** (Sulphuric Acid) rufen die nämlichen Symptome hervor: Furchtbares Brennen des Mundes und Schlundes, Erbrechen saurer, bräunlicher Massen, unstillbarer Durst. — Behandlung: Viel Wasser, Eiweiß und Seifenwasser. Magnesia (1 Unze in 1 Pint Wasser umgeschüttelt, ein Weinglas alle 2 oder 3 Minuten); wenn Magnesia nicht zur Hand: Kalk, Pottasche, „Plaster" in Milch oder Wasser.

Phosphor. Jeder Haushalt macht in den Zündhölzern täglich Gebrauch von diesem Gifte, dessen Wirkungen ganz erschreckliche sind. Die Hausfrau hänge ja die Zündholzbüchse recht hoch, da gerade die kleinsten Kinder die Neigung haben, alles in den Mund zu stecken. Das Rattengift ist auch phosphorhaltig. — Symptome: Nach einigen Stunden brennende Schmerzen im Magen und Unterleib, Erbrechen und Durchfall. Die Ausscheidungen riechen knoblauchartig. — Behandlung: Brechmittel, ungereinigtes Terpentinöl halbstündlich 5 bis 10 Tropfen in schleimigem Getränk. Kein Öl und geistige Getränke!

Giftepheu (Poison Ivy, Poison Oak; *Rhus toxicodendron*) und **Giftsumach** (Poison Sumach, Dogwood; *Rhus venenata*) sind zwei Pflanzen, deren Berührung, ja deren Nähe schon bei empfindlichen Personen einen aus kleinen Pusteln bestehenden Ausschlag hervorruft. Der Giftepheu ähnelt dem Jelängerjelieber (Honeysuckle) und überzieht Mauern und Bäume. Er kann von diesem aber leicht dadurch unterschieden werden, daß der Giftepheu nur drei, der Jelängejelieber aber immer fünf Blätter an jedem Stengel trägt. Der Giftsumach hat ganzrandige Blätter, die zu 7 bis 13 am Stengel stehen, während die harmlosen Sumacharten gesägte Blätter haben, die in größerer Anzahl, von 7 bis 31, an einem Stengel sitzen. Der Giftsumach hat kleine grüne Blätter und grünlichweiße oder gelbliche Beeren; die Beeren der harmlosen Arten sind rot. Gegen den Ausschlag wendet man Stärkemehl oder Waschungen mit einer Lösung von doppeltkohlensaurem Natron (2 oder 3 Theelöffel voll auf 1 Pint Wasser) an.

D. Vom Sterben.

„Es ist den Menschen gesetzt einmal zu sterben", sagt die heilige Schrift. Mögen wir noch so sehr auf die Pflege und Erhaltung unseres Lebens bedacht sein: das Ziel ist doch der Tod. Dem einen früher, dem andern später, legt er jedem seine eisige Hand aufs Herz. Der letzte Atemzug hebt die Brust, und die Seele verläßt die Hülle, die bis dahin ihre Herberge gewesen.

Der Tod erfolgt entweder plötzlich — wenn der Blutlauf oder die Atmung oder die Gehirnthätigkeit mit einem Schlage aufgehoben wird — oder er naht unter Erscheinungen, die man mit dem Namen Todeskampf oder Agonie bezeichnet. Gewöhnlich verschwinden zuerst Geruchs- und Geschmackssinn, dann der Gesichtssinn, zuletzt das Gehör; am längsten bleibt in den meisten Fällen der Gefühlssinn thätig. Die Muskeln erlahmen, das Gesicht wird aschgrau oder bläulich, Kinn und Nase werden spitz, Augen, Schläfen und Wangen sinken ein. Der Atem wird schwer und röchelnd, denn die Bronchien können den Schleim, der sich in ihnen ansammelt, nicht mehr ausstoßen. Der fadendünne Puls zittert und setzt aus. Die Körperwärme sinkt, die Füße werden kalt und von ihnen steigt die Kälte allmählich aufwärts. Kalter, klebriger Schweiß bedeckt das Angesicht, bis endlich der Tod eintritt. Der Mensch ist zur Leiche geworden und als solche nach allen natürlichen Gesetzen der Verwesung unterworfen. Der Augapfel wird trübe und weich, die

Muskeln platten sich an den Stellen, mit welchen die Leiche aufliegt, ab, es bilden sich am Rücken und an den Waden und Seiten bläuliche Totenflecke, und nach 8 bis 20 Stunden tritt die Leichenstarre ein. Endlich zeigt sich Fäulnis und mit ihr die ersten untrüglichen Zeichen des eingetretenen Todes: der Verwesungsgeruch*) und die Verwesungsflecke. Es sind dies grünlich-gelbe Flecken, die sich gewöhnlich zuerst am Unterleib zeigen. Wenn man auch den schauerlichen Berichten über Lebendig-Begrabene, wie man sie so häufig in den Zeitungen liest, nicht zu glauben braucht, so sollte man doch nie, ehe man diese untrüglichen Zeichen sieht, einen Toten beerdigen lassen. —

„Es ist den Menschen gesetzt einmal zu sterben", sagt die heilige Schrift, aber sie setzt noch hinzu: „danach aber das Gericht!" Darum ist es mit dem Tode eine so furchtbar ernste Sache. Furchtbar ernst für den, dessen Seele sich anschickt, vor den himmlischen Richter zu treten, furchtbar ernst aber auch für den, der heute noch in der Vollkraft seines Leibes einherwandelt. Denn des Menschen Leben ist wie eine Blume. Darum rüste sich ein jeder beizeiten! Soll aber schon der Gesunde in steter Todesbereitschaft stehen, wieviel mehr der Kranke und gar der Todkranke! Unter diesen giebt es ja viele, die es wissen, daß ihr Stündlein nahe bevorsteht; sie haben ihr irdisches Haus bestellt, haben auch, wie es recht und nötig ist, unter Zuziehung lieber Freunde und rechtserfahrener Männer über ihr irdisches Hab und Gut testamentarisch bestimmt, und wenden nun den kurzen Rest ihrer Tage ganz der Betrachtung des Himmlischen zu und haben nur noch die eine Sorge, ihre Seele zu retten. Ihnen naht der Tod nicht wie ein gewappneter Mann, er ist ihnen vielmehr ein langersehnter, hochwillkommener Freund. Aber es giebt auch solche unheilbare Sieche, die den Gedanken an den Tod zurückweisen, die nur die eine thörichte Sorge kennen, wie sie wieder aufkommen möchten. Da hört man denn wohl, es sei schädlich, ja grausam, einem solchen hoffnungsvollen Kranken die Wahrheit ins Gesicht zu sagen; man meint, es sei sogar geboten, ihm frischen Mut zuzusprechen. Aber wie thöricht! Soll denn der Kranke unvorbereitet

*) Um den Verwesungsgeruch im Zimmer zu beseitigen, stelle man einen Teller mit Chlorkalk in dasselbe, gieße etwas Wasser darauf und rühre den Brei mit einem Stäbchen um. — Um die Leiche zu desinfizieren, wickele man dieselbe in ein Laken, das mit einer Lösung von einer Unze Karbolsäure auf eine Gallone Wasser getränkt ist. Auch kann man mit Karbolsäure getränkte Sägespähne unter die Leiche, namentlich in der Hüftgegend, legen.

vor seinen Richter treten, bloß weil man zu lange zögerte, ihm seine falsche Hoffnung zu nehmen? Nein, man sage es dem Sterbenden in schonender, aber ganz entschiedener Sprache, daß Menschen nicht mehr helfen können, mag dies nun der Arzt thun, wenn der Kranke selber ihn frägt, oder mögen die Anverwandten, oder Freunde, oder der Prediger diese schwere Liebespflicht übernehmen. Der Sterbende wird das meist viel besser aufnehmen, als man denkt. Der Segen dieser Mitteilung wird nicht ausbleiben. Zunächst wird der Sterbende seine irdischen Verhältnisse ordnen und dann sich ganz dem einen zuwenden, das notthut. Und nun thue auch die Umgebung des Kranken alles, um die letzten Stunden des Sterbenden zu segensreichen zu machen. Man lasse das gleichgültige, alltägliche, irdische Geschwätz fallen — Gottes Wort, das muß der Grundton alles Gespräches sein. Und wenn das letzte Stündlein herannaht, da halte man sich wie ein Christ. Kein lautes Wehklagen, kein heftiger Schmerzausbruch störe dem Sterbenden die letzten Momente seines irdischen Lebens! Laßt uns unseren Lieben, wenn sie sterben, das tröstende, erquickende Wort Gottes zurufen, laßt uns an ihrem Lager niederknieen und ihre Seele im Gebete der Gnade Gottes empfehlen. Gewiß, wenn ihre Seele auch nur noch einen schwachen Rest von Empfindung besitzt, sie wird diese letzten Trostesworte vernehmen und unter ihrem Klange von dieser Erde scheiden mit den Jubeltönen: JEsus Christus gestern und heute, und derselbe auch in Ewigkeit!

Gott aber verleihe uns allen ein sanftes und, was noch viel besser ist, ein seliges Ende!

HErr, wie Du führst.

HErr, wie Du führst, so will ich gehn
Und Dir mich ganz ergeben;
Von Dir ist ja zuvor versehn
Mein ganzes armes Leben.

Vor Dir gilt weder groß noch klein,
Du führst der Sterne Reigen,
Das Stäubchen in dem Sonnenschein,
Den Vogel in den Zweigen.

Du hältst auch mich in Deiner Hand
Und bist von mir nicht ferne;
Denn ich bin näher Dir verwandt,
Als Vogel, Staub und Sterne.

Du leitest mich nach Deinem Rat,
Führst mich auf rechter Straße,
Du hilfst, wenn mir ein Unfall naht,
Und züchtigst mich mit Maße.

Dein Wort, das heilge Gnadengut,
Das Kleinod wert und teuer,
Ist auf des Lebens dunkler Flut
Mir Kompaß, Mast und Steuer.

Von Dir kommt lauter Heil und Licht,
Von Dir kommt lauter Segen;
Drum nehm ich's hin und frage nicht,
Was Du mir bringst entgegen.

HErr, wie Du führst, so will ich gehn
Und Dir mich ganz ergeben.
O laß mich einst nur vor Dir stehn
Getrost und ohne Beben!

Ludwig Grote.

Alphabetisches Register.

Zeitfracht Medien GmbH
Ferdinand-Jühlke-Straße 7
99095 Erfurt, Deutschland
produktsicherheit@kolibri360.de